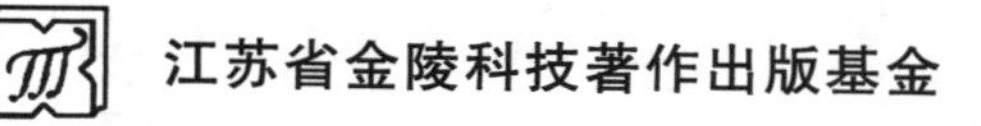

卫星导航接收机原理

常　江　徐　荣　田　湘　编著
吕　晶　审校

南京大学出版社

图书在版编目(CIP)数据

卫星导航接收机原理 / 常江等编著. — 南京：南京大学出版社，2024.6

ISBN 978-7-305-28015-3

Ⅰ.①卫… Ⅱ.①常… Ⅲ.①卫星导航—导航接收机 Ⅳ.①TN967.1

中国国家版本馆 CIP 数据核字(2024)第 037746 号

出版发行 南京大学出版社
社　　址 南京市汉口路 22 号　　邮　编 210093

书　　名 **卫星导航接收机原理**
WEIXING DAOHANG JIESHOUJI YUANLI
编　　著 常　江　徐　荣　田　湘
责任编辑 王南雁　　编辑热线 025-83595840

照　　排 南京开卷文化传媒有限公司
印　　刷 南京凯德印刷有限公司
开　　本 787 mm×1092 mm　1/16　印张 15　字数 380 千
版　　次 2024 年 6 月第 1 版　2024 年 6 月第 1 次印刷
ISBN 978-7-305-28015-3

定　　价 98.00 元
网　　址:http://www.njupco.com
官方微博:http://weibo.com/njupco
微信服务号:njuyuexue
销售咨询热线:(025)83594756

致读者

社会主义的根本任务是发展生产力，而社会生产力的发展必须依靠科学技术。当今世界已进入新科技革命的时代，科学技术的进步已成为经济发展、社会进步和国家富强的决定因素，也是实现我国社会主义现代化的关键。

科技出版工作肩负着促进科技进步、推动科学技术转化为生产力的历史使命。为了更好地贯彻党中央提出的“把经济建设转到依靠科技进步和提高劳动者素质的轨道上来”的战略决策，进一步落实中共江苏省委、江苏省人民政府作出的“科教兴省”的决定，江苏凤凰科学技术出版社有限公司（原江苏科学技术出版社）于 1988 年倡议筹建江苏省科技著作出版基金。在江苏省人民政府、江苏省委宣传部、江苏省科学技术厅（原江苏省科学技术委员会）、江苏省新闻出版局负责同志和有关单位的大力支持下，经江苏省人民政府批准，由江苏省科学技术厅（原江苏省科学技术委员会）、凤凰出版传媒集团（原江苏省出版总社）和江苏凤凰科学技术出版社有限公司（原江苏科学技术出版社）共同筹集，于 1990 年正式建立了“江苏省金陵科技著作出版基金”，用于资助自然科学范围内符合条件的优秀科技著作的出版。

我们希望江苏省金陵科技著作出版基金的持续运作，能为优秀科技著作在江苏省及时出版创造条件，并通过出版工作这一平台，落实“科教兴省”战略，充分发挥科学技术作为第一生产力的作用，为建设更高水平的全面小康社会、为江苏的“两个率先”宏伟目标早日实现，促进科技出版事业的发展，促进经济社会的进步与繁荣做出贡献。建立出版基金是社会主义出版工作在改革发展中新的发展机制和新的模式，期待得到各方面的热情扶持，更希望通过多种途径不断扩大。我们也将在实践中不断总结经验，使基金工作逐步完善，让更多优秀科技著作的出版能得到基金的支持和帮助。

这批获得江苏省金陵科技著作出版基金资助的科技著作，还得到了参加项目评审工作的专家、学者的大力支持。对他们的辛勤工作，在此一并表示衷心感谢！

江苏省金陵科技著作出版基金管理委员会

前　言

一般将运载体从起始点引导到目的地的技术或方法称为导航。根据导航的定义，我们知道导航的基本过程为：(1) 确定目的地位置，(2) 确定自身位置，(3) 决定行进方向（路线）。其中确定运载体的几何位置（即定位）是完成导航的关键和基础。所以，导航首先必须解决定位问题。导航是动态的、时间连续的，而定位是静态的、时间可以不连续的。

卫星导航定位是以人造卫星作为导航台的星基无线电导航，是通过测量人造地球卫星到接收机的传输时间来导航定位的技术。

1912 年，国际电信联盟给出无线电定位的概念：以无线电波传播特性为手段，确定一个物体的位置、速度和其他特性的业务，称为无线电定位业务。利用卫星资源来确定一个物体的位置、速度和属性特性的方法，称为卫星无线电测定业务。

服务于用户位置确定的卫星无线电业务有两种方式，一种是众所周知的卫星无线电导航业务，即 RNSS。由用户根据接收到的卫星无线电导航信号，自主完成定位和航速及航行参数计算，也称被动式导航定位。另一种是卫星无线电测定业务，即 RDSS。用户的位置确定无法由用户独立完成，必须由外部系统进行距离测量和位置计算，再通过同一系统通知用户，也称主动式定位，其主要特点是可以在定位的同时完成位置报告。

卫星导航设备也称为卫星导航接收机（以下简称“接收机”）。接收机依据测得的接收机与导航卫星间的伪距、导航信号的伪多普勒频移以及载波相位等参数，计算自身的状态参数。

第一批 RNSS 接收机是 20 世纪 70 年代研制的 GPS 接收机，用于进行 GPS 系统可行性验证。1982 年，为精密测量大地而设计的两款 GPS 接收机进入市场，分别是由麻省理工学院设计、Steinbrecher 公司制造的测距仪 V－1000 和德州仪器公司制造的 TI 4100。这些接收机装在机架上，占据很大空间，重量达到数十公斤，功耗超过 100 W，同时最多只可接收 4 颗卫星，而价格则在 10 万美元以上。虽然以今天的标准看是无法接受的，但在当时却具有革命意义。

1989 年开始，随着 GPS 星座的建立和系统运行计划的发布，GPS 政策开始清晰，各厂家纷纷推出相关产品，各种专用集成电路（ASIC）面世，使得信用卡大小的 GPS 接收机的性能远远超过第一代产品。

我国于 2000 年建成北斗一号系统，主要为中国地区提供定位、授时和通信服务；2012 年建成北斗二号系统，为亚太地区提供 PNT 服务；2020 年建成北斗三号全球卫星导航系统，开始为全球用户提供高精度 PNT 服务。随着技术的发展北斗卫星导航系统（简称 BDS）的导航接收机各方面性能有了很大提升，目前已与 GPS 接收机性能相当，北斗导航接收机迎来更广阔的全球市场。

目　　录

图目录

表目录

第 1 章 卫星导航系统概述

本章将介绍卫星导航系统基础知识，首先介绍卫星导航系统使用的载波频率、多址方式和组成结构，然后详细介绍导航信号的波形、调制方式和导航电文，让读者对卫星导航系统有一个总体认识。

导航信号是无线电导航定位系统为了进行定位而发射的无线电信号。卫星导航定位属于无线电导航定位的一种，是利用无线电信号进行距离测量，从而进行定位的系统。所以，掌握卫星导航系统中所发射的无线电信号的特征，是掌握卫星导航系统工作和性能的基础。

1.1 卫星导航系统

1.1.1 可用频率资源

卫星导航系统信号设计最主要的依据是国际电信联盟(International Telecommunication Union，ITU)分配的可用的载波频段。载波频率的选择需要从服务需求、传播影响、技术需求几方面综合考虑。

ITU 分配给卫星导航系统的频段为 L 波段，具体的频率分配如图 1－1 所示。

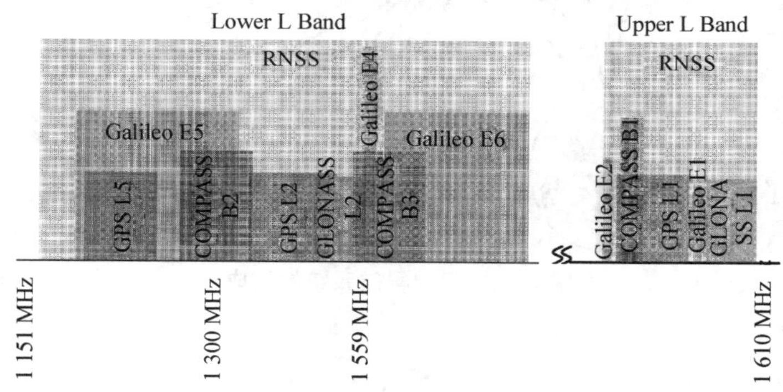

图 1－1 ITU 分配给卫星导航系统的频段

之所以选择 L 波段作为卫星导航的主用频段，是因为：

(1) L 波段处于 1～10 GHz 这个卫星信号传播的最佳窗口之中的低端，电离层已经不构成障碍，同时，L 波段信号的传播损耗和外界噪声相对较小。(2) L 波段适合于动中使用，其全向天线(增益为 0d B)的等效面积相对于高频率全向天线的要大，在同样的通量密度下接收的信号功率大。

作为现代的卫星导航系统，每颗卫星在多个频率点上发射导航信号是一典型特征。这主要因为：(1) 电离层属色散信道，信号经过电离层时，不同频率的信号受到的延时是不同的，且与信号频率平方成反比。这个特点可以用来消除电离层的误差，提高测量精度。(2) 多频导航系统有利于载波相位测量的整周模糊度解算，提高精密定位速度。

1.1.2　多址方式

卫星导航系统的空间部分由多颗卫星形成的星座构成，每颗卫星都要发射信号或转发信号。而接收机需要接收多颗卫星的信号，才能根据这些信号的测量来定位。那么这些卫星发射或转发的信号如何在接收机端不产生相互间的干扰？接收机又如何识别接收的信号是哪颗卫星发射或转发的呢？这就是各个卫星共享接收机的多址方式问题。

常用的多址方式有 FDMA、TDMA 和 CDMA，而在目前的卫星导航系统中，主要有 CDMA 和 FDMA 两种。采用 CDMA 的卫星导航系统，不同的卫星发射或转发由各不相同的、相互正交或准正交的地址码分别调制的信号；采用 FDMA 的卫星导航系统，不同的卫星发射或转发的信号调制在不同的载波频率上。前者的典型系统是美国的 GPS，而后者的典型系统为俄罗斯的 GLONASS。

1.1.3　系统组成

如图 1－2 所示，卫星导航系统一般由三大部分组成：空间部分（卫星星座）、地面控制部分（运行控制系统）、用户部分（卫星导航设备）。

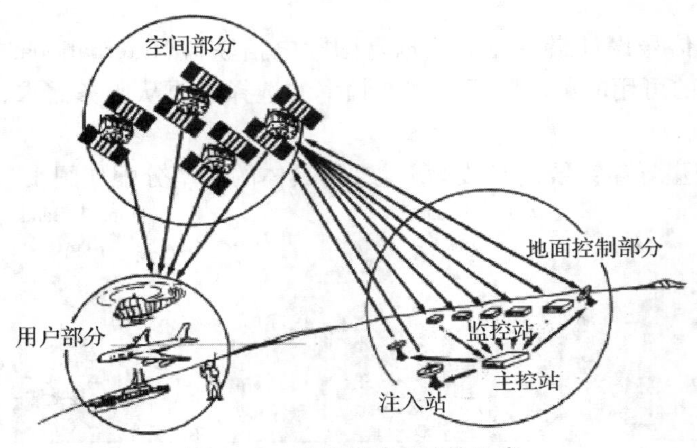

图 1－2　卫星导航系统的组成

1. 空间部分

卫星导航系统的空间部分，就是指卫星星座。一颗卫星的覆盖能力是有限的，为了提供连续的全球定位导航服务，卫星导航系统必须包含足够数量的卫星，以确保在服务区域内，每个地点可同时接收并测量足够多数量卫星的信号。

卫星的主要功能为：

（1）接收和储存（或转发）由地面控制部分发来的导航信息，接收并执行地面控制部分的控制指令。

（2）利用星上微处理器完成必要的数据处理。

（3）由星载高精度原子钟产生基准信号并提供精确的时间信息。

（4）向用户连续不断地播发导航定位信号。

（5）接收地面控制部分发送给卫星的调度命令，如调整卫星的姿态、启用备用原子钟或启用备用卫星等。

卫星星座的选择必须遵循多种优化原则。设计中主要考虑的因素有用户定位精度、卫星可用性、服务范围和卫星的几何构型等。并且还要考虑卫星的大小和质量，这与运载工具的载荷限制、配置、维护和动力供给的成本等有关。卫星轨道决定了扰动效应的大小，而扰动又影响到轨道的维护，卫星轨道高度还影响着信号发射功率的选择。另一个设计参数是卫星失效的可能性，它会导致卫星导航系统服务性能降低，甚至需要用新的或备用卫星进行星座重构。

2. 地面控制部分

卫星导航系统的地面控制部分，是指负责操控整个系统的运行控制系统。它的主要任务是跟踪观测卫星，计算编制卫星星历；监测和控制卫星的“健康”状况；保持精确的时间系统；向卫星注入导航电文和控制指令。

为了完成对整个系统的操控，地面控制系统一般包括一个主控站、多个监测站和几个上行注入站。

其主要功能包括：

(1) 跟踪观测导航卫星。各监测站接收机对导航星座卫星进行连续地接收和测量，同时收集当地的气象数据。

(2) 收集数据。主控站收集各监测站所得的伪距和积分多普勒等观测值、气象数据、卫星时钟和工作状态数据、检测站自身的状态数据。

(3) 编算导航电文。根据所收集的数据，计算每颗导航卫星的星历、时钟改正、状态数据和信号的电离层延迟改正等，并按一定格式编制成导航电文，传送到注入站。

(4) 诊断状态。主控站监测整个地面控制部分是否正常工作，检验注入卫星的导航电文是否正确，监测卫星是否将导航电文发送给用户等。

(5) 注入导航电文。注入站在主控站的控制下，将卫星星历、卫星时钟钟差等以及其他控制指令注入各个导航卫星。

(6) 调度卫星。主控站控制导航卫星改变和修正轨道，还能进行卫星调度，用备用星取代失效的卫星。

地面运行控制系统的方框图如图 1 - 3 所示。

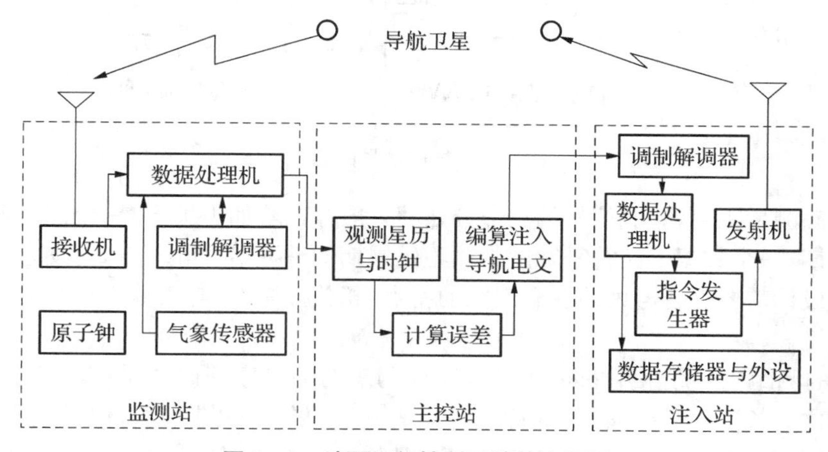

图 1 - 3　地面运行控制系统的方框图

3. 用户部分

卫星导航系统的用户部分,即各类导航定位接收机,一般由主机、天线、电源和数据处理软件等组成,主要的功能是接收导航卫星播发的导航信号,捕获和跟踪各卫星信号的测距伪码和载波,从中解调出卫星的星历、星钟改正参数等;通过测量本地伪码与卫星播发伪码之间的时延或载波频率变化等,获得伪距或伪距率观测值;根据这些观测数据,计算用户位置、速度和时间信息,并将这些结果在屏幕上显示,或通过输出口输出。

卫星导航定位接收机按其用途可分为导航型、精密测地型和授时型,按使用环境可分为低动态定位接收机和高动态定位接收机,按使用的载体可分为机载式、弹载式、星载式、舰载式、车载式及手持式等。

1.2 导航信号

1.2.1 导航信号波形

RNSS是被动单向下行测距系统,由卫星发射调制信号,该信号包括用来推算距离的发射时刻和用来计算卫星位置的模型参数。其实,不管由谁来发射信号,这些信号,即导航信号,都包括三个部分:载波、测距码、导航电文(必要的数据信息)。

载波描述了发射信号的物理特性。测距码给出了测量传播时间的方法,它利用相关技术测量时间延迟,而不是直接采用时间脉冲测量传播时间;信号周期严格同步于卫星的时间系统及数据电文;而数据信息则给用户提供进行测距和定位所需要的信息,通常包括信号发送时间、卫星星历等,如图1-4所示。

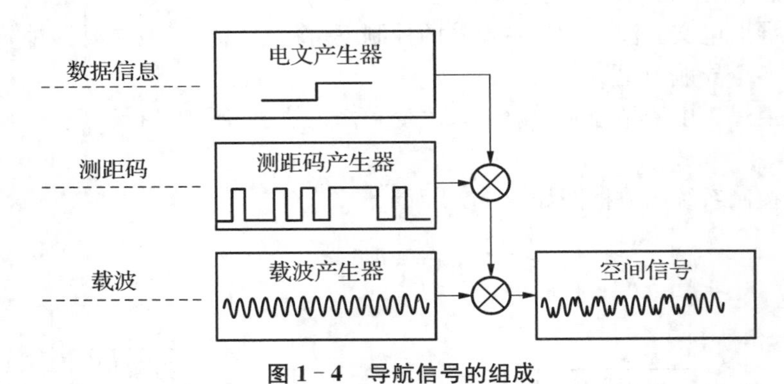

图1-4 导航信号的组成

为了准确测量距离,导航信号的三部分之间一般存在着如下关系:一个测距码片包含整数个载波周期,一个数据电文符号宽度为测距码周期的整数倍,如图1-5所示。

测距码设计需要综合考虑捕获和跟踪的特点、相关性属性、与其他系统的兼容互操作及实现的复杂度。

RNSS的测距码一般采用的是伪随机序列码。伪随机序列码总是有周期的,对于码周期较长的称之为长码,码周期较短的称之为短码。短码便于快速捕获,但易受干扰,且对弱信号敏感;长码有较好的相关特性以及对弱信号的顽存性,但较难捕获。例如,GPS系统中

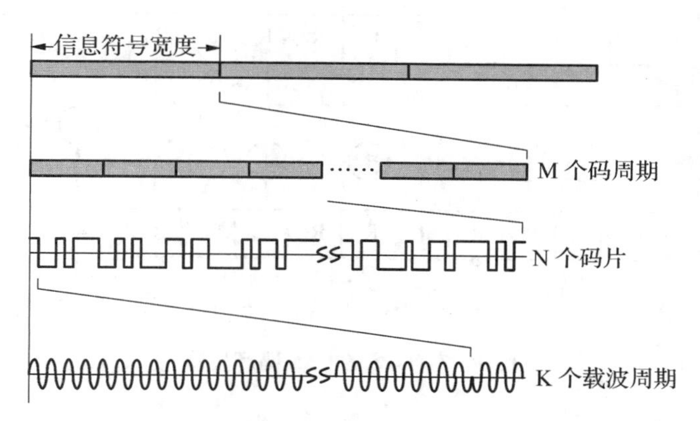

图 1-5　导航信号的内部关系

的 C/A 码是一种短码，周期为 1 ms；P 码则是一种长码，其周期约为 266.41 d。

测距码的主要特性就是由其自相关特性和互相关特性决定的。根据信号波形的自相关函数和互相关函数的定义（详见第 2 章），伪随机序列码的自相关函数如图 1-6 所示。图中，点线为卫星发出的、接收机接收到的序列；而实线为接收机本地产生的相应序列，并不断地移位以期找到最大相关峰值。找到这个峰值时，本地序列码移位的时间量 τ 就是传播时延。

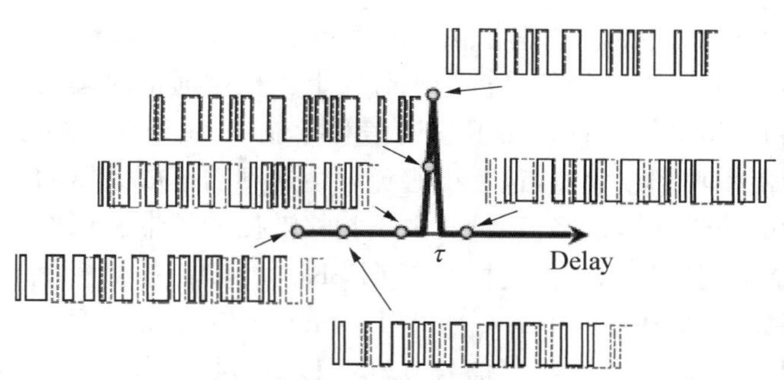

图 1-6　典型的测距码自相关函数

为了对信号有较好的捕获和跟踪性能，RNSS 的测距码要求有较好的自相关特性和互相关特性。理想的自相关特性：自相关函数只有在两个序列（接收和本地）完全对齐时有一个峰值，且这个峰是陡峭的尖峰；而在没对齐时为零。理想的互相关特性：两个不同序列互相关函数在任何时刻都为零。但实际中，不存在自相关和互相关特性同时达到理想伪随机序列码。

为了获得较高的时延测量精度，则希望自相关峰的峰包络宽度要窄，这就要求伪随机序列测距码的码片宽带窄，即要求测距码的码速率高。但是，测距码的码速率越高，导航信号占用的带宽越宽，频带效率越低。

伪随机序列测距码一般采用线性反馈移位寄存器来产生。如 GPS 的 C/A 码码长为 1 023 个码片，其两个 10 位的线性反馈移位寄存器如图 1-7 所示。

GPS 的 C/A 码属于 Gold 序列，其归一化自相关函数有四个值，分别为 1、−1/1 023、−65/1 023、63/1 023，如图 1-8 所示。

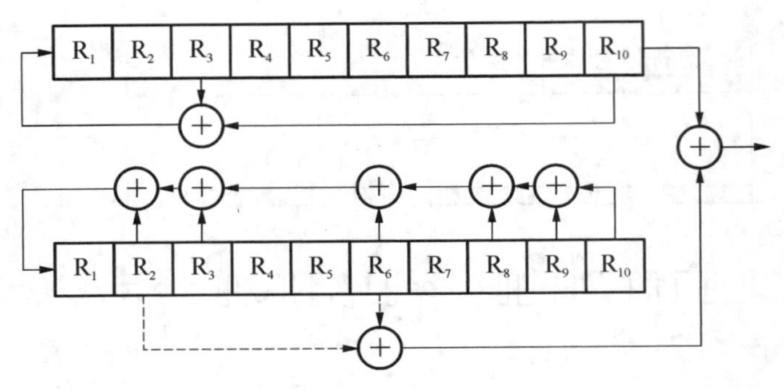

图 1-7　GPS 的 C/A 码产生器

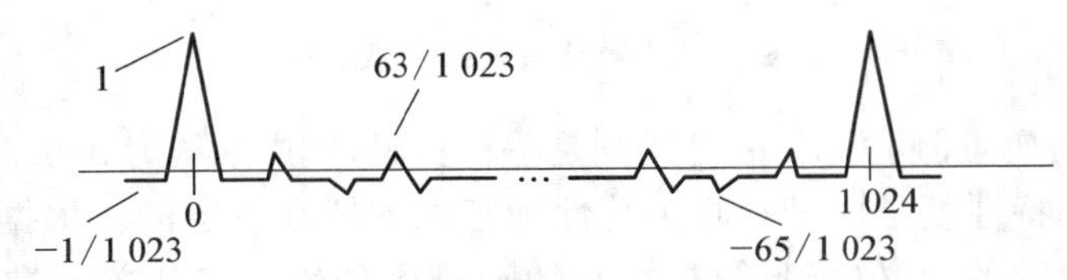

图 1-8　GPS 的 C/A 码相关函数示意图

1.2.2　二进制相移键控调制(BPSK)

基带信号是传不远的。要想将基带信号传递到远方,必须进行调制。调制实际上就是通过改变载波的某个参数,将基带信号携带于载波上。根据通信原理,数字信号调制包括幅度键控、频移键控和相移键控三种。在卫星通信和导航中,由于星上的功率资源相对紧张,希望尽可能高效地使用功率放大器,这不可避免地会遇到功率放大器的非线性问题,因此希望载波数字调制后的信号为恒包络信号;又由于相移键控的频带利用率相对较低,故一般采用相移键控调制,常采用二进制相移键控调制 BPSK。

二进制相移键控调制(Binary Phase Shift Keying, BPSK)是一种简单的数字调制方案,是在连续的时间间隔上,将所传的数字信号 0 和 1 以载波的原始相位和跳变 180°相位的方式传输,如图 1-9 所示。

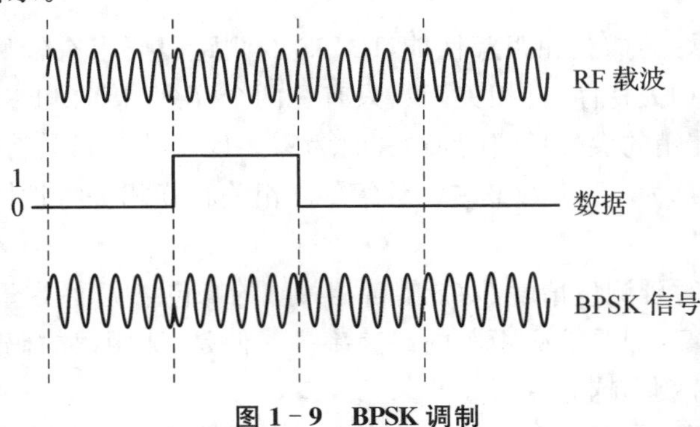

图 1-9　BPSK 调制

如果将[0,1]映射成[+1,−1],即数字 0 和 1 用波形+1 和−1 表示,则 BPSK 调制信号可以看成两种时序波形——未调制的载波和数据波形的乘积,用数学表示为:

$$s(t)=c(t)\cos(2\pi f_c t) \tag{1-1}$$

其中，$c(t)$ 为数据波形；$\cos(2\pi f_c t)$ 为未调制载波波形。

对于卫星导航信号而言，数据波形是导航电文和测距码异或的结果。如果如上述，数字 0 和 1 用波形 +1 和 −1 表示，则数据波形是导航电文和测距码的乘积，即 $d(t)c(t)$。其中，$d(t)$ 为导航电文的波形，$c(t)$ 为测距码的波形。当 $c(t)$ 的码速率远大于 $d(t)$ 的数据速率时，实际就是用测距码对导航电文进行的扩频调制。将 $d(t)c(t)$ 整体作为一个波形对载波进行 BPSK 调制，得到经 BPSK 调制后的卫星导航信号的数学表示为：

$$s(t)=d(t)c(t)\cos(2\pi f_c t) \tag{1-2}$$

其实现框图如图 1-10 所示：

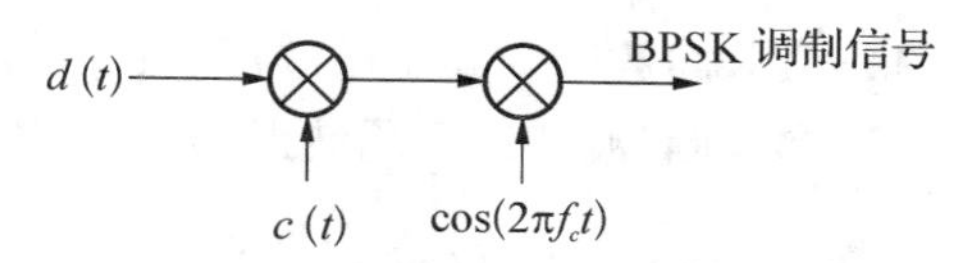

图 1-10　卫星导航 BPSK 调制信号实现框图

由于 $d(t)$ 和 $c(t)$ 都是随机序列，所以，扩频调制 $d(t)c(t)$ 产生一速率与两者之间速率较高者[通常是 $c(t)$]一样的随机序列，其功率谱为速率较高的随机序列的功率谱。BPSK 调制前后的功率谱如图 1-11 所示。

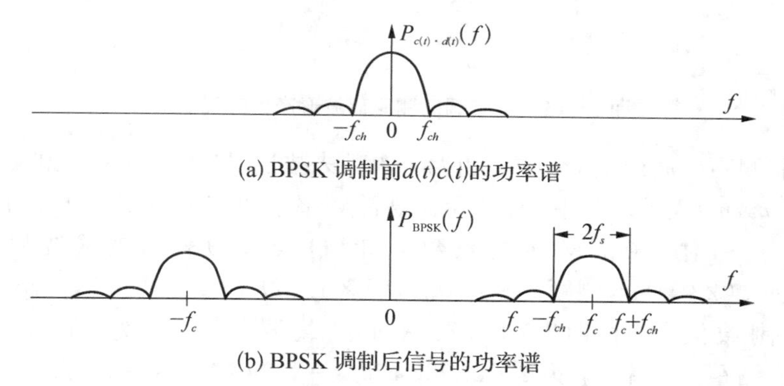

图 1-11　BPSK 调制前后信号的功率谱

由图 1-9 可知，BPSK 调制后信号带宽为

$$B_{BPSK}=2f_s \tag{1-3}$$

即经 BPSK 调制的卫星导航信号带宽为 $c(t)$ 速率的 2 倍。

1.2.3　二进制偏置载波(BOC)调制

BOC 调制是一种在 BPSK 调制信号的基础上又进行了副载波调制的调制方式，它是随着卫星导航系统的现代化进程出现的一种新的信号形式。

在 BPSK 调制之前，BOC 调制首先以一个方波作为副载波，对测距码进行调制，形成 BOC 调制测距码。当测距码波形取 +1 和 −1 时，以副载波原始相位和跳变 180°相位形式传输，其原理如图 1-12 所示。

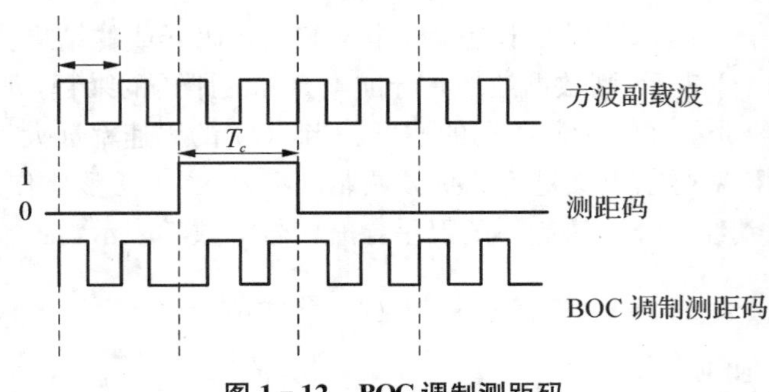

图 1-12　BOC 调制测距码

如果将[0,1]映射成[+1,-1],即数字 0 和 1 用波形+1 和-1 表示,则 BOC 调制测距码可以看成两种时序波形——方波副载波和测距码波形的乘积,用数学表示为

$$c_T(t)=c(t)p_T(t) \tag{1-4}$$

其中,$c(t)$ 为测距码波形;$p_T(t)$ 为方波副载波波形。

BOC 调制测距码波形形成的实现框图如图 1-13 所示:

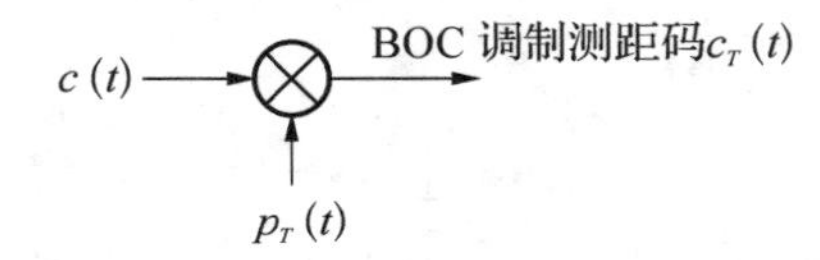

图 1-13　BOC 调制测距码波形产生实现框图

BOC 调制测距码波形 $c_T(t)$ 主要由两个参数来描述:副载波频率 f_s 和测距码码率 f_c,一般用 BOC(m,n)表示。其中,m 表示副载波频率 f_s 相对 1.023 MHz 的倍数,n 表示测距码码率 f_{ch} 相对 1.023 Mcps 的倍数。如 BOC(1,1)表示副载波频率 f_s 为 1×1.023 MHz=1.023 MHz,测距码速率 f_{ch} 为 1×1.023 Mcps=1.023 Mcps,一个测距码片内有 1 个副载波周期;BOC(14,2)表示副载波频率 f_s 为 14×1.023 MHz=14.322 MHz,测距码速率 f_{ch} 为 2×1.023 Mcps=2.046 Mcps,一个测距码片内有 7 个副载波周期。

BOC 调制测距码 $c_T(t)$ 有其明显的特点,如图 1-12 所示,其自相关函数是多峰值的,自相关函数的正负峰的个数为 $4f_s/f_{ch}-1$,如 BOC(1,1)和 BOC(14,2)的相关函数的正负峰分别为 3 个和 27 个;其功率谱主瓣是分裂的,两个主瓣之间的主瓣和旁瓣个数为 $2f_s/f_{ch}$,如 BOC(1,1)和 BOC(14,2)的功率谱主瓣之间的主瓣和旁瓣个数分别为 2 个(都是主瓣)和 14 个(2 个主瓣和 12 个旁瓣)。

最终的 BOC 卫星导航信号,为映射成[1,-1]的导航电文、BOC 调制测距码波形以及未调载波相乘的结果。可用数学表示为:

$$s(t)=d(t)c_T(t)\cos(2\pi f_c t)=d(t)c(t)p_T(t)\cos(2\pi f_c t) \tag{1-5}$$

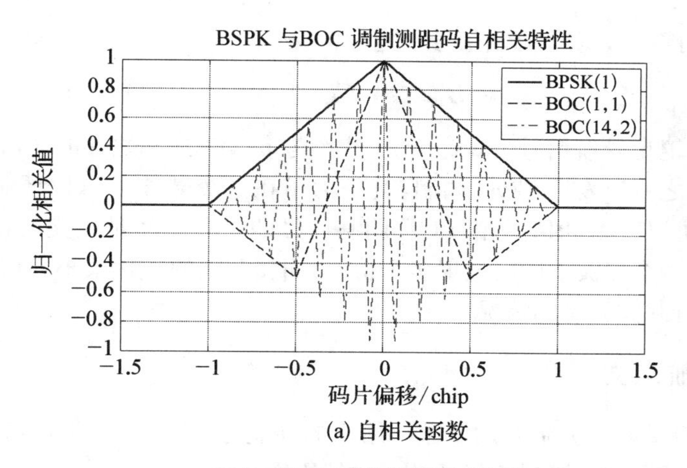

(a) 自相关函数

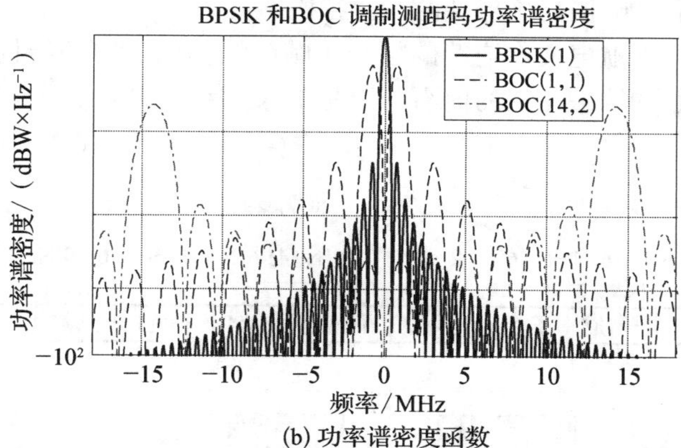

(b) 功率谱密度函数

图 1-14 BPSK 与 BOC 调制测距码波形的自相关函数和功率谱密度函数

其实现框图如图 1-15 所示：

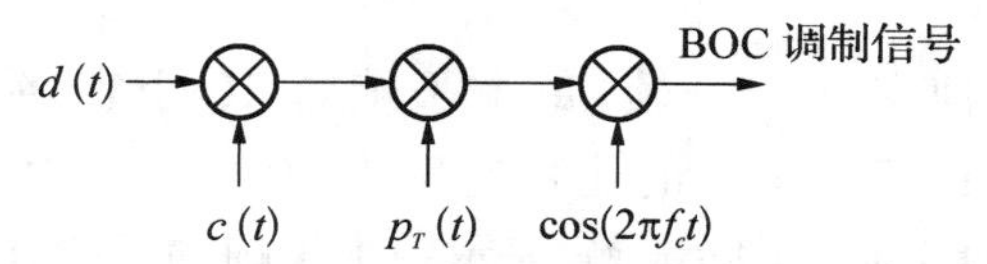

图 1-15 卫星导航 BOC 调制信号实现框图

BOC(1,1)调制信号的功率谱如图 1-16 所示。

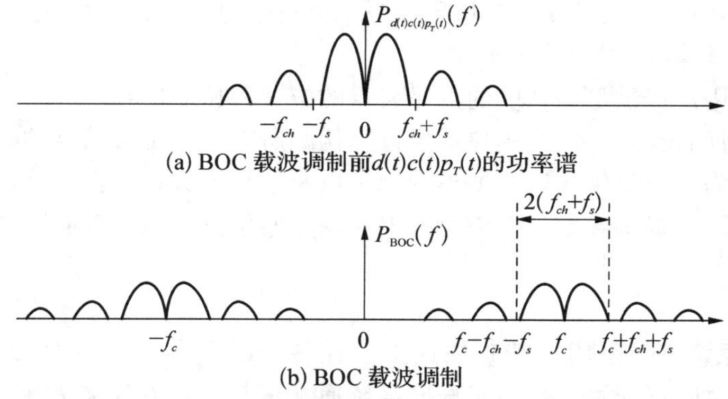

(a) BOC 载波调制前$d(t)c(t)p_T(t)$的功率谱

(b) BOC 载波调制

图 1-16 BOC 载波调制前后信号的功率谱

由图 1－16 可看出，BOC 调制信号带宽为：

$$B_{\mathrm{BPSK}}=2(f_{ch}+f_s) \tag{1-6}$$

即经 BOC 调制的卫星导航信号带宽为 $c(t)$ 速率与 $p_T(t)$ 速率之和的 2 倍。

实际上，人们之所以发明 BOC 调制，就是为了在一个载波上可以调制多个导航信号。从上面的功率谱可以看出，BPSK 和 BOC 调制信号的主瓣之间是正交的，再加上测距扩频码的设计，可以使一个载波上同时发射多个信号，而相互间的干扰很小。这等效于基带做了频分复用后再进行载波调制的情况。

1.2.4 导航电文

导航电文是卫星以二进制形式发送给用户的导航定位数据，其设计需要避免对接收机的跟踪性能造成负面影响，同时确保低的误比特概率。

一般情况，卫星将导航电文以连续的帧与子帧（或超帧与帧）的结构形式编排成二进制数据流，每子帧（或帧）的第一比特的前沿与卫星的某整秒时刻对齐。GPS 的导航电文结构如图 1－17 所示。

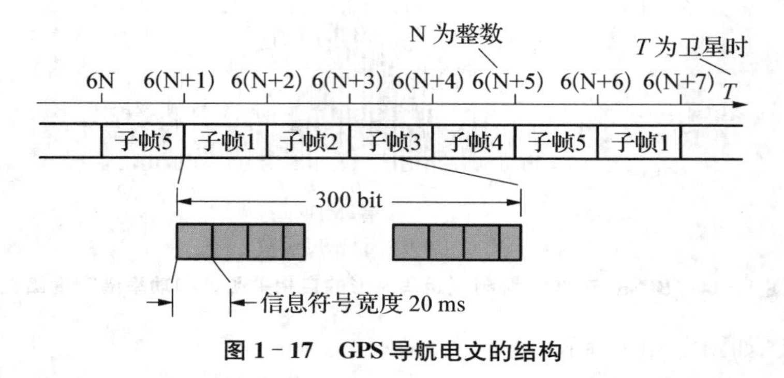

图 1－17　GPS 导航电文的结构

GPS 的导航电文，每帧有 5 个子帧，每个子帧有 10 个字，每字长 30 比特。每帧有 1 500 比特，每子帧有 300 比特。GPS 的比特速率为 50 bits/s，故一帧时长 30 s，子帧时长 6 s。每个子帧的第一个字都有一个同步码，表示一个子帧的开始，同时也与系统时的某个整秒时刻对齐。每个子帧都有一个子帧识别标志，根据它可以知道该子帧是一帧中的第几子帧。

导航电文内容主要包括导航卫星星历、卫星钟校正、电离层延迟校正、工作状态信息、全部卫星的历书等，具体有以下四类：

卫星星历：为用户提供足够精度的卫星自身的位置和速度信息。

时间参数和时间校准参数：为用户提供计算伪距所需要的足够精度的时间信息。

服务性参数：为用户提供导航数据集的识别以及信号健康状况指示等。

卫星历书：为用户提供导航星座中所有卫星的粗略位置信息，有助于接收机的捕获。

1. 卫星星历

卫星星历的原意是一张用来精确描述卫星在各个时刻的空间位置和运行速度的大表格。为了减少需要播发的数据量，卫星导航系统通常用开普勒方程来描述卫星的运行轨道，并通过最小二乘法逼近来求解方程中的各个系数，这些系数被称为星历参数。这些参数包括 6 个基本轨道参数、6 个描述摄动的调和校正系数、倾角和升交点经度的变化率以及平均运动角速度校正，另外再加上这套参数数据的参考时间，如表 1-1 所示。

表 1-1　卫星星历参数

序号	符号	单位	注
1	t_{oe}	秒	星历参考时间(周内秒计数值)
2	$\sqrt{a_s}$	米$^{1/2}$	卫星轨道半长轴的平方根
3	e_s	—	轨道偏心率
4	i_0	半圆周	参考时间 t_{oe} 时的轨道倾角
5	Ω_0	半圆周	周(星期)内时等于 0 时的轨道升交点经度
6	ω	半圆周	轨道近地点幅角
7	M_0	半圆周	参考时间 t_{oe} 时的平近点角
8	Δn	半圆周/秒	平均运动角速度校正值
9	$\dot{i}$	半圆周/秒	轨道倾角对时间的变化率
10	$\dot{\Omega}$	半圆周/秒	轨道升交点经度对时间的变化率
11	C_{uc}	弧度	升交点角距余弦调和校正振幅
12	C_{us}	弧度	升交点角距正弦调和校正振幅
13	C_{rc}	米	轨道半径余弦调和校正振幅
14	C_{rs}	米	轨道半径正弦调和校正振幅
15	C_{ic}	弧度	轨道倾角余弦调和校正振幅
16	C_{is}	弧度	轨道倾角正弦调和校正振幅

其中，Ω_0 与前文所述的升交点赤经 Ω 有所区别。Ω_0 是升交点赤经 Ω 与 $\omega_e \Delta t$ 之差值，而 Δt 为本初子午线(零子午线)和春分点方向对齐时刻与卫星导航系统周内秒起始时刻之差，ω_e 为地球自转速率。

一套星历参数的有效期一般在以参考时间 t_{oe} 为中心的 4 个小时之内，超过此有效时段的星历通常被认为是过期且无效的。因为由过期星历参数计算得到的卫星轨道值一般会存在一个较大的误差，所以不能用于正常定位计算中。

2. 时间参数及时间校准参数

为了进行伪距测量，用户接收机需要有精确的时间概念以及卫星信号的发送时刻。卫星导航系统的时间参数一般由两部分组成：周(星期)数和周内秒计数。

周(星期)数：以导航系统的起始历元起，为第零周开始连续计数，至当前的整周计数值，不闰秒。GPS 系统时(GPST)的起始历元为 1980 年 1 月 6 日(周六)协调世界时(UTC)00 时 00 分 00 秒，而 BDS 系统时(BDT)起始历元为 2006 年 1 月 1 日(周日)协调世界时

(UTC)00 时 00 分 00 秒。

周内秒计数:每周六午夜(即周日零时)清零,然后开始计数的一周(星期)内的秒计数值。

实际上,用户通过卫星信号所获得的时间,是卫星星上时钟给出的时间,而非真正的系统时间。由于不可能直接操纵卫星的物理时钟至系统时间上,每颗卫星有必要发送卫星时间校正值。通过这些校正值,用户可以计算出卫星物理时钟相对于系统时间的偏差。

时间校正参数:描述卫星发射的物理时钟与系统时间之间的差。时间校正参数包含 4 个,如表 1-2 所示。

表 1-2　卫星时间校正参数

序号	符号	单位	注
1	t_{oc}	秒	时钟参考时间
2	a_0	秒	相对于系统时的时间偏差(钟差)
3	a_1	秒/秒	时钟频率偏差系数(钟速)
4	a_2	秒/秒^2	时钟频率的漂移(钟速变化率,即钟漂)

t_{oc} 与星历中的 t_{oe} 类似,为计算时间校正值的参考时间,t_s 为从卫星播发的信号中得到的时间。

根据各卫星时间校正参数,卫星时间的改正值为:

$$\Delta t_s = a_0 + a_1(t_s - t_{oc}) + a_2(t_s - t_{oc})^2 \tag{1-7}$$

相应的卫星导航系统时间为

$$t = t_s - \Delta t_s \tag{1-8}$$

另外,导航电文中还包括了在卫星设备中各频点间的信号群延时差的信息,和为减轻电离层延时对测量的影响而建立的电离层模型参数信息,为单频点用户获得更精确的伪距测量提供必要的数据。

3. 服务性参数

卫星星历和卫星时钟校正参数的上注,是成批进行的,即一次上注多套具有不同有效时段的卫星星历和时钟校正参数,之后,每个时间段播发一套参数。这就涉及参数的切换问题,为了保证用户的正确使用,每套参数定义了“期号”与之对应。

一个星历“期号”IODE 值对应一套星历参数,它在一段时间内(GPS 是 6 小时内)是不重复的,可以帮助用户接收机快速监视星历参数是否发生了变化:如果某卫星播发了一个新的 IODE 值,该卫星更新了星历参数;否则,IODE 值未改变,星历参数尚未更新。

一个时钟校正“期号”IODC 对应一套时钟校正参数,它的值在一定时间内(GPS 是一星期内)是不重复的,可以用来帮助用户接收机快速监视时钟校正参数是否已发生变化。

为了使用户了解卫星发出的信号和数据的状况,电文中还安排了卫星信号和数据健康状态内容,告知用户电文是否有问题,以及什么方面的问题等。

4. 卫星历书

为了帮助用户接收机快速捕获卫星导航信号，导航电文还播发了关于所有导航卫星的粗略位置信息的简化星历——卫星历书。

每颗卫星的历书参数包括 6 个基本轨道参数及升交点经度的变化率、2 个卫星时钟校正参数，另外再加上这套参数数据的参考时间，如表 1－3 所示。

表 1－3　卫星历书参数

序号	符号	单位	注
1	WN_a	周(星期)	参考时间周(星期)数
1	t_{oa}	秒	历书参考时间(周内秒计数值)
2	$\sqrt{a_s}$	米$^{1/2}$	卫星轨道半长轴的平方根
3	e_s		轨道偏心率
4	i_0	半圆周	参考时间 t_{oa} 时的轨道倾角(有的系统为相对于设计倾角的差)
5	Ω_0	半圆周	周(星期)内时等于 0 时的轨道升交点经度
6	ω	半圆周	轨道近地点幅角
7	M_0	半圆周	参考时间 t_{oa} 时的平近点角
8	$\dot{\Omega}$	半圆周/秒	轨道升交点经度对时间的变化率
9	a_0	秒	相对于系统时的时间偏差(钟差)
10	a_1	秒/秒	时钟频率偏差系数(钟速)

5. 卫星位置和速度计算

首先按卫星质点在地球质心引力作用下的运动方程(即二体问题的运动方程)计算轨道参数；然后，根据导航电文给出的轨道摄动参数，进行摄动修正，计算修正后的轨道参数；继而计算卫星在轨道坐标系的坐标；最后，仅考虑地球自转的影响，将轨道坐标转换为地球坐标系。

(1) 计算卫星运行的平均角速度 n。

首先按下式计算 n_0，

$$n_0=\sqrt{GM/a_s^3}=\sqrt{\mu}/(\sqrt{a_s})^3 \tag{1-9}$$

对于 GPS 系统、BDS 系统和 Galileo 系统，取 $\mu=3\,986\,004.418\times10^8\ \mathrm{m^3s^{-2}}$。

然后，根据电文给出的摄动改正数 Δn，计算经摄动修正后的平均角速度 n。

$$n=n_0+\Delta n \tag{1-10}$$

(2) 计算归化观测时间 t_k。

电文中给出的卫星轨道参数对应于参考时刻 t_{oe}，因此，对于某时刻 t，需将观测时刻 t 归化为 t_k。这个 t_k 就称为归化观测时刻。

$$t_k = t - t_{oe} \tag{1-11}$$

考虑到跨周时刻附近，t 与 t_{oe} 之差的绝对值可能较大，求出的 t_k 偏差较大。但实际上，对于一个有效星历而言，t 值应当在 t_{oe} 的前后两小时之内，即 t_k 的绝对值必须小于 7 200 s。故而，当 $t_k > 302\,400$ s 时，应减去 604 800 s；当 $t_k < -302\,400$ s 时，应加上 604 800 s。

(3) 计算观测时刻的卫星平近点角 M_k。

$$M_k = M_0 + nt_k \tag{1-12}$$

(4) 计算观测时刻的卫星偏近点角 E_k。

根据导航电文给出的偏心率 e_s 和计算得到的 M_k，用开普勒方程进行迭代解算。

$$E_k = M_k + e_s \sin E_k \tag{1-13}$$

(5) 计算真近点角 f_{sk}。

$$f_{sk} = \arctan\left[\left(\sqrt{1 - e_s^2}\sin E_k\right) / \left(\cos E_k - e_s\right)\right] \tag{1-14}$$

或

$$f_{sk} = 2\arctan\left(\sqrt{\frac{1 + e_s}{1 - e_s}}\tan\frac{E_k}{2}\right) \tag{1-15}$$

(6) 计算升交点角距 Φ_k。

升交点角距 Φ_k 是卫星当前位置点与升交点相对于地心的夹角，为真近点角与近地点幅角 ω 之和。

$$\Phi_k = f_{sk} + \omega \tag{1-16}$$

(7) 计算摄动改正项 δu_k、δr_k 和 δi_k。

摄动改正项的计算公式为

$$\delta u_k = C_{us}\sin(2\Phi_k) + C_{uc}\cos(2\Phi_k) \tag{1-17}$$

$$\delta r_k = C_{rs}\sin(2\Phi_k) + C_{rc}\cos(2\Phi_k) \tag{1-18}$$

$$\delta i_k = C_{is}\sin(2\Phi_k) + C_{ic}\cos(2\Phi_k) \tag{1-19}$$

(8) 计算摄动改正后的升交点角距 Φ_k、卫星矢径长度 r_k 和轨道倾角 i_k。

$$u_k = \Phi_k + \delta u_k \tag{1-20}$$

$$r_k = a_s(1 - e_s\cos E_k) + \delta r_k \tag{1-21}$$

$$i_k = i_0 + \dot{i} \cdot t_k + \delta i_k \tag{1-22}$$

(9) 计算卫星在轨道坐标系的位置。

轨道坐标系原点在地球质心，x 轴指向升交点方向，z 轴指向轨道平面的法线方向，y 轴与 x、z 轴构成右手坐标系。

卫星在轨道坐标系的位置为

$$x_k = r_k \cos u_k \tag{1-23}$$

$$y_k = r_k \sin u_k \tag{1-24}$$

$$z_k = 0 \tag{1-25}$$

(10) 计算卫星在地球(固连)坐标系中的位置。

修正后的升交点经度为

$$\Omega_k = \Omega_0 + (\dot{\Omega} - \omega_e)t_k - \omega_e t_{oe} \tag{1-26}$$

这样,卫星在地球坐标系中的位置由轨道坐标进行转换,得

$$\begin{aligned} X_k &= x_k \cos \Omega_k - y_k \cos i_k \sin \Omega_k \\ Y_k &= x_k \sin \Omega_k - y_k \cos i_k \cos \Omega_k \\ Z_k &= y_k \sin i_k \end{aligned} \tag{1-27}$$

至此,卫星在地球坐标系中的位置被计算出来了。

卫星的运行速度等于卫星的空间位置对时间的变化率,可以通过对位置计算公式的时间求导而得出。

对(1-12)和(1-13)求导,有

$$\left.\begin{aligned} M_k &= M_0 + nt_k \\ E_k &= M_k + e_s \sin E_k \end{aligned}\right\} \Rightarrow \dot{E}_k = \frac{\mathrm{d}M_k}{\mathrm{d}t} + e_s \cos E_k \cdot \dot{E}_k \Rightarrow \dot{E}_k = n + e_s \cos E_k \cdot \dot{E}_k$$

可得偏近点角的变化率

$$\dot{E}_k = \frac{n_0 + \Delta n}{1 - e\cos E_k} \tag{1-28}$$

对(1-14)和(1-16)求导,有

$$\Phi_k = f_{sk} + \omega \Rightarrow \dot{\Phi}_k = \dot{f}_{sk} \text{ 以及 } \dot{\Phi}_k = \frac{\sin f_{sk}}{\sin E_k} \cdot \dot{E}_k = \frac{\sqrt{1-e^2}}{(1 - e\cos E_k)}\dot{E}_k$$

可得真近点角的变化率

$$\dot{\Phi}_k = \sqrt{\frac{1+e}{1-e}} \cdot \frac{\cos^2 \dfrac{f_{sk}}{2}}{\cos^2 \dfrac{E_k}{2}} \cdot \dot{E}_k \tag{1-29}$$

对 $r_k = a_s(1 - e_s \cos E_k)$ 求导,可得矢径变化率

$$\dot{r}_k = a_s e_s \sin E_k \cdot \dot{E}_k \tag{1-30}$$

对(1-17)、(1-18)和(1-19)求导,得

$$\delta\dot{u}_k = 2\dot{\Phi}_k [C_{us} \cos(2\Phi_k) - C_{uc} \sin(2\Phi_k)] \tag{1-31}$$

$$\delta\dot{r}_k = 2\dot{\Phi}_k[C_{rs}\cos(2\Phi_k) - C_{rc}\sin(2\Phi_k)] \tag{1-32}$$

$$\delta\dot{i}_k = 2\dot{\Phi}_k[C_{is}\cos(2\Phi_k) - C_{ic}\sin(2\Phi_k)] \tag{1-33}$$

对(1-20)、(1-21)和(1-22)求导，得

$$\dot{u}_k = \dot{\Phi}_k + \delta\dot{u}_k \tag{1-34}$$

$$\dot{r}_k = a_s e_s \dot{E}_k \sin E_k + \delta\dot{u}_k \tag{1-35}$$

$$\dot{i}_k = \dot{i} + \delta\dot{i}_k \tag{1-36}$$

对(1-23)、(1-24)和(1-26)求导，得

$$\begin{aligned} \dot{x}_k &= \dot{r}_k \cos u_k - r_k \dot{u}_k \sin u_k \\ \dot{y}_k &= \dot{r}_k \sin u_k - r_k \dot{u}_k \cos u_k \end{aligned} \tag{1-37}$$

$$\dot{\Omega}_k = \dot{\Omega} - \omega_e \tag{1-38}$$

最后，对(1-27)求导，可得卫星运行速度为

$$\begin{aligned} \dot{X}_k &= (\dot{x}_k - y_k \dot{\Omega}_k \cos i_k)\cos\Omega_k - (x_k \dot{\Omega}_k + \dot{y}_k \cos i_k - y_k \dot{i}_k \sin i_k)\sin\Omega_k \\ &= -y_k \dot{\Omega}_k - (\dot{y}_k \cos i_k - z_k \dot{i}_k)\sin\Omega_k + \dot{x}_k \cos\Omega_k \end{aligned} \tag{1-39}$$

$$\begin{aligned} \dot{Y}_k &= (\dot{x}_k - y_k \dot{\Omega}_k \cos i_k)\sin\Omega_k + (x_k \dot{\Omega}_k + \dot{y}_k \cos i_k - y_k \dot{i}_k \sin i_k)\cos\Omega_k \\ &= x_k \dot{\Omega}_k + (\dot{y}_k \cos i_k - z_k \dot{i}_k)\cos\Omega_k + \dot{x}_k \sin\Omega_k \end{aligned} \tag{1-40}$$

$$Z_k = \dot{y}_k \sin i_k + y_k \dot{i}_k \cos i_k \tag{1-41}$$

第 2 章
卫星导航接收机概述

伴随着GPS的建设以及微电子技术的发展，GPS接收机也随之快速演进。1977年，Rockwell Collins公司设计了世界上第一台GPS试验接收机GDM（Generalized Development Model）[1]，如图2-1所示。它只有5个接收通道，重量达到122 kg。

图 2-1　第一台 GPS 试验接收机

随着微电子技术的不断发展，导航接收机的尺寸不断缩小，功耗越来越小，功能也越来越强大，目前在一块芯片中实现多个频点、多个系统数十路导航信号的同时接收已成为很常见的事情。

由于应用场合与设计实现的不同，卫星导航接收机的结构多种多样。既有采用ASIC实现的一般应用接收机，也有以FPGA（Field Programmable Gate Array）实现的特殊应用接收机，为适应科学研究应用，还有全部以微处理器软件实现的软件接收机，其特点可概括如图2-2所示。

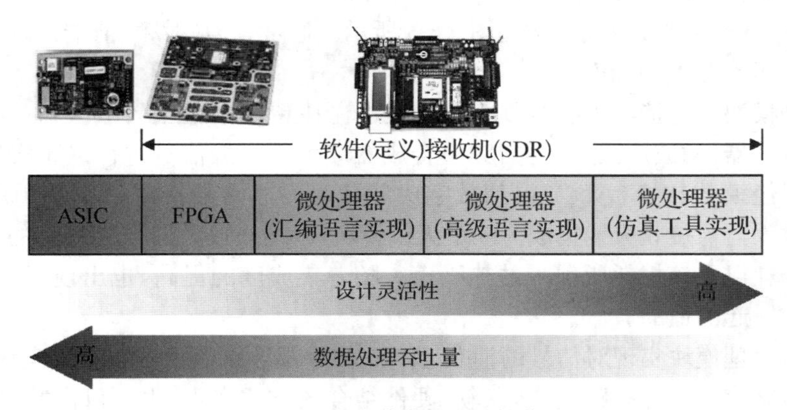

图 2-2　不同种类的导航接收机

RNSS接收机的基本功能是接收来自导航卫星的导航信号，对其进行观测，并根据观测数据解算接收机自身的位置（Position）、速度（Velocity）和时间（Time）状态，即“PVT”解算。

2.1 卫星导航接收机

导航接收机通过“测时—测距”方法实现卫星—接收机距离（严格地说是“伪距”，即“Pseudo-Range”）的测量，最基本的观测量是两个采样值：即在某一（采样）时刻获取的接收机本地时间读数 T_u 和同一时刻的某卫星信号的发送时刻 T_s。

对于接收机而言，两个基本观测量中，T_u 的获取通过本地时钟的直接读取即可；而 T_s 的获取相对复杂，其基本方法可以概括为：在本地产生一个与接收卫星信号“同步”的“复现信号（Replica）”，由于复现信号由本地产生，其参数易于测量，因此接收机可以通过获取复现信号的时间读数来间接地获取信号时间读数。

这样，使复现信号与接收信号同步就具有了重要的意义：复现信号与接收信号同步误差越小，则获取的接收信号时间读数的误差也越小。建立、维护复现信号与接收信号同步的方法称为信号的“捕获”和“跟踪”。日常生活中，与这一过程类似的过程是汽车的里程表：车轮通过摩擦力与路面“同步”，通过对车轮转动圈数的测量，即可获得汽车行驶里程。

依据伪距观测量进行的位置解算是以导航卫星作为已知参考点进行的，接收机必须知道卫星在 T_s 时刻的坐标，同时，必须有足够数量的卫星来建立观测方程，以实现对接收机坐标的求解。

为实现满足一定的误差要求测量，并实现接收机位置的解算，导航接收机通常需要完成下列功能[2]：

（1）在可视卫星中选择被跟踪的卫星。这一工作通常在接收机通道数少于可见导航卫星数时进行，可根据卫星的历书计算卫星坐标，并以几何精度因子（Geometric Dilution Precision，GDOP）作为依据进行判定，而选择卫星的目的是使解算结果的误差尽可能小；而在接收通道数大于或等于可见导航卫星数时，则接收机不必进行选择，只需接收所有卫星信号即可；

（2）捕获被选定的各个导航卫星信号，并保持对信号的跟踪；

（3）从信号中恢复每颗卫星的导航数据，同时测量伪距与伪距率；

（4）依据导航数据以及观测量，实现 PVT 解算。

典型的 RNSS 导航接收机结构如图 2-3 所示。通常分为（射频）前端处理、基带信号处理和定位导航运算三大功能模块。

前端处理模块通过接收天线接收所有可见导航卫星信号，经前置放大器（通常内含滤波器和低噪声放大器）滤波放大后，再与频率合成器产生的本振信号进行混频实现下变频，得到的中频信号经模数转换（ADC）得到数字中频信号。通常的接收机中采用所谓“有源天线”，将前置放大器与接收天线集成为一个天线模块，以缩短放大器与天线间的电缆长度，从而降低电缆损耗以及该损耗所引入的热噪声。随着集成度的提高，也出现了将整个接收机与天线集成在一起的产品。

基带信号处理模块实现对信号的捕获、跟踪、测量及导航数据解调。该模块既可以由微处理器结合数字信号处理电路构成，以软、硬件结合的方式实现；也可以由数字信号处理电路以纯硬件方式独立实现。

在软、硬件结合的实现中，载波的剥离与伪随机码解扩由硬件形式的数字信号处理电路实现，而微处理器中运行的信号跟踪环路控制软件负责调节数字信号处理电路的工作参数。

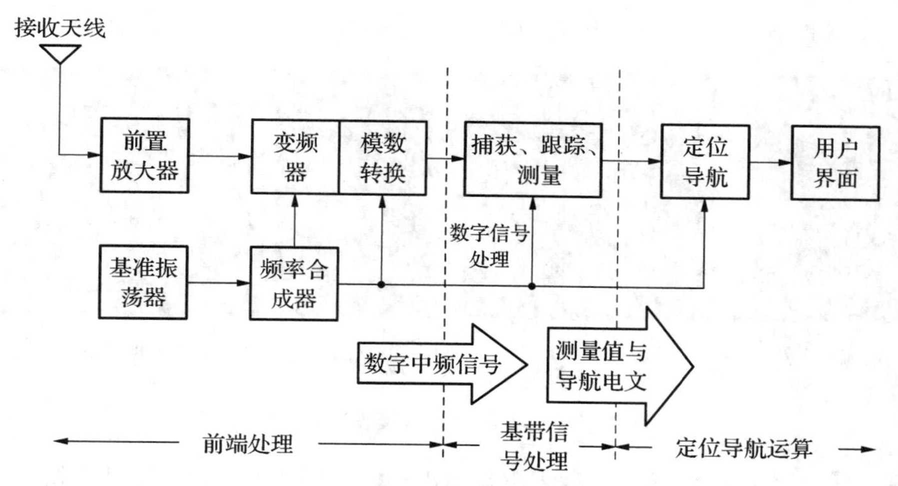

图 2-3　典型 RNSS 接收机结构

通常情况下，基带处理模块包含有多个信号接收处理通道，每个通道实现对某个特定卫星信号的接收，如图 2-4 所示。

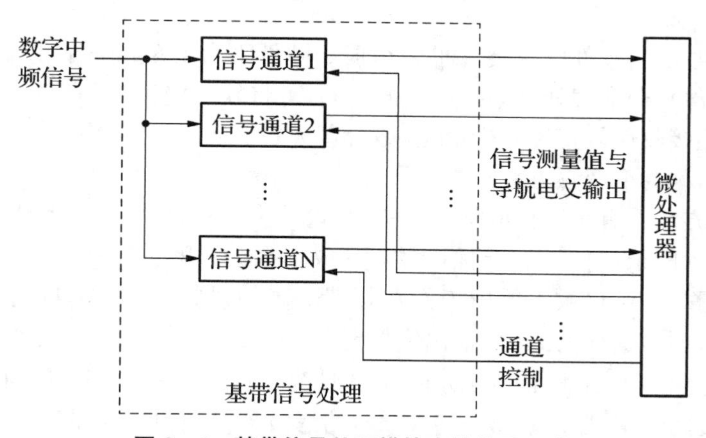

图 2-4　基带信号处理模块中的信号通道

用于进行基带处理的微处理器同时完成定位解算任务，某些应用中还需要实现用户接口及界面功能。

早期的导航接收机采用模拟信号处理，电路的体积大、功耗高、信号通道个数较少(一般只有 4 个)，因此需要进行卫星的优选。而现代接收机采用数字技术，可实现的通道数量不再受到严格的限制。

对于 RNSS 接收机，必要时需同时接收 GPS、BDS、Galileo 以及 GLONASS 等多个系统的卫星信号，此外由于 GPS 现代化计划中增加了每颗卫星发送的民用信号数，因此，某些民用设备厂商也提供含有多达数十个通道的基带处理芯片。

图 2-5 是一种典型的基于 ASIC 实现的 GPS 接收机 OEM 板，其中前端处理由前端射频芯片、TCXO 本振以及辅助电路组成，射频芯片完成变频以及 ADC 功能；基带信号处理部分由专用 ASIC 和微处理器实现，后者还完成定位导航运算功能。

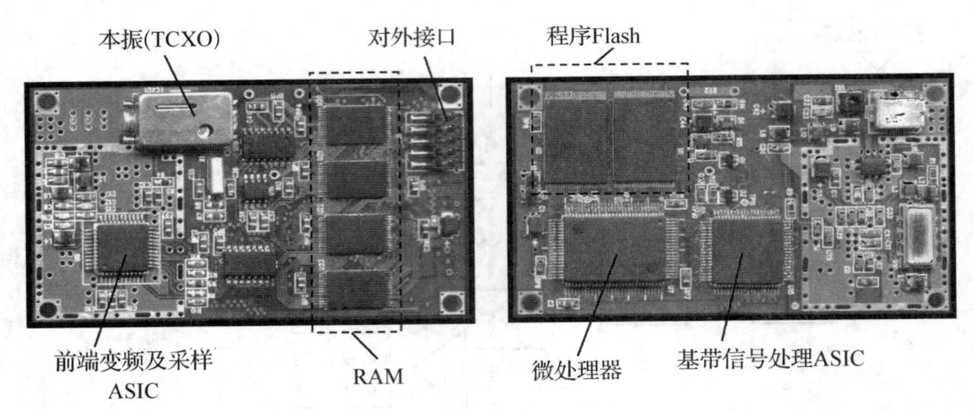

图 2-5　一种典型 GPS 接收机 OEM 板

软件无线电(Software Radio)越来越显示出其举足轻重的地位。软件无线电是一种新的无线通信体系结构,将软件无线电概念引入到卫星导航接收机的研究中,可以实现导航软件接收机(SDR)。软件接收机的结构具有很强的通用性,可用于实现多频段、多体制的通用导航接收机。此外,软件接收机还可以实现现场升级,方便研究人员进行编程以及各种算法的验证。

导航软件接收机由软件以及硬件平台组成。硬件平台实现信号的前端处理,并实现模数转换。按照硬件平台前端处理频率规划的不同,可将软件接收机分为两类:一是直接数字化方案,即对射频接收信号直接采样量化,称为直接数字化;二是将输入信号下变频到中频,再进行采样量化,称为下变频方案[3]。

直接数字化方法具有很明显的优点,在这种设计中,不需要混频器和本振。这就避免了混频器非线性引入的杂散信号的干扰,当然,其成本也会下降。如同其优点一样,缺点也十分明显,ADC 前置的 AGC 放大器应工作在频率更高的射频,ADC 本身输入带宽应包含输入信号所在频率,通常这样的 ADC 量化位数更少,在 2.2.5 节中,我们会发现这将引入较大的信号损失。而且 ADC 采样前,为防止频率混迭,应进行滤波,这一中心频率很高(1～2 GHz),带宽又远小于中心频率(2～20 MHz)的滤波器是很难实现的。目前多数软件导航接收机采用下变频方案。

目前实时(Real-Time)软件无线电导航接收机主要以"FPGA＋微处理器"实现,其中 FPGA 实现 ASIC 通道芯片的功能。以处理器直接处理信号采样的方案由于对处理器处理能力要求较高,通常只用于非实现数据处理及算法验证,典型的做法是将信号中频采样值进行存储,之后在 PC 机上进行后处理。然而,随着微处理器计算能力的不断提高,一些采用高速 DSP(Digital Signal Processor)直接实现中频采样处理的实时导航信号接收实验也取得了进展,如基于 500 MHz 主频的 DSP,实现了对 20 路信号中频采样的处理[4]。

在软件接收机设计中,虽然其基本原理与普通接收机相同,但具体实现中往往采用一些特殊处理算法,与通常的"硬件＋CPU"方式接收机有一定差别。

2.2　前端处理对信号的影响

导航信号从卫星发出后，需要经过数万千米的传播才能到达接收机，此时的信号强度已非常微弱，如GPS信号在无遮蔽情况下，最低接收功率为-162 dBW。这就要求由天线及前端放大器构成的前端处理模块一方面要将导航信号放大到后端电路可以处理的幅度，另一方面要尽量减少噪声或干扰的引入。

2.2.1　自由空间传播公式

天线是一种耦合器，其作用是将信号从一种传输媒质（自由空间/波导）耦合至另一种传输媒质（波导/自由空间）中。天线通常具有方向性，以天线的增益进行描述，这些将在2.2.3节介绍，此处直接使用增益这一概念，虽然天线增益与电路中放大器增益的概念不同，但为方便起见，可以认为二者是等效的。

对于一个卫星播发、接收机接收的信号传播过程，设卫星发送天线增益为G_T，按电线增益计算公式，有$G_T=\frac{4\pi A_T}{\lambda^2}$；接收机接收天线增益为$G_R=\frac{4\pi A_R}{\lambda^2}$。其中，$\lambda$为信号波长；$A_T$与$A_R$分别为发送/接收天线的有效面积（图2-6）。

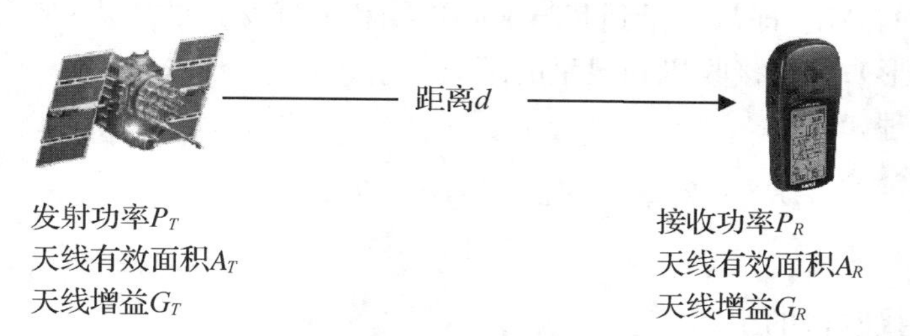

图2-6　导航信号的传播

定义功率能量密度为单位面积上通过的信号功率，则在如图2-6所示的传播过程中，接收机所在点的功率通量密度（即单位面积上的功率）为

$$\psi=\frac{P_TG_T}{4\pi d^2} \tag{2-1}$$

对于有效面积为A_R的接收天线，接收到的功率为

$$P_R=\psi\cdot A_R=\frac{P_TG_T}{4\pi d^2}\cdot A_R=\frac{P_TG_T}{4\pi d^2}\cdot\frac{G_R\lambda^2}{4\pi}=P_TG_TG_R\left(\frac{\lambda}{4\pi d}\right)^2 \tag{2-2}$$

在工程计算中，采用“分贝”形式表示上述形式，即

$$[P_R]=[P_T]+[G_T]+[G_R]+20\lg\left(\frac{\lambda}{4\pi d}\right) \tag{2-3}$$

通常，将上式中最后一部分称为自由空间传播损耗，表示为

$$L_F = 20\lg\left(\frac{4\pi d}{\lambda}\right) \tag{2-4}$$

于是式(2-4)可进一步写为

$$[P_R] = [P_T] + [G_T] + [G_R] - [L_F] \tag{2-5}$$

由自由空间传播损耗的表达式可知,其大小与信号的传播距离、信号的波长有关。

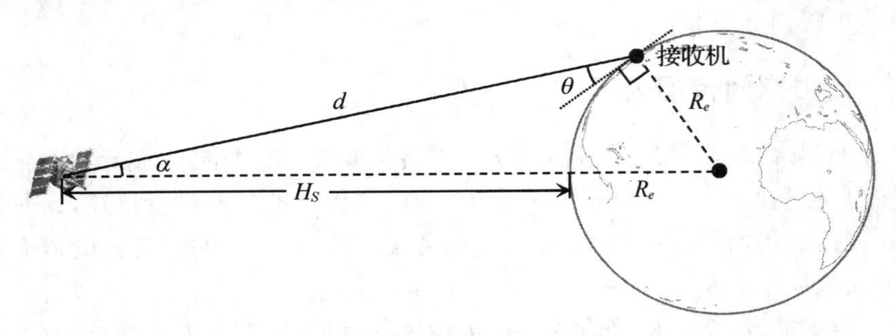

图 2-7　导航信号传播距离

卫星、接收机与地球的几何关系如图 2-7 所示。由于绝大多数接收机位于地球表面或几千米内的天空中工作,为计算方便,近似认为接收机位于地球表面某点。图中 H_S 为卫星轨道距地球表面的高度,即从卫星到其与地心连线和地球交点的距离;R_e 为地球半径(近似认为地球为圆球形);d 为接收机到卫星的距离。

根据余弦定理,有

$$(R_e + H_S)^2 = d^2 + R_e^2 - 2 \cdot d \cdot R_e \cdot \cos(\theta + 90°) = d^2 + R_e^2 + 2 \cdot d \cdot R_e \cdot \sin(\theta) \tag{2-6}$$

进而得到卫星与接收机的距离

$$d = \sqrt{2R_eH_S + H_S^2 + [R_e \cdot \sin(\theta)]^2} - R_e \cdot \sin(\theta) \tag{2-7}$$

以 GPS 为例,轨道高度 $H_S = 20\ 190$ km,地球半径 $R_e \approx 6\ 371$ km,最低仰角情况下 ($\theta = 0°$),可得信号传播距离 $d = 25\ 785.60$ km。对于 GPS 的 L1 频点信号,载波频率为 1 575.42 MHz,相应的波长 $\lambda = 0.19$ m,此时 $L_F = 184.64$ dB。而星下点位置 ($\theta = 90°$) 时,$L_F = 182.51$ dB,二者相差 2.1 dB。正因为这一原因,GPS 卫星天线的增益方向图在星下点处比边缘处低 2.1 dB(2.2.4 节),从而使地面接收机在覆盖区域内可收到同等强度的信号。图 2-8 给出了 L_F 与 θ 的关系图。

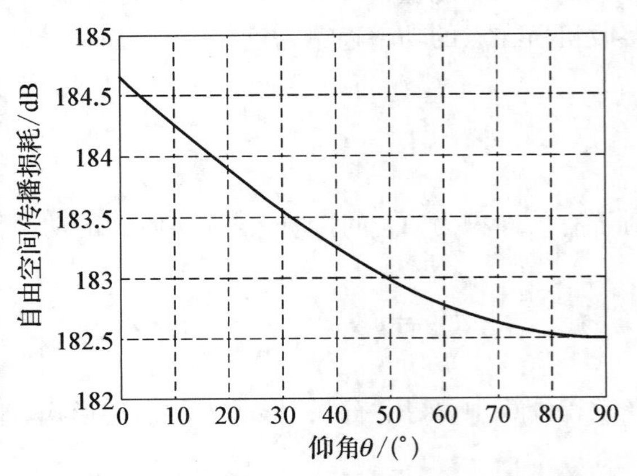

图 2-8　GPS 卫星信号自由空间传播损耗与仰角的关系

2.2.2　线路噪声

为了在2.2.4节对接收机接收信号的噪声进行分析，本节对噪声的来源及相关基本知识进行介绍。若读者已对此部分内容有了深入了解，可直接进入下一节的学习。

1. 电阻的热噪声

一个绝对温度为 T 的电阻 R，按图2-9电路连接一个无噪声的匹配电阻 R_m。

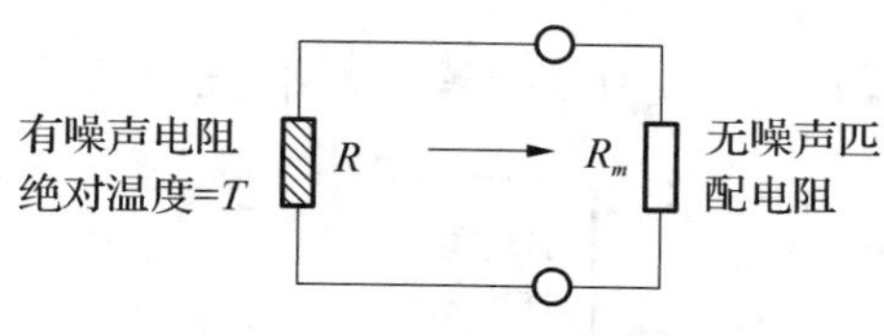

图2-9　电阻的热噪声

则在匹配电阻上测得的由 R 产生的噪声的功率谱密度为

$$n_0 = k \cdot T \tag{2-8}$$

式中 $k = 1.380\,54 \times 10^{-23}$ J/K，为玻尔兹曼常数，而绝对温度称“开氏温度”，为摄氏温度值+273.16。在目前人类已使用的电磁波频率范围内，可认为这一噪声功率谱密度与频率无关。

2. 线性网络的等效噪声带宽

如图2-10(a)所示的电路中，绝对温度为 T 的有噪声电阻 R 与无噪声线性网络的输入端匹配连接，在网络输出端连接无噪声匹配电路 R_m，线性网络传递函数为 $H(f)$，相应地，网络的幅频特性如图2-10(b)所示。

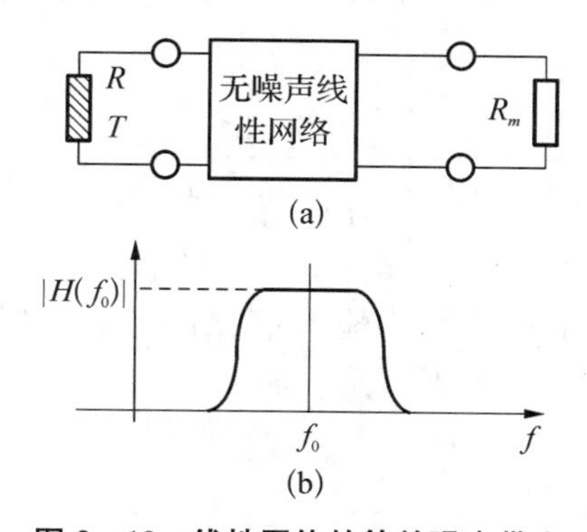

图2-10　线性网络的等效噪声带宽

由于网络自身不产生噪声，而网络输入端输入的噪声功率谱密度为 n_0，则在电阻 R_m 两端测得的噪声功率为

$$N = n_0 \int_0^{\infty} |H(f)|^2 \mathrm{d}f \tag{2-9}$$

设 $G_p=|H(f_0)|^2$，f_0 为网络通带的中心频率，则存在一常数 B_n 使得式(2-10)成立

$$N=n_0\int_0^{\infty}|H(f)|^2\mathrm{d}f=n_0\cdot B_n\cdot G_p \tag{2-10}$$

称 B_n 为上述线性网络的等效噪声带宽，且有

$$N=n_0\cdot B_n\cdot G_p=kTB_nG_p \tag{2-11}$$

3. 线性网络的等效噪声温度与噪声系数

将图 2-10(a)中的无噪声网络替换为有噪声网络，如图 2-11(a)所示。

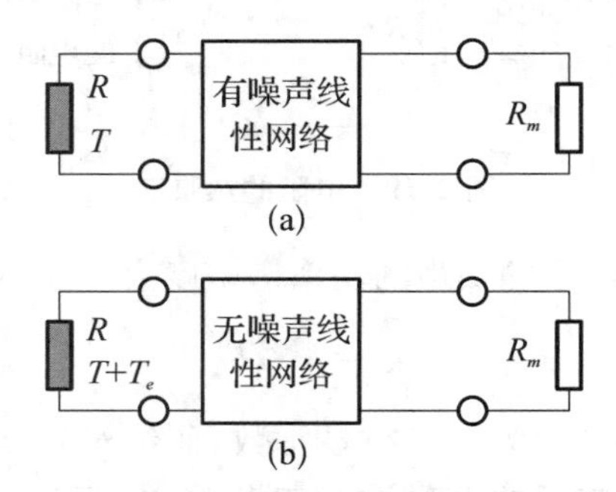

图 2-11 线性网络的等效噪声温度

则在 R_m 两端测得的噪声功率为

$$N'=N+N_e=(kTB_n+N_{ei})G_p=(kTB_n+kT_eB_n)G_p \tag{2-12}$$

其中，T_e 称为线性网络的等效噪声温度，定义中将图 2-11(a)中的电路等效为图 2-11(b)所示电路，并将网络噪声折合到输入端，即输入电阻 R 上。

进一步地，设输入端信号功率为 S_i，噪声功率为 $N_i=kTB_n$，则输出端信号与噪声功率比为

$$\frac{S_o}{N_o}=\frac{S_iG_p}{k(T+T_e)B_nG_p}=\frac{S_i}{KT\left(1+\frac{T_e}{T}\right)B_n}=\frac{S_i}{N_i}\cdot\frac{1}{1+\frac{T_e}{T}} \tag{2-13}$$

在 T 为室温 290 K 时，某线性网络输入信噪比与输出信噪比的比值称为噪声系数(Noise Figure)，通常以字母“F”或“NF”表示，即

$$\mathrm{NF}=\frac{\frac{S_i}{N_i}}{\frac{S_o}{N_o}}=1+\frac{T_e}{T},\quad T=290\ \mathrm{K} \tag{2-14}$$

通常使用噪声系数的分贝形式，即 $[\mathrm{NF}]=10\lg(\mathrm{NF})$，它与等效噪声温度经常被用于描述某器件的噪声特性，从前面的推导不难发现，二者的关系如下：

$$[\mathrm{NF}]=10\lg\left(\frac{T_e}{290}+1\right),\quad T_e=290\cdot(10^{\frac{[\mathrm{NF}]}{10}}-1)\tag{2-15}$$

噪声温度和噪声系数是描述网络噪声特性的基本参数。

4. 有耗无源网络的等效噪声温度与噪声系数

有耗无源网络是一种特殊的二端网络，通常以衰减 L 描述，它与前面所说有增益 G_p 关系为 $L=\dfrac{1}{G_p}$。

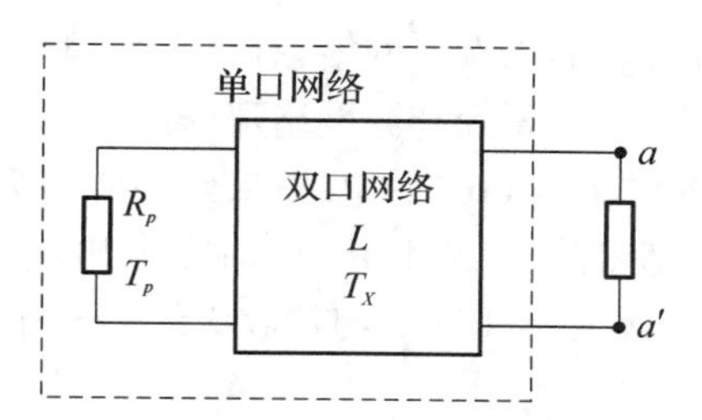

图 2 - 12　无源线性网络

如图 2 - 12 所示，一个无源有耗网络(如馈线)，其损耗为 L，设其输入、输出端均匹配连接。图中的双口网络与输入端 R_p 一起，构成一个单端口网络。

依据 Pierce 提出的皮尔斯准则(Pierce's rule)[5]，若在图中的单口网络 aa' 端口连接一个内阻为 $Z_g=Z_{\mathrm{eq}}^*$ 的信号源(Z_{eq} 为网络输出阻抗)，则进入网络的能量将被单口网络内部元件(包括双口网络以及 R_p)所吸收。

设输入功率为 1，功率中 α_1 部分被温度为 T_1 的电阻 R_1 所吸收；α_2 部分被温度为 T_2 的电阻 R_2 所吸收；以此类推，R_1、R_2 等包括网络内部各电阻以及 R_p。

则在 aa'端口处连接匹配阻抗时，总的输出等效噪声温度

$$T_{\mathrm{eff}}=\sum_N\alpha_iT_i\tag{2-16}$$

图中，当单位功率从 aa' 端口输入时，由于双口网络是无源网络，因此在 R_p 上得到的功率为 $\alpha_p=\dfrac{1}{L}$，其余部分功率则被网络本身所吸收，其比例为 α_a。由于网络内各器件温度相同，各器件对 T_{eff} 贡献为 $\sum\limits_{N-1}\alpha_iT_x=T_x\sum\limits_{N-1}\alpha_i=\alpha_aT_x$。

由于

$$\alpha_a+\alpha_p=1\tag{2-17}$$

有

$$\alpha_a=1-\frac{1}{L}\tag{2-18}$$

于是

$$T_{\mathrm{eff}}=\alpha_p T_p+\alpha_a T_x=\frac{1}{L}T_p+\frac{1}{L}(L-1)T_x \tag{2-19}$$

若将其折算到输入端，则有

$$T_{\mathrm{eff}}\frac{T_e+T_p}{L}\Rightarrow\frac{T_e+T_p}{L}=\frac{1}{L}T_p+\frac{1}{L}(L-1)T_x\Rightarrow T_e=(L-1)T_x \tag{2-20}$$

即对于温度为 T_x 、衰减为 L 的无源有耗网络，其（输入）等效噪声温度为

$$T_e=(L-1)T_x \tag{2-21}$$

由此得到结论，作为一种特殊的二端口网络，有耗无源网络的噪声系数或等效噪声温度可直接由其衰减及其温度求得，不需要像有源网络那样进行测量。

对于室温（$T_x=290$ K）下损耗为 1 dB 的电缆，其等效噪声温度为 75 K，折算到输出端约为 60 K，即这一电缆的插入将使信号衰减 1 dB，同时在输出端引入 60 K 的噪声温度增量。这就是接收机中通常将低噪声放大器（LNA）与接收天线集成在一起来避免两者间存在较长电缆的原因。

2.2.3 接收天线

在 2.2.1 节中已提到，天线是一种耦合器，用于将信号能量从一种传输媒质引入另一种媒质。为方便讨论，我们从发送天线入手说明天线增益的概念。

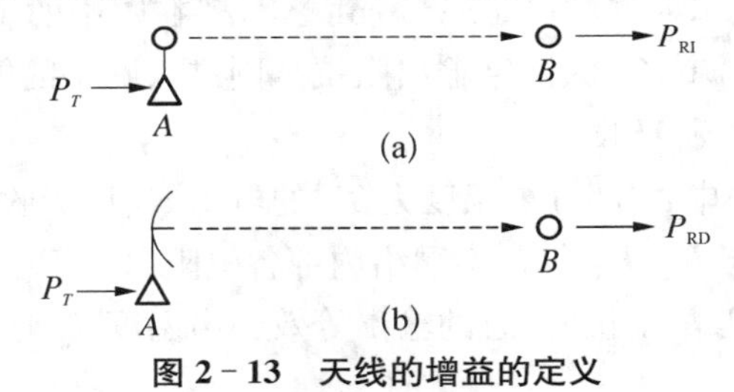

图 2-13 天线的增益的定义

如图 2-13(a)所示，在某一点 A 放置一个全向天线，它所发出的信号能量在空间各个方向没有差别，发送电路经馈线向此天线输入功率为 P_T 的信号。在一定距离外的 B 点，测得信号功率为 P_{RI}。

将 A 点全向天线换为定向天线，则点 B 位于以 A 为原点建立的极坐标系的 (a,e) 坐标，a 为方位角，e 为俯仰角。发送电路经馈线向其输入同样功率的信号，此时在 B 点测得信号功率为 P_{RD}，则定义天线在 (a,e) 方向的增益为

$$G_T(a,e)=\frac{P_{\mathrm{RD}}}{P_{\mathrm{RI}}} \tag{2-22}$$

工程上经常称天线在所有方向上增益的最大值，即 $G_{\mathrm{MAX}}=\mathrm{MAX}[G_T(a,e)]$ 为“天线增益”。而该值所在的方向称为天线的最大辐射方向。

研究发现，天线增益可表示为[6]

$$G_{\mathrm{MAX}}=\frac{4\pi A\eta}{\lambda^2} \tag{2-23}$$

式中，λ 为工作波长；A 为天线口面面积；η 为天线效率。一些研究中也将 $A\eta$ 称为天线有效口面面积，并统一以字符 A_E 表示，即 $G_{\mathrm{MAX}}=\frac{4\pi A_E}{\lambda^2}$。

天线增益具有收发互易性，即在相同工作频率下，发送增益与接收增益相等。

根据应用要求的不同，导航接收机使用不同的接收天线，图 2-14 为三种常见的导航接收天线。

(a) 贴片天线　　(b) 螺旋天线　　(c) 扼流圈天线

图 2-14　几种常见的接收天线

我们可以将 $G_T(a,e)$ 描述为

$$G_T(a,e)=G_{\mathrm{MAX}}\cdot f(a,e) \tag{2-24}$$

此时，$f(a,e)$ 称为天线的归一化方向函数。为了更直观地了解天线的方向特性，通常将方向函数以方向图进行描述。

导航接收机使用的天线，通常在方位（水平）方向上是各向同性的，但随仰角变化明显。图 2-15 为两个典型天线的仰角方向图，从中不难发现，两者的共同特点是在天顶方向天线增益较高，随着仰角的降低，增益不断下降。以使用最多的贴片天线为例，在天顶方向，其增益约为 4～5 dB，40°仰角处达到 0 dB，在 5°仰角时增益约为 −4～−5 dB。

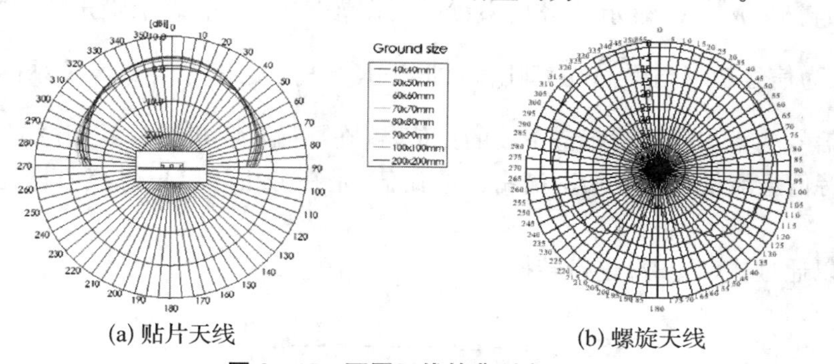

(a) 贴片天线　　(b) 螺旋天线

图 2-15　不同天线的典型方向图

接收机外置天线通常分为有源天线和无源天线，所谓有源天线是指将低噪声放大器与接收天线集成为一个天线模块，其原因已在 2.2.2 节进行了说明；而无源天线则不包括低噪声放大器。考虑到通常情况下电缆 1 m 距离引入损耗约为 1 dB（与具体的电缆类型有关），使用无源天线时，天线到接收机电缆长度通常不应超过 1 m，否则会对信号 C/n_0 引入过大的损失。

2.2.4 信号与噪声的关系

导航接收机经天线收到的信号称为“射频信号”，其频率较高，对于导航系统，信号频率通常为 1 GHz 以上。由于频率很高，直接进行处理较难，通常的做法是首先通过下变频电路将其频率成分搬移至较低的中间频率(图 2-16)，然后再进行处理。这一被搬移到较低频率的信号通常称为“中频(IF)信号”，对此信号进行数字化后，得到数字中频信号，接收机后续的处理都是基于这一信号进行的。

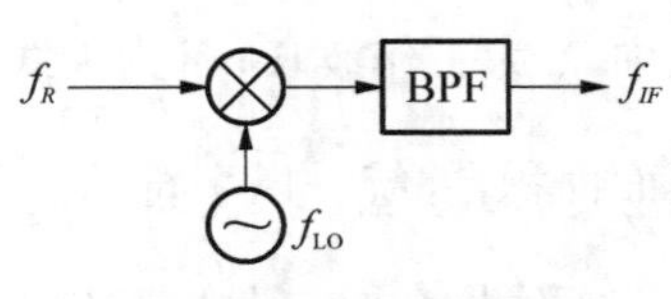

图 2-16 下变频原理

设接收信号频率为 f_R，简单的信号表达式为

$$S_R(t) = A(t)\cos(2\pi f_R t + \phi(t)) \tag{2-25}$$

本振信号表达式为 $l(t) = \cos(2\pi f_{LO} t)$，于是，在混频器输出端，得到信号

$$\begin{aligned} S'_R(t) &= A(t)\cos(2\pi f_R t + \phi(t))\cos(2\pi f_{LO} t) \\ &= \frac{1}{2}A(t)[\cos(2\pi f_R t - 2\pi f_{LO} t + \phi(t)) + \cos(2\pi f_R t + 2\pi f_{LO} t + \phi(t))] \end{aligned} \tag{2-26}$$

经带通滤波后，可得到 $S_{RIF} = \frac{1}{2}A(t)\cos[2\pi(f_R - f_{LO})t + \phi(t)]$。而此时中频信号频率 $f_{IF} = f_R - f_{LO}$。在将信号转换为中频信号后，将通过模一数转换器进行数字化，从而进行后续的进一步处理。接下来我们对采样前中频信号中有用信号与噪声的关系进行分析。

信号与噪声的相对关系可使用多种参数来描述，由于不同的应用中采用某种特定方式可以建立更加简洁的公式，因此，我们经常会发现多种参数的出现。最常见的有以下三种，即 SNR、C/n_0、E_b/n_0。C 表示信号功率；N 表示噪声功率；n_0 表示噪声单边功率谱密度。则 SNR 定义为信号功率与噪声功率比值，即 $\mathrm{SNR} = \frac{C}{N}$，是信号与噪声关系的最一般性描述；$C/n_0$ 为信号功率与噪声功率谱密度的比值，这在导航接收机信号处理过程中经常使用；E_b/n_0 为比特信息能量与噪声功率谱密度的比值，是在分析导航信息接收误比特率时经常使用的参数。

三者可以通过式(2-27)进行转换

$$\mathrm{SNR} = \frac{C}{N} = \frac{C}{n_0} \cdot \frac{1}{B_n} = \frac{E_b}{n_0} \cdot \frac{R_b}{B_n} \tag{2-27}$$

式中，B_n 为噪声带宽；R_b 为信息速率(比特率)。

在以后的分析中，将主要以 C/n_0 为主要分析对象。接下来我们以 GPS 系统为例对导航接收机所面对的信号与噪声关系进行分析。

在 2.2.1 节对导航信号的自由空间传播损耗计算过程中发现，GPS 信号在 0°仰角和 90°仰角情况下，L_F 相差 2.1 dB，为消除这一差别，GPS 卫星所使用的天线设计采用了较为特殊的方向图设计[7](图 2-17),其目的是使得地球表面的接收机可收到的信号功率尽可能相同。

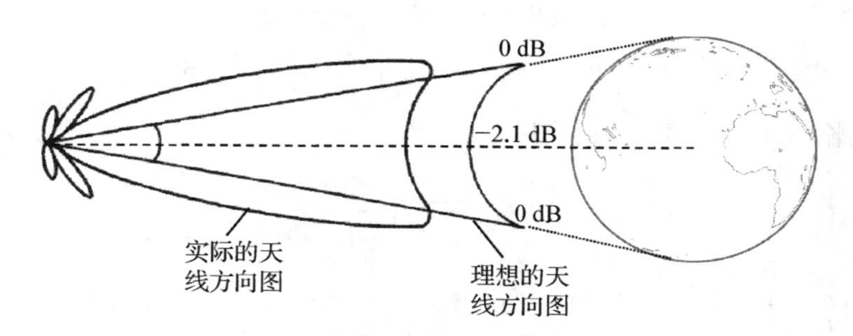

图 2-17　GPS 卫星发射天线方向图

以 GPS 为例,在卫星相对于接收机处于 5°低仰角时,卫星天线 G_T 约为 12.1 dB,40°左右仰角处约为 12.9 dB,卫星位于接收机天顶方向(90°)时约为 10.1 dB[8]。卫星天线发送功率 27 W(14.3 dBW),则这几种仰角情况下的接收信号功率如表 2-1 所示。

表 2-1　不同仰角下的 GPS L1 频点 C/A 码信号接收功率

	低仰角 (5°)	中等仰角 (40°)	天顶 (90°)
卫星发送天线输入功率(dBW)		14.3	
发送天线增益(dB)	12.1	12.9	10.2
大气损耗(dB)		0.5	
自由空间传输损耗(dB)	184.45	183.26	182.51
采用全向天线接收功率(dBW)	−158.55	−156.56	−158.51
实际接收天线增益(dB,经验值)	−4	+2	+4
信号功率(dBW)	−162.55	−154.56	−154.51

在此基础上,我们进行接收机中频信号 C/n_0 的分析。图 2-18 给出了包括天线在内的 GPS 接收机射频前端电路的组成及典型参数[8]。

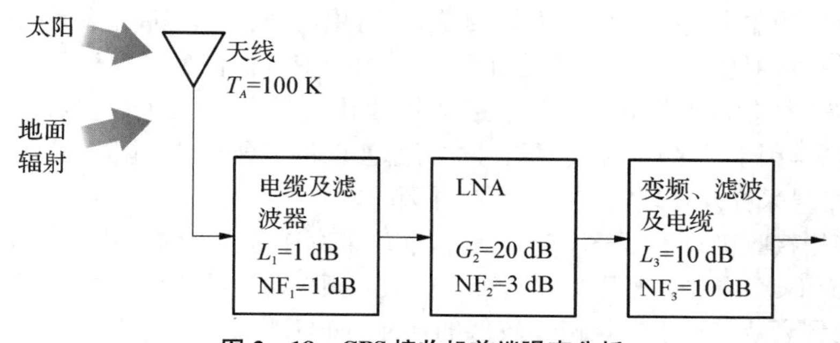

图 2-18　GPS 接收机前端噪声分析

这里说明一下,天线的噪声温度定义为其输出端的噪声温度,这一点与其他网络有差别,类似于电阻的噪声温度定义。

先将上述各 NF 值转换为噪声温度，得到图中 3 个网络的噪声温度：

$$T_e = 290 \cdot (10^{\frac{[NF]}{10}} - 1)\,(\mathrm{K}) \tag{2-28}$$

$$T_1 = 75.1\ \mathrm{K},\quad T_{e2} = 288.6\ \mathrm{K},\quad T_{e3} = 2\,610\ \mathrm{K} \tag{2-29}$$

于是可以得到输出端的噪声功率谱密度为

$$\begin{aligned} n_0 &= k\left\{\left[\frac{1}{L_1}(T_A + T_1) + T_2\right]G_2 + T_3\right\}\frac{1}{L_3} \\ &= k\left\{\left[\frac{1}{1.26}(100 + 75.1) + 288.6\right]100 + 2\,610\right\}\frac{1}{10} = 6.263\,07 \times 10^{-20}\ \mathrm{W/Hz} \end{aligned} \tag{2-30}$$

玻尔兹曼常数 $k = 1.380\,54 \times 10^{-23}$ J/K。表示为分贝形式为

$$[n_0] = -192.0\ \mathrm{dBW/Hz} \tag{2-31}$$

这样，使用表 2-1 的计算结果，可得到中频输出端的信噪比 C/n_0，如表 2-2 所示。

表 2-2　典型 GPS 接收机射频前端输出的 C/n_0 及 C/N

	低仰角（5°）	中等仰角（40°）	天顶（90°）
中频输出噪声功率谱密度(dBW/Hz)	−192.0		
接收射频信号功率(dBW)	−162.55	−154.56	−154.51
中频输出功率(dBW)	−153.55	−145.56	−145.51
$[C/n_0]$ (dBW/Hz)	38.45	46.44	46.49
噪声带宽(Hz)	2×10^6		
$[C/N]$ (dB)	−24.56	−16.57	−16.52

注：未考虑接收机实现中引入的信号损耗，对于低档接收机这一损耗可达 6 dB，而高品质接收机一般为 1～2 dB。

观察表 2-2 我们发现，[C/N]均在 −16 dB 以下，这意味着信号功率远小于噪声功率，如果对接收机中频输出进行观测，只能看到噪声，有用信号被噪声所淹没。

导航信号在从卫星发出时，通常占用整个可用的带宽。例如，GPS 系统 BPSK 调制的 C/A 码信号与 P 码信号使用同一射频电路发出，发出时带宽占用约 30 MHz，而多数接收机出于成本、功耗等因素的考虑，需要对信号进行滤波以将信号与噪声限制在一个较窄的带宽内，从而降低信号采样及处理电路的工作时钟频率。

通常的商用接收机对于 BPSK 调制信号，前端带宽通常为 2 倍码片速率，即仅包含信号频谱的主瓣；而 BOC 调制信号则通常至少包括中心频率两边的两个主瓣。这一滤波过程将使信号功率受到衰减。对于扩频速率较低的信号，如 GPS C/A 码信号以及 E1OS、L1C 信号，可以认为信号发出时的带宽近似为无限，BPSK(1)与 BOC(1,1)信号前端滤波带宽与损耗的关系如图 2-19(a)所示，图 2-19(b)为两信号功率谱比较。

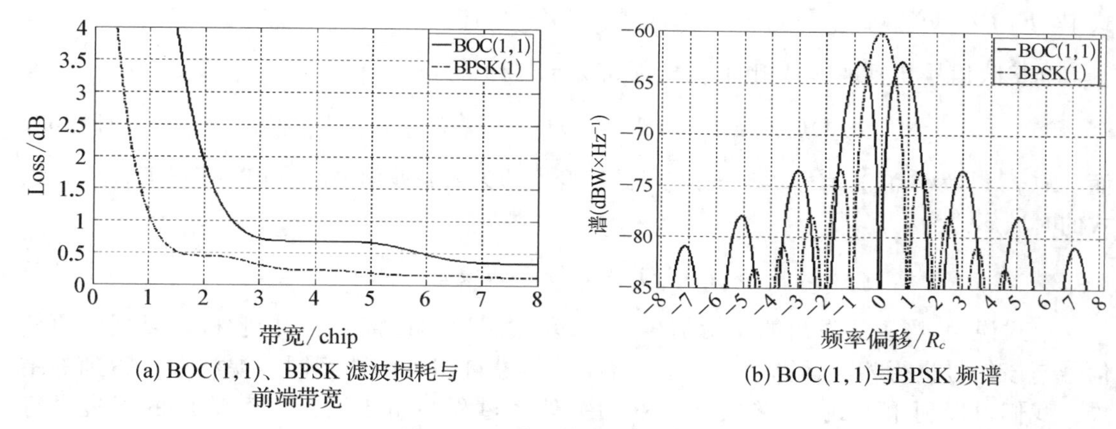

(a) BOC(1,1)、BPSK 滤波损耗与前端带宽　　(b) BOC(1,1)与BPSK 频谱

图 2-19　前端滤波引入的损耗

从图中可以看出，由于 BPSK 信号功率集中于主瓣内，当滤波射频带宽正好包含整个主瓣，即图中 $B_{fe}=2R_c$ 时，滤波损耗小至 0.45 dB；BOC(1,1)信号旁瓣所占用的功率更多，因此即使前端带宽包括了频谱中的两个主瓣（$B_{fe}=4R_c$），其损耗也接近 0.7 dB，带宽超过 $6R_c$ 时才达到 0.45 dB。

由于接收滤波器的滤波作用，使信号基带波形不再呈现为方波，而接收机为了处理简单，复现波形通常仍以无限带宽的矩形脉冲构成。因此，信号与复现信号的互相关函数与理想信号的自相关函数相比会发生变化，这将对信号接收造成进一步的损失。

设进入接收机天线的接收信号为 $e(t)$，包括接收机前端的传递函数为 $h(t)$，则在相关器之前的信号为两者的卷积，即

$$a(t)=e(t)*h(t) \tag{2-32}$$

$a(t)$ 与复现信号 $s(t)$ 的互相关函数为

$$R(\tau)=\int_{-\infty}^{\infty}a(t)s(t-\tau)\mathrm{d}t \tag{2-33}$$

令 $s'(t)=s(-t)$，则 $a(t)$ 与 $s'(t)$ 的卷积为

$$a(t)*s'(t)=\int_{-\infty}^{\infty}a(\tau)s'(t-\tau)\mathrm{d}\tau=\int_{-\infty}^{\infty}a(\tau)s(\tau-t)\mathrm{d}\tau \tag{2-34}$$

观察上式，若将变量 t 与 τ 对换，则与 $R(\tau)$ 形式相同，这样有

$$R(\tau)=e(\tau)*h(\tau)*s'(\tau)=e(\tau)*h(\tau)*s(-\tau) \tag{2-35}$$

其中

$$F[R(\tau)]=F[e(\tau)*h(\tau)*s(-\tau)]=f[e(\tau)]F[h(\tau)]F[s(-\tau)] \tag{2-36}$$

式中，$F[\cdot]$ 表示傅氏变换。当复现信号 $s(t)$ 为实函数（目前的导频信号均符合这一要求）时，根据傅氏变换特性可得 $F[s(-t)]=S^*(f)$，则有

$$F[R(\tau)]=E(f)H(f)S^*(f) \tag{2-37}$$

式中，$E(f)=F[e(\tau)]$，$H(f)=F[h(\tau)]$。

当接收信号与复现信号相同时，即 $E(f)=S(f)$ 时，有

$$F[R(\tau)]=S(f)S^*(f)H(f)=|S(f)|^2H(f) \tag{2-38}$$

而 $|S(f)|^2$ 为未滤波信号功率谱，其傅氏反变换即为未滤波信号的自相关函数 $R_0(\tau)$。该式的时域形式为

$$R(\tau)=R_0(\tau)*h(\tau) \tag{2-39}$$

上式说明，当卫星发出的原始信号经收、发滤波后到达接收机，接收机以复现的原始信号与该信号进行相关运算，相关函数为原始信号自相关函数经同一滤波过程得到的结果。我们可以利用上式，对接收信号的相关处理过程中由于波形失配造成的损失进行分析。

2.2.5 采样与模数转换问题

通过采样、量化过程将模拟信号转换为数字信号，对于数字接收机是必不可少的。其中的量化过程将引入量化噪声，从而使 C/n_0 下降。由于输入模拟信号中的噪声功率远高于信号功率，引入的 C/n_0 损失明显不同于其他信号功率高于噪声功率的情况。

1. 模数转换过程概述

下变频后的中频信号将由 ADC 转换为数字信号，典型接收机的 ADC 电路如图 2-20 所示。

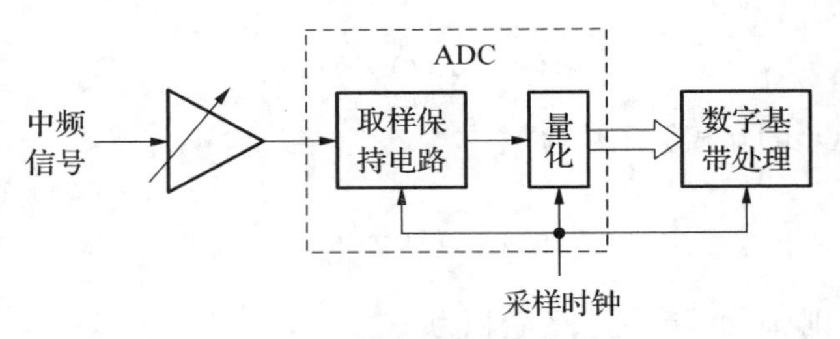

图 2-20 典型模数转换电路

在 ADC 之前，需要对输入信号的幅度进行限制以达到较好的 ADC 性能，这一控制过程通过自动增益控制（AGC）电路完成，该电路根据中频信号幅度控制可变增益放大器的增益，使采样信号的幅度尽可能位于量化范围内。由于导航信号功率远低于噪声功率，因此上述控制过程实际上是依据噪声功率的大小进行控制的。

经 AGC 实现幅度调整后的信号输入 ADC，其中的“取样保持电路”实现信号幅度的采样，并加以保持直至量化完毕。“量化”则是将连续的采样值变换为有限个量化阶，并按一定的编码规则输出。整个采样、量化过程如图 2-21 所示。

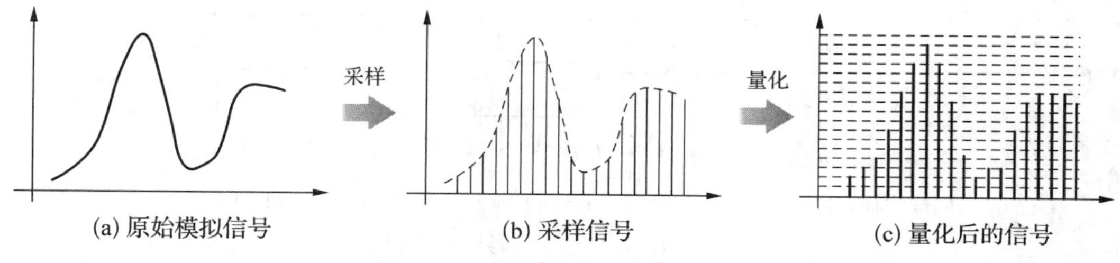

图 2-21　模数转换过程中的信号

2. 信号采样速率的选择

根据奈奎斯特(Nyquist)采样定理，要无损失地对一个基带模拟信号进行采样，需要以不低于单边带宽 2 倍的速率对信号进行采样；而对于一个带通信号，则需要以不低于其单边带宽 2 倍的速率进行采样(图 2-22)[9]。

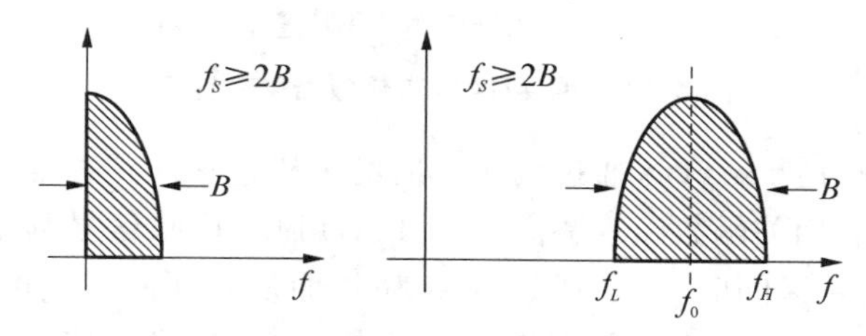

图 2-22　奈奎斯特采样速率

对带通信号进行采样时，采样频率的计算方法：一个带限信号，其频带限制在 (f_L, f_H) 区间内，令采样频率为 $f_s = \dfrac{2(f_L + f_H)}{2n+1}$，且 n 取使 $f_s \geq (f_H - f_L)$ 成立的最大非负整数(0，1，2，…)，则以 f_s 进行等间隔采样所得到的信号采样值能准确地确定原信号。

对于接收机中的中频信号，若中频频率为 f_0，则上述对 f_s 的要求也可表示为：$f_s = \dfrac{4f_0}{2n+1}$，n 为使 $f_s \geq 2B$ 成立的最大非负整数。可以发现，当 $f_0 = \dfrac{f_H}{2}$，即当 $n=0$，$f_s = 2f_H$ 时满足上述条件，而这正是基带信号奈奎斯特采样频率。

需要说明的是，按 $f_s = \dfrac{4f_0}{2n+1}$ 确定的采样速率为可用采样速率的充分条件，而非必要条件。例如，中心频率为 48.96 MHz、带宽 20 MHz 的带通信号，按上述方法可确定 $n=1$，$f_s = 65.28$ MHz，而选择相近的 62 MHz 也同样可行。

在满足奈奎斯特采样定理的前提下，还应考虑扩频码的码片速率，即应避免采用码片速率整数倍的采样速率[10,11]。例如，对于 GPS C/A 码信号的 $R_c = 1.023$ Mcps 扩频码，若采用 5.115 MHz(1.023×5)采样频率，则图 2-23(a)中所示的两种采样位置下，得到的接收信号采样序列相同，那么接收机利用采样点进行信号处理与观测时，将无法发现两种情况下信号时间偏差的不同。本例中，这一偏差可达 195.5 ns，相应的距离为 58.65 m，这显然是无法接受的。而在图 2-23 (b)中，采用的是一个非 R_c 整数倍的采样频率，此时，当信号与采样脉冲时间关系出现偏差时，采样序列发生了明显的差异。

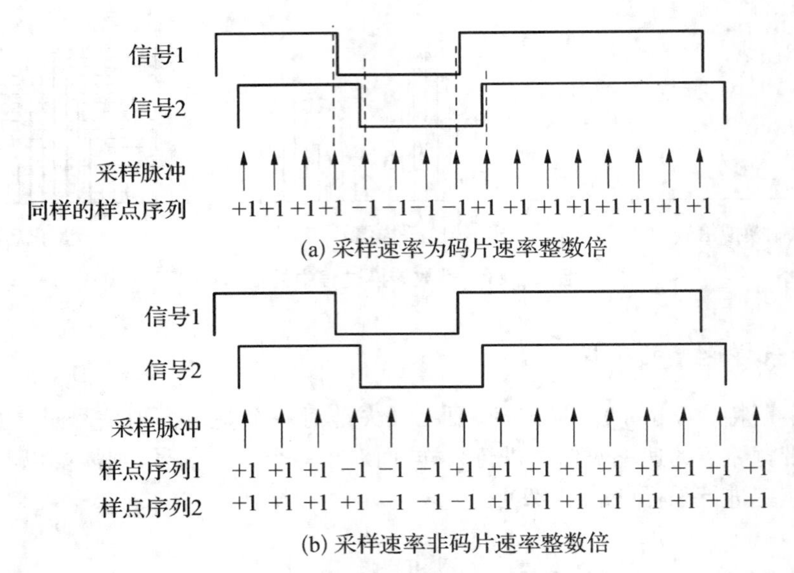

(a) 采样速率为码片速率整数倍

(b) 采样速率非码片速率整数倍

图 2 - 23　整数倍与非整数倍采样速率

图 2 - 24 为积分时长 1 ms 时，通过两种不同的采样速率所得样点与复现的矩脉冲信号进行相关运算所得到的相关函数。观察图 2 - 24(a)可见，接收信号与复现信号时间偏差值 τ 在[−0.1，+0.1]码片区间时，相关函数保持为 1，而从后面的讨论可知，接收机正是利用复现信号与接收信号相关函数值随 τ 变化而变化这一基本特性来修正复现信号与接收信号的偏差，进而实现对接收信号的测量，因此该相关函数将导致不可接受的测量误差。

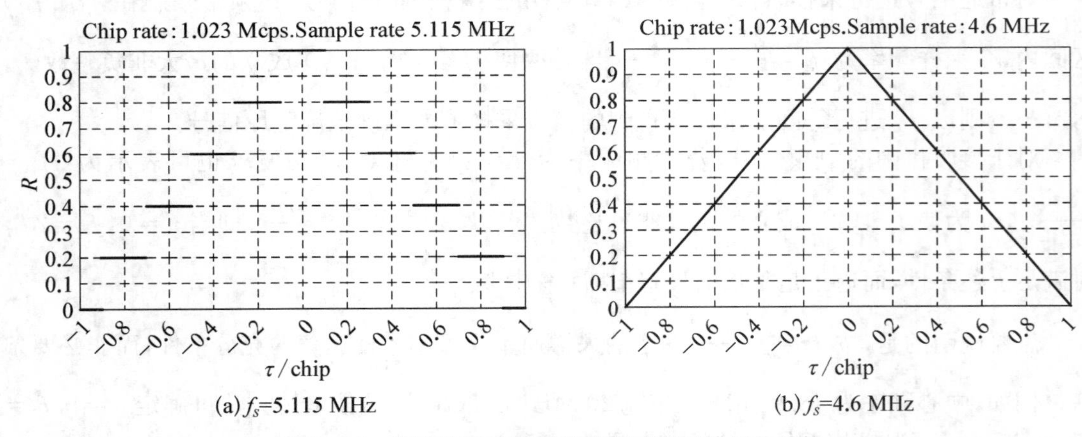

(a) f_s=5.115 MHz　　(b) f_s=4.6 MHz

图 2 - 24　整数倍与非整数倍采样速率下的相关函数

上述分析表明，导航接收机不应采用与信号扩频码成整数倍率关系的采样频率。那么，至少与码片速率整数倍相差多少是可以接受的采样速率呢？设某整数倍采样频率为 f_{s0}，实际使用 $f_s = f_{s0} + \Delta f$，Δf 是远小于 f_{s0} 的一个频偏。则以这两个采样频率分别进行采样时，采样间隔时间之差为

$$\Delta T_s = \frac{1}{f_{s0}} - \frac{1}{f_{s0} + \Delta f} \overset{\Delta f \ll f_{s0}}{\approx} \frac{1}{f_{s0}} - \frac{1}{f_{s0}}\left(1 - \frac{\Delta f}{f_{s0}}\right) = \frac{\Delta f}{f_{s0}^2} = \Delta f \cdot T_{s0}^2 \tag{2-40}$$

式中，$T_{s0}=\frac{1}{f_{s0}}$。

如图 2-25 (a)所示，信号码与复现码间存在偏差 τ，则对应的每个码片相乘的结果中分为两段，其中两码片重叠部分值为“+1”，不重合部分可能为“+1”，也可能为“-1”；对于 PN 码，不重叠部分积分为 0。如果以一个非常高的采样速率，例如 1 GHz，进行采样，则相关函数是阶梯状的，但其精度已可以满足要求。可以设想如图 2-25(b)的方法：第 1 个码片以较低速的采样速率 f_s 对信号采样，第 2 个码片采样速率不变，但将采样点向某个方向移动 ΔT 之后，每个码片中采样点均向同一方向移动 ΔT。对此信号进行积分，如果在积分区间内，累计的平移时间达到 $T_s=\frac{1}{f_s}$，则其效果与以 $\frac{1}{\Delta T}$ 为间隔的高速采样相同。非整数倍采样思想与此非常相似。

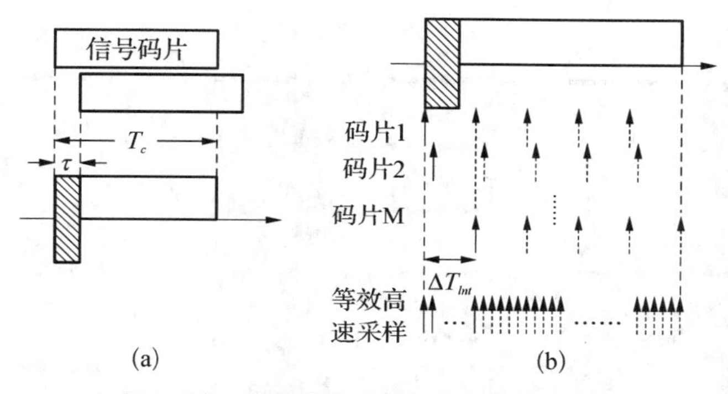

图 2-25　非整数倍采样与高速采样的等效

事实上，上述方法中采样脉冲在时间上“跳动”的实现并不能通过简单的电路实现，因此我们将其替换为通过采样频率偏移实现。设采样频率为 $f_{s0}+\Delta f$，f_{s0} 为 R_c 整数倍，第 1 个码片中有 N 个采样点，$N=\frac{f_{s0}}{R_c}$。第 2 个码片中，各采样点在码片 2 的位置相对于码片 1 中的对应样点移动 $N\cdot\Delta T_s$，设积分时段 T 内含有 N_c 个码片，则在最后一个码片，各个采样点相对于第 1 个码片移动时间 $\Delta T_{\text{Int}}=(N_c-1)\cdot N\cdot\Delta T_s\approx N\cdot N_c\cdot\Delta T_s=N_{\text{Int}}\cdot\Delta T_s$。

为使整个码片被均匀地“高速”采样，要求上述总偏移时间至少为 T_{s0}，考虑到滑动方向既可以向前，也可以向后，因此这一要求表示为 $|\Delta T_{\text{Int}}|\geqslant T_{s0}$，即

$$N_{\text{Int}}\cdot|\Delta f|\cdot T_{s0}^2\geqslant T_{s0} \tag{2-41}$$

其中，N_{Int} 为积分时段内总的采样点个数。进而可得

$$|\Delta f|\geqslant\frac{1}{N_{\text{Int}}T_{s0}}=\frac{1}{T} \tag{2-42}$$

式中，T 为积分时间。由此可得结论，非整数倍采样中所使用的采样频率与最近的整数倍率之差应大于积分时长的倒数，即如果积分时长为 1 ms，则偏差应在 1 kHz 以上；若采用 10 ms 积分，则偏差应在 100 Hz 以上。

由于接收信号码速率存在多普勒频偏(见 3.1.2)，这一频偏与卫星以及接收机相对运动

的速度有关，通常码速率偏移在数 Hz 至数十 Hz 范围。设码速率多普勒频偏范围为 $[-\Delta f_d, \Delta f_d]$，在选择采样速率时，应避免选择 $k \cdot (R_c - f_d) \sim k \cdot (R_c + f_d)$ 范围内的采样频率(式中 k 为整数，f_d 为码多普勒频移)。同时，应依据采用的积分时长，进一步扩大上述不可选频率的范围，即

$$k \cdot (R_c - f_d) - \frac{1}{T} \sim k \cdot (R_c + f_d) + \frac{1}{T} \tag{2-43}$$

3. 量化过程

在采样/保持电路对模拟信号进行采样后，量化电路根据设定的量化阶、编码方案将其最终转化为数字信号。基本的量化方法为 1、2、3、4 等比特位数量化，也有小数位量化，如 1.5 bit 量化、2.5 bit 量化(图 2-26)[9]。

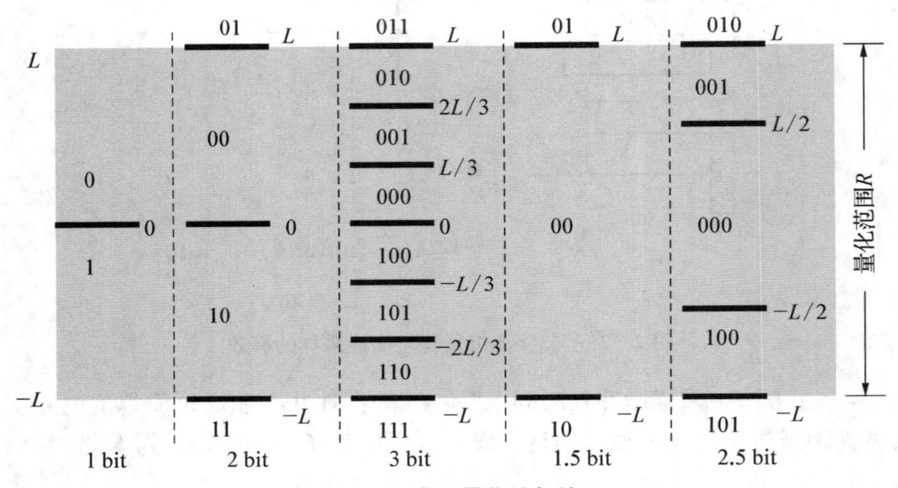

图 2-26　常用量化阶与编码

由信息论对信息比特的定义可知，每个量化值所包含的信息量为 $-\log_2 P_i$，P_i 为量化电平 i 出现的概率。设每个量化电平等概率出现，则 $P_i = \frac{1}{N_q}$，于是每个量化电平所包含信息量为 $\log_2 N_q$，其中 N_q 为量化阶数。例如图中“2 bit 量化”中有 4 个量化阶，则量化位数为 $\log_2 4 = 2$；1.5 bit 量化有 3 个量化阶，则量化位数为 $\log_2 3 \approx 1.5$。

图中，量化范围为 R，$L = R/2$。以 2 bit 量化为例，若采样幅度 $a > L$，则量化为“01”；$0 < a < L$，量化为“00”；$-L < a < 0$，量化为“10”；$a < -L$，量化为“11”。后序处理过程中对量化值进行运算时，需将这些量化值与数值进行如下变换，即 01→3；00→+1；10→−1；11→−3。

4. 量化损耗

量化过程中将引入信号质量(C/N)的下降，通常以“量化损耗”加以描述。从上节讨论结果发现，在模数变换前，导航信号的功率远低于噪声功率(C/N 在−16 dB 以下)，这使得量化的影响与其他信号(信号功率大于噪声功率)的情况有所不同。既有研究也给出了噪声

方差、量化范围 R 及量化损耗间的关系[12,13]。

设量化过程的量化范围为 R，输入信号为 $x(t)$，输出为 y_v，当要求量化结果对称于0时，可用量化输出值为 $y_v=2k+1-2^b$，$k\in[0,2^b-1]$，k 为整数，b 为量化比特数，这里的分析仅针对 b 为整数进行。

例如，2 bit 量下，$k=0,1,2,3$，按上式计算得到的相应量化输出可取值为 -3、-1、$+1$、$+3$。

而采样值 $x(t)$ 与这些量化值的对应关系为[12]

$$y_v=\begin{cases}2^b-1, & x(t)\geqslant\dfrac{R}{2}\\ 2\left[x(t)\dfrac{2^b-2}{R}\right], & -\dfrac{R}{2}\leqslant x(t)<\dfrac{R}{2}\\ -2^b+1, & x(t)<-\dfrac{R}{2}\end{cases}\tag{2-44}$$

式中，$[x]$ 表示取小于 x 且与 x 差最小的整数，即 Matlab 中的 floor(x)函数。量化间隔为 $\dfrac{R}{2^b-2}$。在 $\left[-\dfrac{R}{2},\dfrac{R}{2}\right]$ 内，当 $x(t)\in\left[-\dfrac{R}{2}+(k-1)\dfrac{R}{2^b-2},-\dfrac{R}{2}+k\dfrac{R}{2^b-2}\right]$ 时，量化输出为 $y_v=2k+1-2^b$。

在上述量化过程中，当 $x(t)$ 幅度大于 $R/2$ 时，输出幅度为 2^b-1，可知量化范围 R 的确定会影响数字化信号的失真程度。这里 R 根据输入信号的方差 σ_x 确定，表示为 $R=c\sigma_x$。图 2-27 为 $b=3$ 和 4 情况下的一个原始正弦信号与量化后信号的对比（为了便于比较，对量化后数字信号幅度进行了归一化处理）。

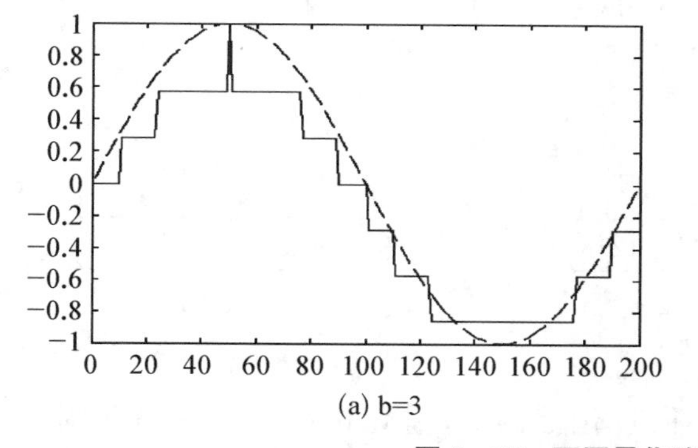

(a) b=3

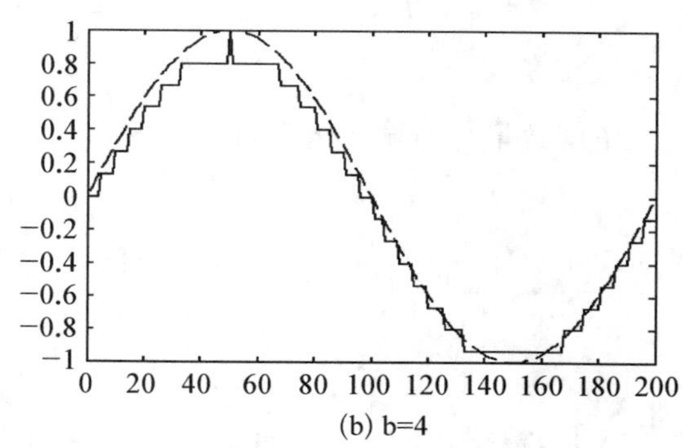

(b) b=4

图 2-27 不同量化阶数对量化输出的影响

将量化输入的模拟信号采样描述为一个均值为 m_x、方差为 σ_x^2 的随机变量，m_x 即为有用信号。

定义量化损耗为

$$F=\frac{\dfrac{m_x^2}{\sigma_x^2}}{\dfrac{m_y^2}{\sigma_y^2}}=\frac{m_x^2\sigma_y^2}{m_y^2\sigma_x^2} \tag{2-45}$$

其含义为量化前、后信号噪声功率比的恶化倍数。式中，σ_x^2、σ_y^2 分别为量化前后信号的方差，m_x、m_y 则为量化前后信号的数学期望。这里设噪声为高斯白噪声，其均值为0，方差为 σ_x^2；功率为 C 的有用信号加入后，信号＋噪声构成均值为 $m_x=\sqrt{2C}$、方差 σ_x^2 的高斯噪声。$\dfrac{\sigma_x^2}{m_x^2}$ 即为 C/N，而上述量化损耗则反映了量化前后 C/N 的变化。

量化后的均值与方差分别为

$$m_y=\sum_{k=0}^{2^b-1}y_v\cdot P(y_v) \tag{2-46}$$

$$\sigma_y^2=\sum_{k=0}^{2^b-1}(y_v-m_x)^2\cdot P(y_v) \tag{2-47}$$

$-R/2$ 和 $R/2$ 两个量化值的概率分别为

$$P[y_v(k=0)]=\int_{-\infty}^{-\frac{R}{2}}p_x(x)\mathrm{d}x=\frac{1}{2}\mathrm{erfc}\left(\frac{m_x+\dfrac{R}{2}}{\sqrt{2}\sigma_x}\right) \tag{2-48}$$

$$P[y_v(k=2^b-1)]=\int_{\frac{R}{2}}^{\infty}p_x(x)\mathrm{d}x=\frac{1}{2}\mathrm{erfc}\left(\frac{\dfrac{R}{2}-m_x}{\sqrt{2}\sigma_x}\right) \tag{2-49}$$

中间各量化值输出概率为

$$P[y_v(k)]=\int_{\frac{R}{2}+\frac{(k+1)R}{2^b-2}}^{-\frac{R}{2}+\frac{kR}{2^b-2}}p_x(x)\mathrm{d}x=\frac{1}{2}\mathrm{erfc}\left(\frac{\dfrac{R}{2}-\dfrac{kR}{2^b-2}+m_x}{\sqrt{2}\sigma_x}\right)-\frac{1}{2}\mathrm{erfc}\left(\frac{\dfrac{R}{2}-\dfrac{(k-1)R}{2^b-2}+m_x}{\sqrt{2}\sigma_x}\right) \tag{2-50}$$

于是，根据式(2-45)至(2-47)得到不同量化范围 R、量化位数 b 下的量化损耗(图2-28)[12]。从图中可以看出，对于任意一种量化位数的情况，存在一个 R 取值，使量化损耗 F 最小。同时可以看到，图中的 R 以被量化信号的方差 σ_x 为单位，因此，当量化范围确定后，应使输入信号＋噪声功率与之相配，才能得到较小的量化损耗。

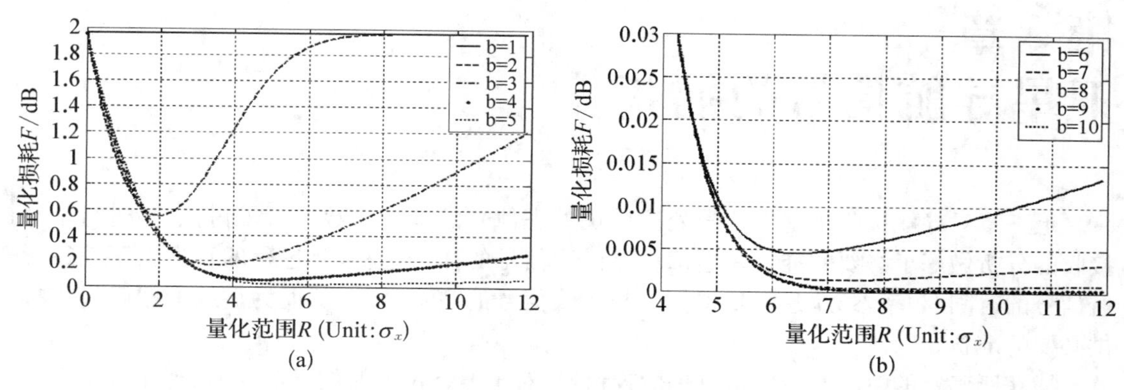

图 2－28　低 SNR 下量化损耗

表 2－3 对最优 R 设置下不同量化位数的损耗进行了比较，从中可以发现，b 大于 4 后，进一步增加量化位数对量化损耗的改善贡献不大。

表 2－3　不同量化参数下的最小量化损耗[9]

量化位数 b	系数 c ($R = c\sigma_x$)	L/σ_x ($L = R/2$)	量化损耗(dB)
1			1.961
2	1.99	1.00	0.550
3	3.52	1.76	0.166
4	4.70	2.35	0.050
5	5.64	2.82	0.015
6	6.45	3.23	0.004 5
7	7.15	3.58	0.001 3
8	7.85	3.93	0.000 38

量化位数增加可以降低 C/N 损耗，但由于要处理的数据位数较多，后续数字处理电路占用资源更多。目前在商用接收机中，通常采用 2 bit 量化位数，某些接收机出于减小损耗的目的，也使用更多比特位数的量化，但通常不超过 4 bit 量化。

第 3 章
卫星导航信号的捕获

上一章对导航接收机基带信号处理模块处理信号的基本参数进行了讨论，为进行信号接收的分析做好了必要的准备。本章重点讨论信号的捕获过程，此过程的目的在于获得导航信号的时间、频率参数，建立复现信号与接收信号的“粗同步”，从而为后续的跟踪过程提供必要的准备。

捕获所确定的时间及频率信息一般较粗略，对于 BPSK 调制的导航信号，通常对捕获的要求是时间误差小于 1/2 码片、频率误差为数十 Hz 到一千 Hz；而对 BOC 调制的信号的要求则因后续的跟踪方法不同而不同，但时间同步的精度至少也要求在 1/2 码片以内。

3.1 导航信号捕获面临的问题

对于一个扩频信号，接收机需要建立一个与所接收信号的扩频码相一致(时间上对齐)的扩频码，称为“复现码”，以实现信号的解扩以及测量。同时，还需要建立与接收信号载波频率、相位一致的载波信号，称为“复现载波”。信号的捕获就是要确定建立上述两个复现信号必需的时间、频率信息。

3.1.1 时间

接收机在准备接收卫星 i 的导航信号时，首先依据自身所掌握信息，对本地钟面时刻 $\hat{t}_u$ 所接收的卫星 i 信号的发送时刻 t_s^i 进行预先估计。卫星与接收机位置参数如图 3-1(a)所示。则 t_s^i 基本计算公式为

$$\begin{aligned}\hat{t}_s^i &= \hat{t}_u - t_{\text{Dly}} = \hat{t}_u + \frac{|\hat{\boldsymbol{X}}_s^i - \hat{\boldsymbol{X}}_u|}{c} = (t_u + \delta t) - \frac{|\boldsymbol{X}_s^i + \boldsymbol{X}_{s,\text{err}}^i - (\boldsymbol{X}_u + \boldsymbol{X}_{u,\text{err}})|}{c} \\ &= (t_u + \delta t) - \frac{|(\boldsymbol{X}_s^i - \boldsymbol{X}_u) + (\boldsymbol{X}_{s,\text{err}}^i - \boldsymbol{X}_{u,\text{err}})|}{c}\end{aligned} \tag{3-1}$$

式中，δt 为接收机钟差，即接收机钟面时刻 $\hat{t}_u$ 与系统时刻 t_u 的偏差；c 为光速，即电磁波的传播速度。当 $|\boldsymbol{X}_s^i - \boldsymbol{X}_u| \gg |\boldsymbol{X}_{s,\text{err}}^i - \boldsymbol{X}_{u,\text{err}}|$ 时，如图 3-1(b)，有

$$\hat{t}_s^i = (t_u + \delta t) - \frac{|(\boldsymbol{X}_s^i - \boldsymbol{X}_u)| + |(\boldsymbol{X}_{s,\text{err}}^i - \boldsymbol{X}_{u,\text{err}}) \cdot \boldsymbol{a}|}{c} \tag{3-2}$$

式中，$\boldsymbol{a} = \dfrac{(\boldsymbol{X}_s^i - \boldsymbol{X}_u)}{|\boldsymbol{X}_s^i - \boldsymbol{X}_u|}$，为接收机指向卫星 i 的单位矢量。

$$\hat{t}_s^i = t_u - \frac{|(\boldsymbol{X}_s^i - \boldsymbol{X}_u)|}{c} + \delta t - \frac{|(\boldsymbol{X}_{s,\text{err}}^i - \boldsymbol{X}_{u,\text{err}}) \cdot \boldsymbol{a}|}{c}$$
$$= t_s^i + \delta t - \frac{|\boldsymbol{X}_{s,\text{err}}^i \cdot \boldsymbol{a} - \boldsymbol{X}_{u,\text{err}} \cdot \boldsymbol{a}|}{6c} \tag{3-3}$$

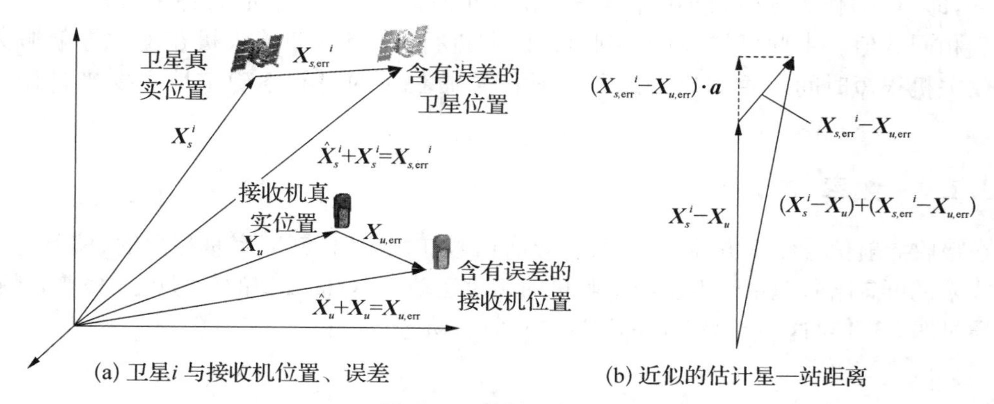

图 3-1　传播距离估计

由此可见，接收机对信号时间参数的估计与两个因素有关：

(1) 接收机钟差 δt；

(2) 卫星位置与接收机位置估计误差在星—站连线上的分量 $\boldsymbol{X}_{s,\text{err}}^i \cdot \boldsymbol{a}$ 与 $\boldsymbol{X}_{u,\text{err}} \cdot \boldsymbol{a}$。

RNSS 导航信号是由导航卫星发出的，由于接收机与卫星相对位置不同，轨道中运行的导航卫星到接收机的距离不尽相同。在 2.2.1 节，我们得到了轨道高度为 H_S 的卫星到接收机的距离表达式

$$d = \sqrt{2R_e H_S + H_S^2 + [R_e \cdot \sin(\theta)]^2} - R_e \cdot \sin(\theta) \tag{3-4}$$

图 3-2 为不同轨道高度、不同仰角的信号传输时延与 90°仰角情况(此时星—站距离最短，对应着最小传播时延)的差。

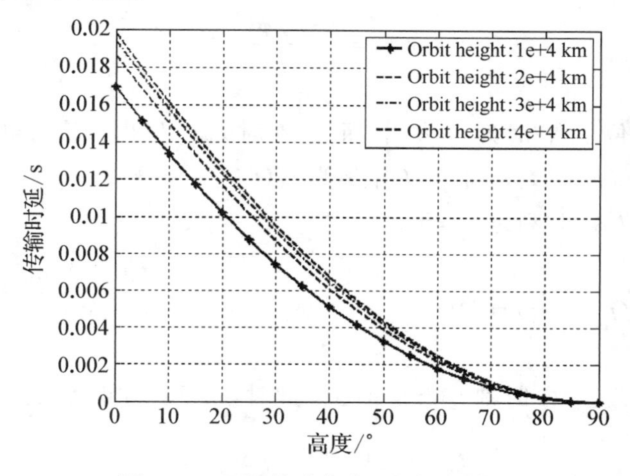

图 3-2　不同轨道高度不同仰角时延

由图可见，在导航卫星通常使用的 20 000～40 000 千米的轨道高度下，信号传输时延变化范围可达到 20 ms，这意味着采用轨道高度在上述范围的导航卫星，只要卫星处于接收机视线以内，则误差项 $\dfrac{|\boldsymbol{X}_{s,\text{err}}^{i}\cdot\boldsymbol{a}-\boldsymbol{X}_{u,\text{err}}\cdot\boldsymbol{a}|}{c}\leqslant 20\text{ ms}$。与此项相比，采用 1 ppm(Pulse Per Million，即 10^{-6})作为守时时钟的接收机，在 6 小时时长上，由本地时钟引入的钟差 δt 即可达到相同数值。由此可见，对于接收机，除非进行热启动(即接收机在前次导航服务成功后仅关机很短时间)，否则启动过程中对信号捕获时的时间不确定性主要来自接收机钟差。

3.1.2 频率

在接收导航信号频率方面，虽然所有导航信号在发出时，其频率是相同的(偏差对于信号接收来说可忽略)，但由于卫星与接收机的相对运动，会对接收到的信号引入多普勒频偏。我们通过图 3-3 对这一频偏出现的原因与计算方法进行分析。

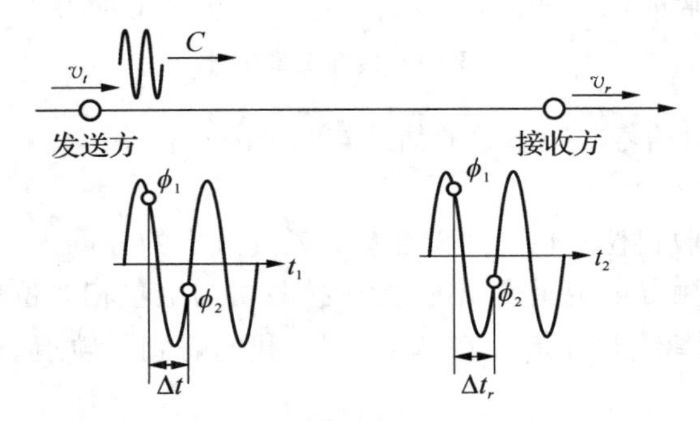

图 3-3 相对运动下的多普勒频偏

如图 3-3 所示，发送方以频率 f_0 发出信号，同时，发送方与接收方分别以速度 v_t、v_r 运动。则由图中关系，有

$$f_0=\frac{\phi_2-\phi_1}{\Delta t} \tag{3-5}$$

在发送方，设相位 ϕ_1 在时刻 t_1 发出，而 ϕ_2 在时刻 t_2 发出。将时刻 t 发送方与接收方距离表示为 $D(t)$，则 t_1 时刻发、收双方距离为 $D(t_1)$。

接收方收到相位 ϕ_1 时刻为 t_{r1}，于是有

$$c\cdot(t_{r1}-t_1)=D(t_1)+v_r\cdot(t_{r1}-t_1)\Rightarrow t_{r1}=t_1+\frac{D(t_1)}{c-v_r} \tag{3-6}$$

进一步的，在发送方发出 ϕ_2 时刻 $t_2=t_1+\Delta t$，此时收、发双方距离为：

$$D(t_2)=D(t_1)+v_r\Delta t-v_t\Delta t \tag{3-7}$$

相应的，接收方收到相位 ϕ_2 时刻为：

$$t_{r2}=t_2+\frac{D(t_2)}{c-v_r}=t_1+\Delta t+\frac{D(t_1)+v_r\Delta t-v_t\Delta t}{c-v_r} \tag{3-8}$$

于是可得到收到两相位时间差为：

$$\begin{aligned}\Delta t_r&=t_{r2}-t_{r1}=t_1+\Delta t+\frac{D(t_1)+v_r\Delta t-v_t\Delta t}{c-v_r}-t_1-\frac{D(t_1)}{c-v_r}\\&=\Delta t+\frac{v_r\Delta t-v_t\Delta t}{c-v_r}=\Delta t\left(\frac{c-v_t}{c-v_r}\right)\end{aligned} \tag{3-9}$$

则接收频率为

$$f_r=\frac{\phi_2-\phi_1}{t_{r2}-t_{r1}}=\frac{\Delta\phi}{\Delta t_r}=\frac{\Delta\phi}{\Delta t\left(\frac{c-v_t}{c-v_r}\right)}=\frac{\Delta\phi}{\Delta t}\frac{c-v_r}{c-v_t}=f_0\frac{1-\frac{v_r}{c}}{1-\frac{v_t}{c}}=f_0\left(\frac{1}{1-\frac{v_t}{c}}-\frac{v_r}{c}\frac{1}{1-\frac{v_t}{c}}\right) \tag{3-10}$$

将 $\frac{1}{1-\frac{v_t}{c}}$ 进行泰勒级数展开，考虑到发送方载体的机械运动速度远小于电磁波传播速度，忽略二阶以上分量，有

$$f_r\approx f_0\left(1+\frac{v_t}{c}-\frac{v_r}{c}\left(1+\frac{v_t}{c}\right)\right)=f_0\left(1+\frac{v_t}{c}-\frac{v_r}{c}-\frac{v_rv_t}{c^2}\right)\approx f_0\left(1+\frac{v_t-v_r}{c}\right) \tag{3-11}$$

则求得接收频率与发送频率的差为

$$f_D=f_r-f_0=f_0\left(1+\frac{v_t-v_r}{c}\right)-f_0=f_0\frac{v_t-v_r}{c} \tag{3-12}$$

这一个由信号收、发双方相对运动引入的频率差就是多普勒频率差。

定义相对运动速度

$$v=\frac{\mathrm{d}D(t)}{\mathrm{d}t}=\lim_{\Delta t\to 0}\frac{D(t+\Delta t)-D(t)}{\Delta t}=\lim_{\Delta t\to 0}\frac{D(t)+v_r\Delta t-v_t\Delta t-D(t)}{\Delta t}=v_r-v_t \tag{3-13}$$

则多普勒频率差与收、发双方边线方向上的相对运动速度的关系为

$$f_D=-v\cdot\frac{f_0}{C} \tag{3-14}$$

在导航应用中，相对运动速度 v 为卫星与接收机距离 D_{SR} 对时间的导数，通常称为“径向速度”，根据定义，有 $v=\frac{\mathrm{d}D_{\mathrm{SR}}}{\mathrm{d}t}$，若两者距离是不断缩短的，则速度为“—”；若距离是不断增

大的，则速度为“+”。

根据开普勒第三定律，可得到轨道半长轴为 a 的卫星，其运行的平均角速度为

$$n=\sqrt{\frac{\mathrm{GM}}{a^{3}}} \tag{3-15}$$

式中，GM 为万有引力常数与地球质量的乘积，在 GPS 中 $\mathrm{GM}=3\ 986\ 004.418\times10^{8}\ \mathrm{m^3/s^2}$。

计算可得轨道高度为 20 190 千米卫星的平均速度为 3 873.9 km/h，由于导航卫星近似为圆轨道，因此可粗略地认为此平均速度为卫星的实际速度。当然，这一速度是在 ECI 坐标系下而非 ECEF 坐标系下。

由于接收机位于地球表面，因此，需要考虑卫星在 ECEF 坐标系下的速度，附录 A 中对此进行了推导，得到在 ECEF 坐标系下，上述轨道参数的卫星对地最大轨道速度约为 3 186 m/s。当卫星对接收机而言从水平面升起时径向速度最大，此时 $v_R=v\cdot\frac{R_e}{R_e+H_S}$。按上述数据，$v_R=764\ \mathrm{m/s}$。

对于 GPS 的 L1 频点，$f_0=1\ 575.42\ \mathrm{MHz}$，可得多普勒频偏 $f_D\approx\pm4\ \mathrm{kHz}$。

相对运动的另一个因素是接收机自身的运动。这一运动的极限参数由接收机载体决定，通常会考虑不同的动态参数。对于通常的商用接收机，一般的要求是 300 m/s 以下，最差情况下，这一运动出现在接收机与卫星连线方向上，对应着±1 575.42 Hz 的频率误差。

在接收过程中，需要对载波进行恢复，这是基于接收机本振进行的，因此，接收机本振偏差将使接收机恢复的载波产生偏差，对于一个频率准确度为 1 ppm 的本振，在 L1 频点上，将产生 1 575.42 Hz 的频偏，通常优质的接收机采用 1～2 ppm 的 TCXO，按 2 ppm 计算，相应的频偏在±3 150.84 Hz。

按上述运算，接收机在冷启动信号捕获时，频率搜索范围为上述三项不确定范围之和，对 L1 频点信号搜索范围定为±10 kHz。对于频率较低的 L2、L5 频段，两者载频在 1.2 GHz 左右，可以按频率比例适当缩小上述搜索范围。

3.2 基本的二维搜索过程

信号捕获的目的是通过在时间、频率所构成的二维空间中搜索发现导航信号，进而提取其时间、频率参数。由于导航信号的扩频码依据卫星时间进行播发，因此信号的时间参数的具体体现就是扩频码相位。

在实现过程中，选定信号载波频率与扩频码相位，产生一个组复现信号(包括复现码与复现载波)，以该复现信号与接收信号进行相关运算，若相关能量达到门限要求，则认为发现复现信号的载频、码相位就是信号的粗略载频与码相位；若相关能量未达到要求，则更换新的一组参数，再次进行相关运算以及能量判决，如此不断尝试，最终发现信号的载频与码相位参数。

那么，如何选取进行上述相关尝试的载频、码相位参数呢？在 3.1 节已经对信号时间、

频率的不确定度进行了分析，可确定载频与码相位参数的选择范围，而频率、时间的间隔如何选取则需要通过对复现信号与导航信号的相关函数 $R(\tau,\Delta f)$ 与两者频率偏差 Δf 、时间偏差 τ 的关系进行分析加以确定。

3.2.1 复现信号与接收信号的相关函数以及串行搜索方法

由于接收信号的时间、频率存在一定的不确定度，因此接收机需要在一定的范围内在二维空间进行信号的搜索。实现这一过程基本的相关电路原理如图 3-4 所示。

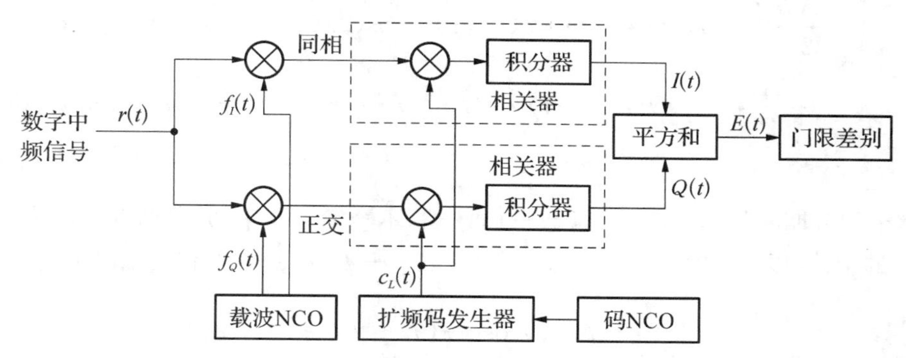

图 3-4 基本捕获电路原理

图 3-4 电路中虚线框内部分称为“相关器”。搜索过程中，通过设定载波 NCO 频率控制字实现特定频率复现载波的产生，通过设定码 NCO 以及码发生器初相实现特定码速率、相位的复现码的产生。每次设定后，停留一段时间(即“驻留时间”)，在这一驻留时间内，相关器输出以间隔 T 进行采样、处理。每次采样同时进行积分器清零，时间 T 即积分器的积分时长，称为“预检测积分时间”。最简单的实现中，驻留时间与预检测积分时间相等，在驻留时间结束时检测相关器输出的能量值是否达到门限，以判定所设定的时间、频率参数是否与信号参数匹配。

设图中接收信号

$$r(t)=A\cdot c(t)\cdot D(t)\cdot \cos(2\pi f_r t+\phi) \tag{3-16}$$

式中，$c(t)$为扩频码；$D(t)$为电文符号；f_r 为接收信号载波频率；ϕ 为信号载波初相。

相关器之前，接收信号首先与一对正交复现载波 $f_I(t)$、$f_Q(t)$实现下变频，这两个信号分别表示为

$$f_I(t)=\cos(2\pi f_c t+\phi_c) \tag{3-17}$$

$$f_Q(t)=\sin(2\pi f_c t+\phi_c) \tag{3-18}$$

式中，f_c 为载频频率，即当前搜索的频率值；ϕ_c 为复现载波初相。

设复现码为 $c_L(t)$，表示为 $c_L(t)=c(t-\tau)$，τ 为复现码与接收信号扩频码的时间偏差。这样，设积分器的积分时段为$[t_0,t_0+T]$，则在 t_0+T 时刻对图中同相支路积分器采样得

$$
\begin{aligned}
I(t) &= \int_{t_0}^{t_0+T} r(t) f_I(t) c_L(t) \mathrm{d}t \\
&= \int_{t_0}^{t_0+T} [A \cdot c(t) \cdot D(t) \cdot \cos(2\pi f_r t + \phi)] \cdot [\cos(2\pi f_c t + \phi_c) c(t-\tau)] \mathrm{d}t \\
&= \int_{t_0}^{t_0+T} \frac{A}{2} \cdot D(t) \cdot c(t) \cdot c(t-\tau) \cdot [\cos(2\pi(f_r + f_c)t + \phi + \phi_c) + \\
&\quad \cos(2\pi(f_r - f_c)t + \phi - \phi_c)] \mathrm{d}t \\
&= \frac{A}{2} \cdot \int_{t_0}^{t_0+T} D(t) \cdot c(t) \cdot c(t-\tau) \cdot \cos(2\pi(f_r - f_c)t + \phi - \phi_c) \mathrm{d}t \\
&\quad + \frac{A}{2} \cdot \int_{t_0}^{t_0+T} D(t) \cdot c(t) \cdot c(t-\tau) \cdot \cos(2\pi(f_r + f_c)t + \phi + \phi_c) \mathrm{d}t
\end{aligned}
\tag{3-19}
$$

在整个积分期间数据 $D(t)$ 为常数+1或−1,不会发生变化,为计算方便设为+1;同时由附录C的结论,以 f_r+f_c 和 f_r-f_c 代替 f,以 $\phi+\phi_c$ 和 $\phi-\phi_c$ 代替 ϕ,则

$$
\begin{aligned}
&\int_{t_0}^{t_0+T} c(t) \cdot c(t-\tau) \cos(2\pi(f_r - f_c)t + \phi \pm \phi_c) \mathrm{d}t \\
=& \int_{t_0}^{t_0+T} c(t) \cdot c(t-\tau) \cos(2\pi f t + \phi) \mathrm{d}t \approx T \cdot R(\tau) \operatorname{sinc}(\pi f T) \cos\left[2\pi f \left(t_0 + \frac{T}{2}\right) + \phi\right]
\end{aligned}
\tag{3-20}
$$

$I(t)$表达式中两项分别为

$$
\begin{aligned}
&\frac{A}{2} \int_{t_0}^{t_0+T} c(t) \cdot c(t-\tau) \cos(2\pi(f_r - f_c)t + \phi - \phi_c) \mathrm{d}t \\
\approx& \frac{A}{2} T \cdot R(\tau) \operatorname{sinc}(\pi(f_r - f_c)T) \cos\left[2\pi(f_r - f_c)\left(t_0 + \frac{T}{2}\right) + \phi - \phi_c\right] \\
&\int_{t_0}^{t_0+T} c(t) \cdot c(t-\tau) \cos(2\pi(f_r + f_c)t + \phi + \phi_c) \mathrm{d}t \\
\approx& T \cdot R(\tau) \operatorname{sinc}(\pi(f_r + f_c)T) \cos\left[2\pi(f_r + f_c)\left(t_0 + \frac{T}{2}\right) + \phi + \phi_c\right]
\end{aligned}
\tag{3-21}
$$

式中,$R(\tau)$ 为矩形脉冲信号的自相关函数:

$$
R(\tau) = \begin{cases} 1 + \tau / T_c, & -T_c < \tau \leqslant 0 \\ 1 - \tau / T_c, & T_c > \tau > 0 \\ 0, & \text{其他} \end{cases}
\tag{3-22}
$$

由于 $f_c \approx f_r$,且两者均在GHz(即使使用中频信号,两者也应在MHz量级),T 通常为毫秒量级,因此 $\sin(\pi(f_r + f_c)T) \approx 0$。于是得到

$$
I(t) \approx \frac{A}{2} T \cdot R(\tau) \operatorname{sinc}(\pi(f_r - f_c)T) \cos\left[2\pi(f_r - f_c)\left(t_0 + \frac{T}{2}\right) + \phi - \phi_c\right]
\tag{3-23}
$$

令 $\Delta f = f_r - f_c$，$\Delta\phi = \phi - \phi_c$，则 $I(t)$ 可表示为

$$I(t) = \frac{AT}{2} \cdot R(\tau) \cdot \cos\left(\frac{2\pi\Delta f(2t_0 + T)}{2} + \Delta\phi\right) \operatorname{sinc}(\pi\Delta f T) \tag{3-24}$$

同理，Q 支路采样值 $Q(t)$ 表达式为

$$\begin{aligned}
Q(t) &= \int_{t_0}^{t_0+T} r(t) f_Q(t) c_L(t) \mathrm{d}t \\
&= \int_{t_0}^{t_0+T} [A \cdot c(t) \cdot D(t) \cdot \cos(2\pi f_r t + \phi)] \cdot [\sin(2\pi f_c t + \phi_c) c(t-\tau)] \mathrm{d}t \\
&= \int_{t_0}^{t_0+T} \frac{A}{2} \cdot D(t) \cdot c(t) \cdot c(t-\tau) \cdot [\sin(2\pi(f_r + f_c)t + \phi + \phi_c) - \\
&\quad \sin(2\pi(f_r - f_c)t + \phi - \phi_c)] \mathrm{d}t \\
&\approx -\frac{A}{2} \cdot \int_{t_0}^{t_0+T} D(t) \cdot c(t) \cdot c(t-\tau) \cdot \sin(2\pi(f_r - f_c)t + \phi - \phi_c) \mathrm{d}t + \\
&\quad \frac{A}{2} \cdot \int_{t_0}^{t_0+T} D(t) \cdot c(t) \cdot c(t-\tau) \cdot \sin(2\pi(f_r + f_c)t + \phi + \phi_c) \mathrm{d}t
\end{aligned} \tag{3-25}$$

不失一般性，令 $D(t) = 1$，并由附录 C 中得到的

$$\int_{t_0}^{t_0+T} c(t) \cdot c(t-\tau) \sin(2\pi f t + \phi) \mathrm{d}t \approx T \cdot R(\tau) \operatorname{sinc}(\pi f T) \sin\left[2\pi f\left(t_0 + \frac{T}{2}\right) + \phi\right] \tag{3-26}$$

以及 $\operatorname{sinc}(\pi(f_r + f_c)T) \approx 0$ 的前提条件，有

$$Q(t) \approx -\frac{AT}{2} \cdot R(\tau) \cdot \sin\left(\frac{2\pi\Delta f(2t_0 + T)}{2} + \Delta\phi\right) \operatorname{sinc}(\pi\Delta f T) \tag{3-27}$$

那么可得最终积分信号能量为

$$\begin{aligned}
E(t) &= I(t)^2 + Q(t)^2 \\
&= \frac{A^2 T^2}{4} \cdot R(\tau)^2 \cdot \left[\cos^2\left(\frac{2\pi\Delta f(2t_0 + T)}{2} + \Delta\phi\right) + \right. \\
&\quad \left. \sin^2\left(\frac{2\pi\Delta f(2t_0 + T)}{2} + \Delta\phi\right)\right] \operatorname{sinc}^2(\pi\Delta f T)
\end{aligned} \tag{3-28}$$

并最终有

$$E(t) = \frac{A^2 T^2}{4} \cdot R(\tau)^2 \cdot \operatorname{sinc}^2(\pi\Delta f T) \tag{3-29}$$

将 $E(t)$ 在以时间 τ、频率偏差 Δf 构成的二维空间中进行表示，如图 3-5 所示（码片速率 $R_c = 10.23$ Mcps），图中使用的积分时间为 1 ms。

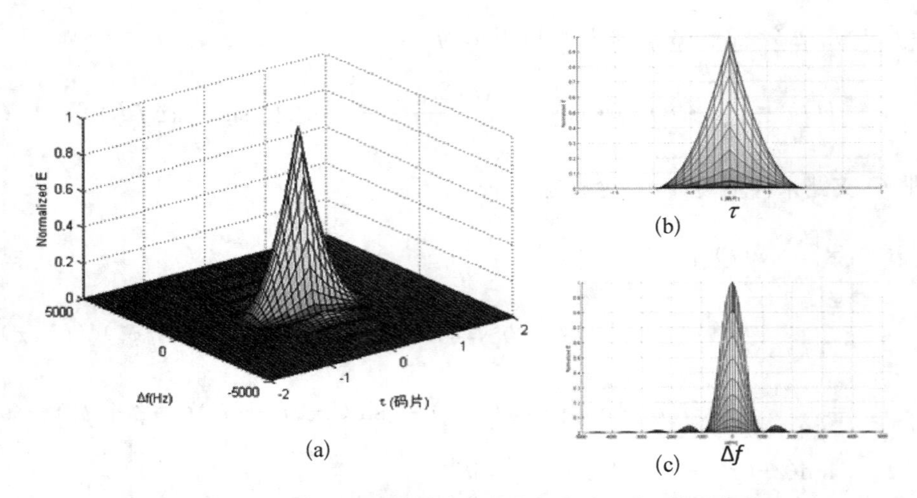

(a) (b) (c)

图 3-5　理想情况下相关器输出能量与频率、时间偏差的关系

图 3-5(b)、(c)分别为能量随时间、频率偏差 Δf 的变化情况。

将图 3-5(c)以分贝形式表示为图 3-6。可以发现，当频率偏差过大时，用于检测的信号能量 E 会受到衰减以至无法达到检测门限。

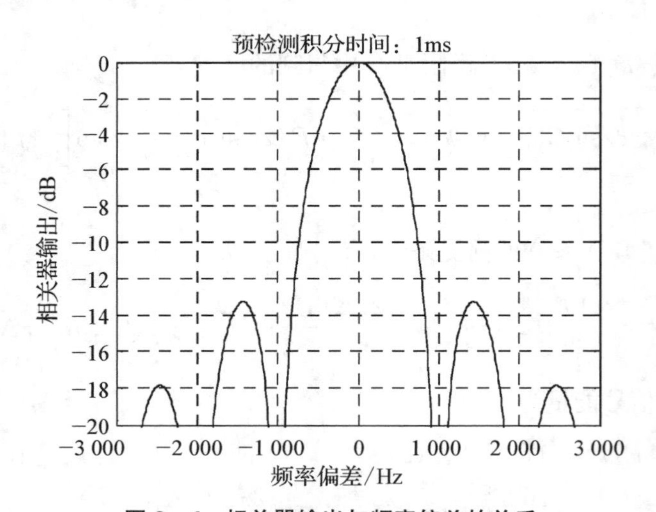

图 3-6　相关器输出与频率偏差的关系

要获得足够的能量，复现载波与信号载波的频率偏差应控制在一定范围内。通常这一范围为 $\pm\frac{1}{3T}$ [14]，即图中 ±333.3 Hz 位置(图中 $T=10^{-3}$ s)，相应的信号能量损失为 1.65 dB，此时对应的频率搜索点的间隔为 $\frac{2}{3T}$。当然，由于所采用算法的限制，可能采用的频率扫描间隔可以大于这一经验值，某些文献使用了 $\pm\frac{1}{2T}$ [15]，从图中可以看出此时信号可能受到的最大损失约 4 dB。

由此得到的另一个结论是，在弱信号环境下通常要延长预检测积分时间 T 以提高相关器输出的信噪比(3.2.2节)，由于频率扫描间隔为$\frac{2}{3T}$，其后果就是使频率扫描分格减小，如10 ms预检测积分时间，相应的频率扫描分格为66.7 Hz，使得要实现对相同频率范围的扫描，频率分格数需大幅度增加，最终导致捕获时间的延长。

在时间搜索方面，通常的搜索间隔为1/2码片，最差情况下两个码相位如图3-7所示，即两者分别与正确相位有1/4码片偏差。

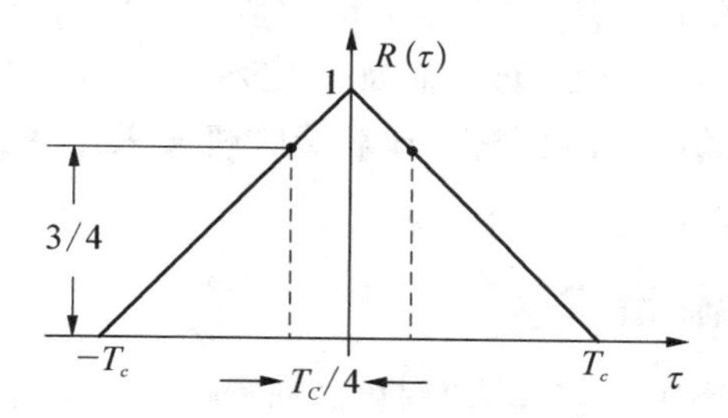

图3-7　1/2码片间隔下的最差情况

此时，不难计算其能量损失为$L=-10\lg0.75^2=2.5$ dB。当然，减小码相位搜索间隔可减小该损耗，例如以1/4码间隔搜索，损耗减小为1.1 dB，但相应地搜索分格数将增加1倍。

整个信号捕获过程应是一个在二维空间分格中进行试探的过程，如图3-8所示。而图中一个个分格的划分方法，则是依据上述对时间、频率分格划分大小与信号能量所承受损失的关系进行设计的。例如对于BPSK调制的信号，通常的设计中时间搜索分格为1/2码片时长，频率搜索分格为$\frac{2}{3T}$；对于BOC调制的信号，频率搜索分格的计算方式不变，而时间搜索分格则需要按信号捕获方法的不同而定(3.5节)。

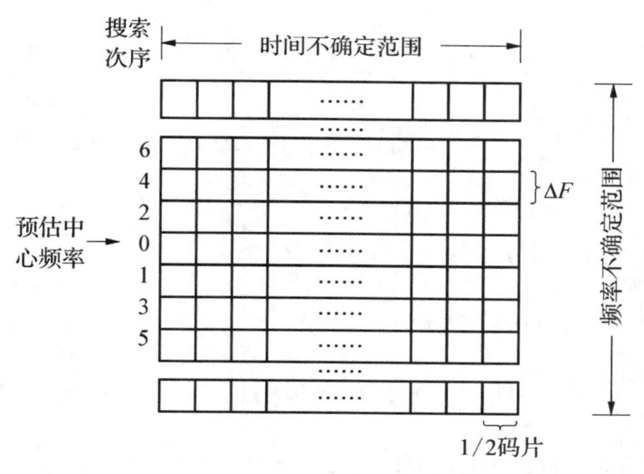

图3-8　二维搜索分格

由于这种基本方法需要串行地依次使用各个分格的参数来实现信号搜索与捕获，因此通常将其称为串行捕获方法。

由于其实现方式非常简单，且不需要专门的捕获电路，至今仍在许多低成本的GPS接收机中使用。这一方法的缺点是捕获信号所需时间很长，会影响接收机的TTFF(Time To First

Fix,通常称为“首次定位时间”,即从接收机开机到输出首个满足精度要求的解算结果所需时间)指标。以 GPS C/A 码信号为例,预检测积分时间按 1 ms 计算,搜索分格划分如下:

(1) 时间轴上,按 1/2 码片间隔划分,扩频码周期为 1 023 码片,共得到 2 046 个分格;

(2) 频率轴上,需搜索 20 kHz 带宽,搜索间隔为 $\frac{2}{3}\cdot\frac{1}{1\times10^{-3}}=667$ Hz,得到 30 个频率点。

由此构成二维空间中的 61 380 个分格,即使不考虑分格参数切换所需时间,以一个图 3-4 所示的基本电路,至少需要约 61 秒才能完成一次遍历。考虑跟踪通道至少拥有 3 个相关器,则可将遍历时间减少至 20 秒。而对于 BDS 系统的 B1I 信号,扩频码周期为 2 046 码片,则遍历时间将增大一倍。因此,现代导航接收机多采用快速捕获算法以缩短捕获时间,这将在 3.3 节介绍。

3.2.2 预检测积分输出 SNR

设前端输入的噪声为无限带宽零均值白色高斯噪声 $n(t)$,经图 3-4 的处理过程,在积分器输入处,两支路噪声部分可分别表示为

$$n_I(t)=n(t)\cdot\cos(2\pi f_c t+\phi_c)\cdot c(t) \tag{3-30}$$

$$n_Q(t)=n(t)\cdot\sin(2\pi f_c t+\phi_c)\cdot c(t) \tag{3-31}$$

两者由积分器在 $[t,t+T]$ 上积分,则在积分器输出的采样值中噪声成分可表示为

$$I_n(t)=\int_t^{t+T} n(\tau)\cos(2\pi f_c t+\phi_c)c(\tau)\mathrm{d}\tau \tag{3-32}$$

$$Q_n(t)=\int_t^{t+T} n(\tau)\sin(2\pi f_c t+\phi_c)c(\tau)\mathrm{d}\tau \tag{3-33}$$

其均值为

$$\begin{aligned}E_I=E[I_n(t)]&=E\left[\int_t^{t+T} n(\tau)\cos(2\pi f_c t+\phi_c)c(\tau)\mathrm{d}\tau\right]\\&=\int_t^{t+T} E[n(\tau)]\cos(2\pi f_c t+\phi_c)c(\tau)\mathrm{d}\tau=0\end{aligned} \tag{3-34}$$

同理,$E_Q=E[Q_n(t)=0]$。

于是,可进一步求得 $I_n(t)$ 的方差为

$$\begin{aligned}\sigma_I^2&=E\left[\left(\int_t^{t+T} n(\tau)\cos(2\pi f_c\tau+\phi_c)c(\tau)\mathrm{d}\tau-0\right)^2\right]\\&=E\left[\int_t^{t+T} n(\tau)\cos(2\pi f_c\tau+\phi_c)c(\tau)\mathrm{d}\tau\cdot\int_t^{t+T} n(k)\cos(2\pi f_c k+\phi_c)c(k)\mathrm{d}k\right]\\&=E\left[\int_t^{t+T}\int_t^{t+T} n(\tau)n(k)\cos(2\pi f_c\tau+\phi_c)\cos(2\pi f_c k+\phi_c)c(\tau)c(k)\mathrm{d}\tau\mathrm{d}k\right]\\&=\int_t^{t+T}\int_t^{t+T} E[n(\tau)n(k)]\cos(2\pi f_c\tau+\phi_c)\cos(2\pi f_c k+\phi_c)c(\tau)c(k)\mathrm{d}\tau\mathrm{d}k\\&=\int_t^{t+T}\int_t^{t+T} R_n(\tau-k)\cos(2\pi f_c\tau+\phi_c)\cos(2\pi f_c k+\phi_c)c(\tau)c(k)\mathrm{d}\tau\mathrm{d}k\end{aligned} \tag{3-35}$$

其中，$R_n(\tau-k)$ 为时刻 τ 与 k 噪声的自相关函数。设输入噪声 $n(t)$ 为无限带宽白噪声，其双边功率谱为常数 $\frac{n_0}{2}$，n_0 为噪声单边功率谱密度。其自相关函数为功率谱的傅立叶反变换，即 $R(x)=\frac{n_0}{2}\delta(x)$。于是有

$$\begin{aligned}\sigma_I^2&=\int_t^{t+T}\int_t^{t+T}\frac{n_0}{2}\delta(\tau-k)\cos(2\pi f_c\tau+\phi_c)\cos(2\pi f_c k+\phi_c)c(\tau)c(k)\mathrm{d}\tau\mathrm{d}k\\&=\int_t^{t+T}\frac{n_0}{2}\cos^2(2\pi f_c k+\phi_c)c(k)^2\mathrm{d}k\end{aligned}\tag{3-36}$$

对于二进制扩频序列，$c(k)$ 为"+1"或"−1"，$c(k)^2$ 总为1，则有

$$\begin{aligned}\sigma_I^2&=\int_t^{t+T}\frac{n_0}{2}\cos^2(2\pi f_c k+\phi_c)\mathrm{d}k=\int_t^{t+T}\frac{n_0}{2}\cdot\frac{1}{2}[\cos(4\pi f_c k+2\phi_c)+\cos(0)]\mathrm{d}k\\&=\frac{n_0}{4}T+\frac{n_0}{4}\int_t^{t+T}\cos(4\pi f_c k+2\phi_c)\mathrm{d}k\\&=\frac{n_0}{4}T+\frac{n_0}{4}\frac{1}{4\pi f_c}[\sin(4\pi f_c(t+T)+2\phi_c)-\sin(4\pi f_c t+2\phi_c)]\\&=\frac{n_0}{4}T+\frac{n_0}{4}\frac{1}{2\pi f_c}\cos(4\pi f_c t+2\pi f_c T+2\phi_c)\sin(2\pi f_c T)\\&=\frac{n_0}{4}T+\frac{n_0}{4}T\sin c(2\pi f_c T)\cos(4\pi f_c t+2\pi f_c T+2\phi_c)\end{aligned}\tag{3-37}$$

显然，由于 $f_c\gg\frac{1}{T}$，$\sin c(2\pi f_c T)\approx 0$，因此第二项可忽略，可得 $\sigma_I^2=\frac{n_0}{4}T$。同理，有 $\sigma_Q^2=\frac{n_0}{4}T$。

两支路噪声的互相关函数为：

$$\begin{aligned}R(I_n(t),Q_n(t))&=E\left[\left(\int_t^{t+T}n(\tau)\cos(2\pi f_c\tau+\phi_c)c(\tau)\mathrm{d}\tau\right)\left(\int_t^{t+T}n(k)\sin(2\pi f_c k+\phi_c)c(k)\mathrm{d}k\right)\right]\\&=\int_t^{t+T}\frac{n_0}{2}\cos(2\pi f_c\tau+\phi_c)\mathrm{a}\sin(2\pi f_c\tau+\phi_c)\mathrm{d}\tau\\&=\int_t^{t+T}\frac{n_0}{2}\cdot\frac{1}{2}\sin(4\pi f_c\tau+2\phi_c)\mathrm{d}\tau\\&=\frac{n_0}{4}\frac{1}{4\pi f_c}(\cos(4\pi f_c t+2\phi_c)-\cos(4\pi f_c(t+T)+2\phi_c))\\&=\frac{n_0}{4}\cdot\frac{1}{2\pi f_c}\sin(2\pi f_c T)\sin(2\pi f_c(2T+T)+2\phi_c)\\&=\frac{n_0 T}{4}\sin c(2\pi f_c T)\sin(2\pi f_c(2t+T)+2\phi_c)\end{aligned}\tag{3-38}$$

同理，由于 $f_c \gg \frac{1}{T}$，$\sin c(2\pi f_c T) \approx 0$，于是 $R(I_n(t), Q_n(t)) \approx 0$，即两者互不相关。从而可得到积分器采样得到的样点中总的噪声功率为

$$\sigma^2 = \sigma_I^2 + \sigma_Q^2 = \frac{n_0}{2} T \tag{3-39}$$

式中，n_0 为噪声单边谱密度。

注意到接收信号为 $s(t) = Ac(t)\cos(2\pi f_c t + \phi)$，其功率为 $C = \frac{A^2}{2}$，则式(3-29)积分样点信号能量可进一步表示为

$$E = \frac{A^2 T^2}{4} \cdot R(\tau)^2 \cdot \sin c^2(\pi \Delta f T) = \frac{CT^2}{2} \cdot R(\tau)^2 \cdot \sin c^2(\pi \Delta f T) \tag{3-40}$$

结合式(3-39)，E 与 σ^2 之比为信号—噪声能量比，与功率比相等，可得积分器输出端信号—噪声功率比为

$$\mathrm{SNR} = \frac{E}{\sigma^2} = \frac{CT}{n_0} \cdot R(\tau)^2 \cdot \sin c^2(\pi \Delta f T) \tag{3-41}$$

当 $\Delta f = 0$，$\tau = 0$ 时，复现信号参数与接收信号参数一致，信号—噪声功率比为

$$\mathrm{SNR} = \frac{C}{n_0} T \tag{3-42}$$

SNR 影响着信号捕获的性能，这一问题将在 3.4 节进一步讨论。

附录 D 说明，积分时长 T 的积分器表现为一个低通滤波器，当一个无限带宽的噪声样本 $n(t)$ 通过时，输出噪声的傅立叶变换为 $T e^{j\pi f T} \sin c(\pi f T) N(f)$，式中 $N(f)$ 为 $n(t)$ 的傅立叶变换。不难看出其频率成分集中于 $\left[-\frac{1}{T}, \frac{1}{T}\right]$ 频率范围内。因此，无论噪声是无限带宽还是有限带宽，只要带宽远超过 $\left[-\frac{1}{T}, \frac{1}{T}\right]$，且在该范围内的功率谱密度相同，则两种噪声输出噪声功率应几乎相同。通常的接收机设计中，噪声带宽为扩频码速率的 2 倍以上，而预检测积分时间 T 最短也在亚毫秒级，因此，前段滤波后，相关器输出噪声功率与无滤波时几乎相同。在后面的讨论中，我们认为相关器输出的信噪比为式(3-42)，即使其前端经过滤波处理而非无限带宽。

3.2.3 相干累加与非相干累加

设接收机前端进入的噪声功率谱密度为 n_0，带宽为 B_{fe}，信号功率为 C，则在相关处理之前，SNR 为

$$\left(\frac{C}{N}\right)_I = \frac{C}{B_{fe} n_0} \tag{3-43}$$

如前所述，相关运算后得到的 SNR 为

$$\left(\frac{C}{N}\right)_O=\frac{C}{n_0}\cdot T \tag{3-44}$$

那么在相关处理过程中可得到的 SNR 改善为

$$G=\frac{\left(\frac{C}{N}\right)_O}{\left(\frac{C}{N}\right)_I}=T\cdot B_{\text{fe}} \tag{3-45}$$

其分贝形式为

$$[G]=10\lg(G)=10\lg(T)+10\lg(B_{\text{fe}}) \tag{3-46}$$

这一改善在扩频通信中称为“扩频增益”。对于常用的 GPS 商用接收机，当前端带宽 $B_{\text{fe}}=2.048$ MHz 时，若采用的预检测积分时间 $T=20$ ms，则扩频增益 $[G]=46$ dB。

以表 2-1 中所得到的 5°仰角时的接收机输入 [SNR] = −24.56 dB 为例，经过预检测积分时长 $T=20$ ms 的相关运算后，输出 $[\text{SNR}_o]=[\text{SNR}_i]+[G]=21.4$ dB，在 3.4 节的分析中可见，这已经是一个很高的信噪比，足以实现较为理想的捕获与跟踪性能。

然而，在某些应用场合，由于建筑物、自然地形地物的遮蔽，传输线路在自由空间传播损耗以外的衰减可达 20～30 dB 甚至更高[14]，为了能以较高概率捕获信号，最直接的方法就是通过累加，使多个相关积分段能量累积以改善性能，图 3-9 给出了接收机经常使用的两种对积分数据的累加处理方法。

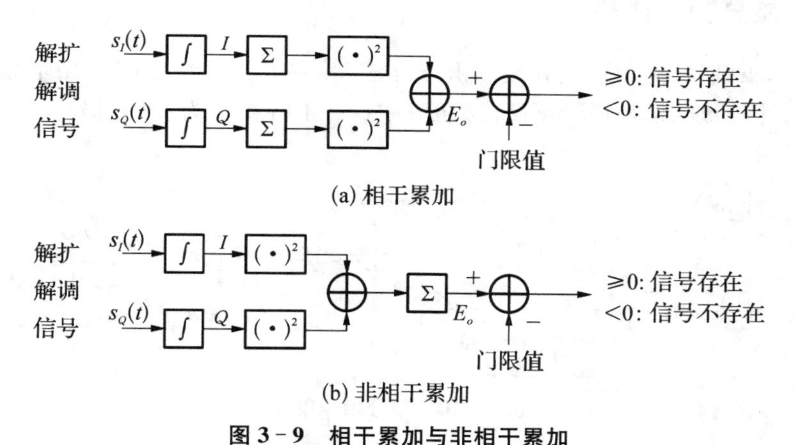

图 3-9　相干累加与非相干累加

图 3-9(a)所示为相干累加，即将同一支路的 N 个预检测积分段数值直接相加。设 $t_i=i\cdot T$，则累加后的两个支路的输出为

$$I=\sum_{i=0}^{N-1}\int_{t_i}^{t_i+T}s_I(t)\,\mathrm{d}t=\int_{t_0}^{t_0+NT}s_I(t)\,\mathrm{d}t \tag{3-47}$$

$$Q=\sum_{i=0}^{N-1}\int_{t_i}^{t_i+T}s_Q(t)\,\mathrm{d}t=\int_{t_0}^{t_0+NT}s_Q(t)\,\mathrm{d}t \tag{3-48}$$

这两个等式说明，对 N 个预检测积分时长为 T 的相关数据进行相干累加，等效为直接进行预检测积分时长 $N \cdot T$ 的相关，由式(3-42)，信号的 SNR 增加 N 倍，这必将使捕获性能得以改善。然而，需要注意的是，相干累加的各段内不应出现数据符号跳变，否则将出现信号相互抵消的现象。例如，对于 GPS C/A 码信号，其数据符号时长为 20 ms，因此通常的接收机预检测积分时长不超过 20 ms，这就意味着，当基本的相关过程积分时长为 1 ms 时，相干积分段通常不超过 20 段。

虽然都是基于对多个相干段数据进行累加的基本思想，图 3-9(b)所示的非相干累加方法与相干累加方法明显不同，相干累加法先累加、再进行平方以求得能量；非相干累加法先将各段数据进行平方运算，再累加。显然，无论信号所调制的基带数据符号如何，平方运算后均为相同的"+"符号，因此非相干累加对累加区段内调制数据符号没有限制。

非相干累加也可以使信号捕获时的性能得以改善，但其效果无法像相干累加那样直接进行描述，我们将在 3.4 节对其进行分析。这里仅说明一点，由于非相干累加并不延长预检测积分时间 T，因此频率搜索间隔不用进行调整，即无论多少个段进行非相干累加，频率搜索分格数量都不发生改变，这也是非相干累加相对于相干累加的优势之一。

两者的另一个显著区别是，相干累加实质上是延长了预检测积分时长，这使得复现载波与信号载波存在频差时，由于信号能量中存在一个 $\sin c^2(\pi\Delta fT)$ 衰减项，而 $\sin\pi c^2(\pi\Delta fNT) < \sin c^2(\pi\Delta fT)$，这意味着在相同频差下，相干累加后信号的损耗更大。因此如果希望使 SNR 通过相干累加改善 N 倍，应将频率搜索分格减小到原分格的 $1/N$，相应地，对于同样的时—频搜索空间，搜索分格数约增大 N 倍。

两种方法的目的都是使捕获性能得以改善，将在 3.4 节进行讨论。

3.2.4 差分相干法检测

Zarrabizadeh 等[16]提出了差分相干积分方法，其主要目的在于减小相干累加及非相干累加下平方运算导致的信号质量下降(该研究中这一下降被称为"平方损耗")。其实现原理如图 3-10 所示。

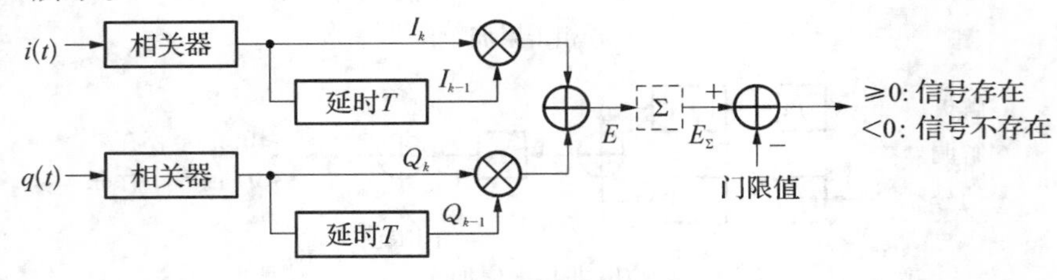

图 3-10 差分相干累加

其中，T 为预检测积分时长。当图中使用了累加器后，得到的信号能量为

$$E_\Sigma = \sum E = \sum (I_k I_{k-1} + Q_k Q_{k-1}) \tag{3-49}$$

从该方法的实现可以看出，E 的符号由前后两个积分段的符号决定，若两段符号相同，则 E 为正，否则为负。那么在累加区段内，若各积分段频繁出现符号跳变，则最终得到的 E_Σ 将受到很大损失，甚至完全无法累积起足够的能量。在传统的 GPS 信号，如 C/A 码、P 码中，符号跳变每 20 个码段(接收机通常以一个码段作为积分段)可能发生一次，其影响较小，

可以基于此方法增加累加段数。其处理过程类似于非相干累加,但文献分析表明其性能优于非相干累加。而在现代化 RNSS 信号中,普遍采用了次级码,此时每个码段的符号均可能发生跳变,这种情况下应考虑在处理过程中增加次级码剥离处理,这使得复杂度增加。

关于差分相干法用于信号捕获的性能分析可参考其他研究[16]–[18]。

3.3 快速信号捕获算法

在3.2.1节,我们对于GPS L1 C/A码信号的串行捕获时间进行了简单的计算。分析表明串行搜索方法虽然简单,但捕获过程需要较长的时间,从而使TTFF延长。快速捕获算法的目的是缩短信号捕获所需时间,从而最终实现更短的TTFF。到目前为止,已有多种快速捕获算法被提出,这些算法与上节所示的二维串行搜索原理上是一致的,它们的主要目的是以快速的方法计算出各搜索分格参数的信号与接收信号的相关结果,从而确定信号的时、频参数。

快速捕获算法对于长周期码的直接捕获和微弱信号条件下的短周期码捕获具有非常重要的意义。

3.3.1 并行相关器

并行相关器方法是串行搜索方法最直接的改进,与基本的串行搜索方法相比,其变化是增加了相关器个数,以多个并行的相关器代替单个相关器,从而使接收机可同时进行多个码相位的信号检测。结构如图3-11所示。

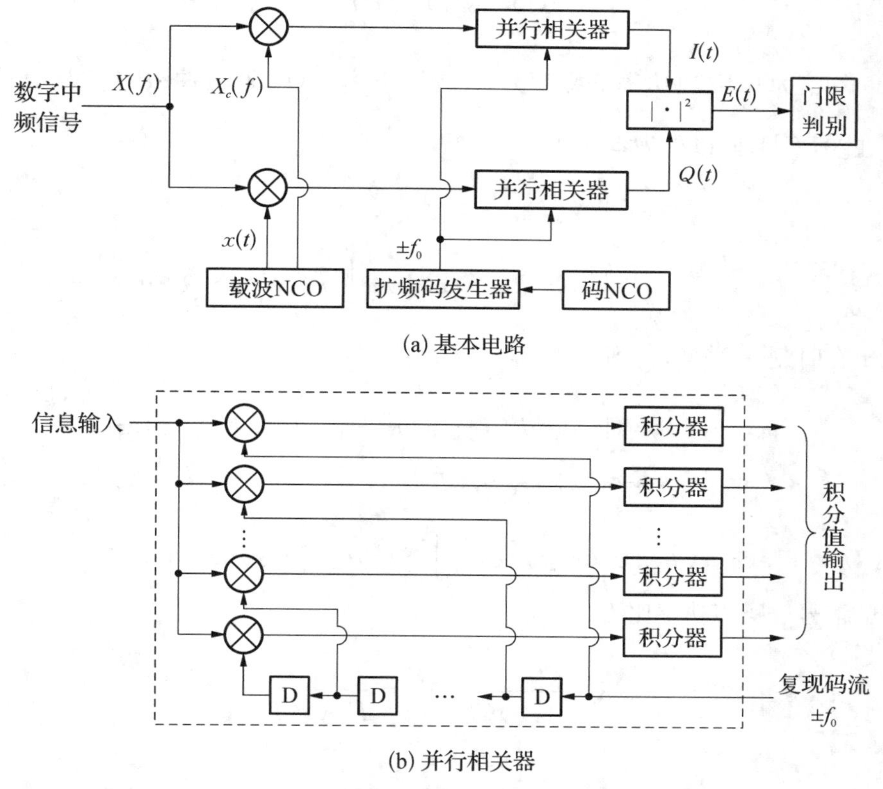

图3-11 并行相关器原理框图

对于 BPSK 信号，图中的时延电路（标明为“D”的模块）通常为 1/2 码片，由于这些延时器的用途是控制搜索过程中的时间扫描分格（见 3.2 节），并不要求精确的码相位差，因此这里的 1/2 码片可以用简单的锁存器电路实现，其驱动时钟为码 NCO 产生码时钟的 2 倍频或单倍频的码时钟上、下沿。

随着大规模集成电路技术的发展，并行相关器的制作成本不断下降，在许多商用基带处理专用芯片中得到应用，并行相关器数量从数千到数万个不等。对于由 N 个并行复数相关器（每个复数相关器由一个 I 支路相关器和一个 Q 支路相关器组成）组成的捕获电路，经过 1 格驻留时间，可同时获得同一频率点上 N 个时间分格的相关数据，从而使搜索空间的遍历时间缩短为单个复数相关器时的 $1/N$。

3.3.2 匹配滤波器

我们知道，若接收信号仅受到加性高斯白噪声（Additive White Gaussian Noise, AWGN）的影响，则具有匹配于信号的冲激响应的滤波器使输出信噪比（SNR）最大[19]，而大的 SNR 可以改善信号捕获性能。一个接收机组成如图 3-12 所示。

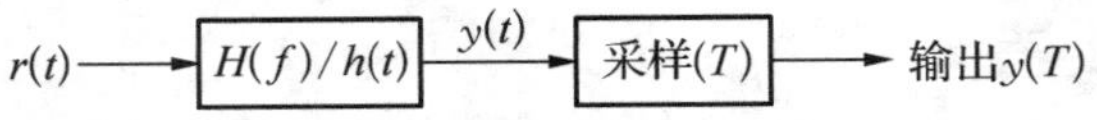

$r(t)$ → $H(f)/h(t)$ → $y(t)$ → 采样(T) → 输出$y(T)$

图 3-12 基于匹配滤波器的接收机信号处理框图

设接收信号由信号 $s(t)$ 与无限带宽加性高斯白噪声 $n(t)$ 组成：

$$r(t)=s(t)+n(t) \tag{3-50}$$

其中，$n(t)$ 均值为 0；双边功率谱密度为 $\frac{n_0}{2}(W/Hz)$。$r(t)$ 通过冲激响应为 $h(t)$ 的滤波器，$h(t)$ 在 $[0,T]$ 区间以外为零。

$$\begin{aligned} y(t) &= \int_0^T r(\tau)h(t-\tau)\mathrm{d}\tau \\ &= \int_0^T s(\tau)h(t-\tau)\mathrm{d}\tau + \int_0^T n(\tau)h(t-\tau)\mathrm{d}\tau \end{aligned} \tag{3-51}$$

滤波器输出在时刻 T 采样，得到

$$\begin{aligned} y(T) &= \int_0^T s(\tau)h(T-\tau)\mathrm{d}\tau + \int_0^T n(\tau)h(T-\tau)\mathrm{d}\tau \\ &= y_s(T)+y_n(T) \end{aligned} \tag{3-52}$$

式中，$y_s(T)=\int_0^T s(\tau)h(T-\tau)\mathrm{d}\tau$，$y_n(T)=\int_0^T n(\tau)h(T-\tau)\mathrm{d}\tau$

则 $y(T)$ 的信号—噪声功率比为

$$\mathrm{SNR}=\frac{\{E[y(T)]\}^2}{\{\sigma[y(T)]\}^2}=\frac{y_s^2(T)}{E[y_n^2(T)]} \tag{3-53}$$

可以得到

$$
\begin{aligned}
E[y_n^2(T)] &= E\left[\left(\int_0^T n(\tau)h(T-\tau)\mathrm{d}\tau\right)^2\right] = E\left[\int_0^T n(\tau)h(T-\tau)\mathrm{d}\tau\int_0^T n(k)h(T-k)\mathrm{d}k\right] \\
&= E\left[\int_0^T\int_0^T n(k)h(T-k)n(\tau)h(T-\tau)\mathrm{d}k\,\mathrm{d}\tau\right] \\
&= \int_0^T\int_0^T E[n(k)n(\tau)]h(T-k)h(T-\tau)\mathrm{d}k\,\mathrm{d}\tau \\
&= \int_0^T\int_0^T \frac{n_0}{2}\delta(k-\tau)h(T-k)h(T-\tau)\mathrm{d}k\,\mathrm{d}\tau \\
&= \frac{n_0}{2}\int_0^T h^2(T-\tau)\mathrm{d}\tau
\end{aligned}
\tag{3-54}
$$

于是有

$$
\mathrm{SNR} = \frac{\left[\int_0^T s(\tau)h(T-\tau)\mathrm{d}\tau\right]^2}{\frac{n_0}{2}\int_0^T h^2(T-\tau)\mathrm{d}\tau} \tag{3-55}
$$

可以看到，式中分母大写取决于滤波器冲激响应的能量，可以认为是定值。使 SNR 最大意味着使分子最大，根据 Cauchy-Schwartz 不等式，对于有限能量信号 $g_1(t)$、$g_2(t)$ 有

$$
\left[\int_{-\infty}^{\infty} g_1(\tau)g_2(\tau)\mathrm{d}\tau\right]^2 \leqslant \int_{-\infty}^{\infty} g_1^2(\tau)\mathrm{d}\tau\int_{-\infty}^{\infty} g_2^2(\tau)\mathrm{d}\tau \tag{3-56}
$$

等号(最大值情况)成立于 $g_1(t)=c\cdot g_2(t)$，其中 c 为任意常数。当 $h(T-t)=c\cdot s(t)$ 或者说 $h(t)=c\cdot s(T-t)$ 时，SNR 最大。由于 c 为常数，通常的描述中将其忽略，而表示为

$$
h(t) = s(T-t) \tag{3-57}
$$

这种滤波器称为“匹配滤波器”。此时 SNR 最大值为

$$
\mathrm{SNR} = \frac{\left[\int_0^T s^2(\tau)\mathrm{d}\tau\right]}{\frac{n_0}{2}\int_0^T s^2(\tau)\mathrm{d}\tau} = \frac{2\int_0^T s^2(\tau)\mathrm{d}\tau}{n_0} = \frac{2E_s}{n_0} \tag{3-58}
$$

式中，E_s 为信号波形 $s(t)$ 在时长 T 内的总能量。应当注意到，整个分析过程是对基带信号进行的，若对于一个频带已调信号，上述过程可以认为是在下变频过程中复现载波与信号载波相位、频率一致时同相分量的分析结果，此时正交分量上存在一个与同相分量功率相同、互不相关的噪声，而同相、正交分量总的信号—噪声功率比应降低一半，即 $\mathrm{SNR}=\frac{E_s}{n_0}$，而 $E_s=C\cdot T$，C 为信号功率。

在扩频信号接收过程中，波形可理解为扩频码序列，如 GPS C/A 码信号，每个“符号”可理解为是一个完整的或截短的扩频码周期，实现可描述为

$$
s(t) = \sum_{i=0}^{N-1} c_i \cdot p(t - i\cdot T_c) \tag{3-59}
$$

式中，$p(t)$ 为码片波形，仅在$[0,T_c]$上非 0。对于采用 BPSK 调制的导航信号，$p(t)$ 为矩形脉冲。当 T 时长内有 N 个码片时，

$$
\begin{aligned}
h(t) &= s(T-t) = s(N \cdot T_c - t) \\
&= \sum_{i=0}^{N-1} c_i \cdot p((N-i) \cdot T_c - t) \\
&= \sum_{i=0}^{N-1} c_i \cdot p(-(t-(N-i) \cdot T_c))
\end{aligned}
\tag{3-60}
$$

即将整个符号或积分时段内码波形在时域上反转。数字实现中，则以 $h(t)$的采样实现。原理性的匹配滤波器结构如图 3-13 所示。

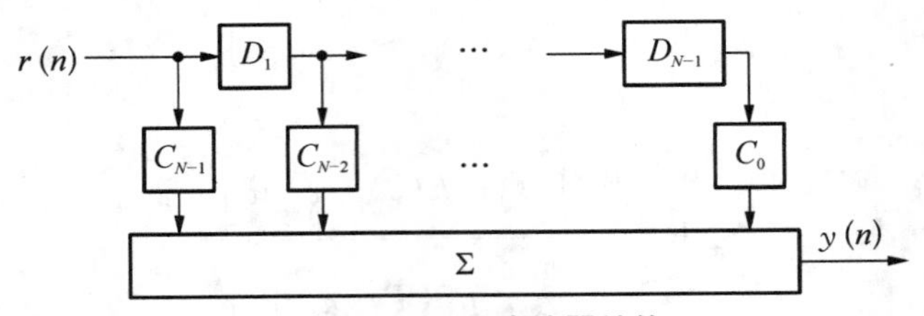

图 3-13　匹配滤波器结构

图中，每个寄存器延时为 1 个码片。在寄存器当前输入 $D_1 \sim D_{N-1}$ 中的值为 $c_{N-1} \sim c_0$ 时，滤波器输出中信号幅度最大。不难看出，按上图结构，信号样点每次移位后，即可得到一个相关值。与此相对照，相关器法下，需要对一段时间积分才能得到一个相关值，因此匹配滤波器理论上可实现更高的捕获速度。然而，我们同样可以看到，图中的加法器需要在两次移位之间的短暂时间内完成数千至数万个数据加法计算，其实现需要大量硬件资源。

3.3.3　频域并行搜索

如果我们将积分时段 T 平均分为时长 T_s 的 N 段，每小段进行一次积分、采样，得到相应的采样值 $s_n = I_n + jQ_n$，得到 N 个积分数据后，对其进行快速傅立叶变换(FFT，Fast Fourier Transform)，再对所得到的 N 个结果的模进行判决，最大的达到门限的点判定为信号频率点。这一过程如图 3-14 所示。

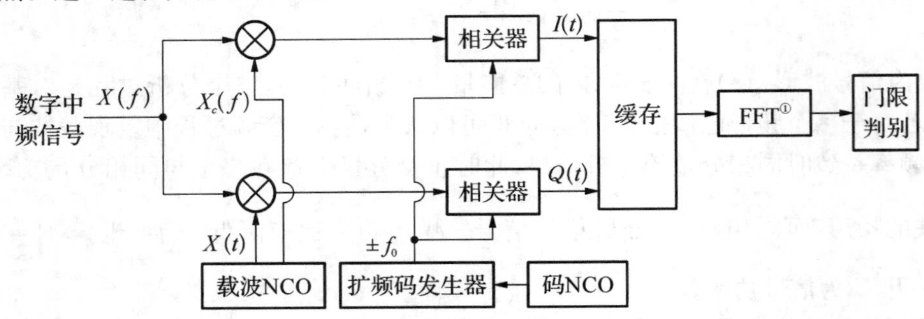

图 3-14　频率并行捕获算法原理①

① 也可以针对不同的实际情况，采取与 FFT 分析原理相同的处理方法，例如，以多个子载波与样点相乘来达到同相效果。

由式(3-24)、(3-27)可得，在区间$[t_0+nT_s, t_0+nT_s+T_s]$上积分，输出为

$$I(n)=I(t_0+nT_s, t_0+nT_s+T_s)=\frac{AT_s}{2}\cdot R(\tau)\cdot\cos\left(\frac{2\pi\Delta f(2t_0+2nT_s+T_s)}{2}+\Delta\phi\right)\mathrm{sinc}(\pi\Delta fT_s)$$
$$=\frac{AT_s}{2}\cdot R(\tau)\cdot\cos\left(2\pi\Delta f\left(t_0+nT_s+\frac{T_s}{2}\right)+\Delta\phi\right)\mathrm{sinc}(\pi\Delta fT_s)\tag{3-61}$$

$$Q(n)=-\frac{AT_s}{2}\cdot R(\tau)\cdot\sin\left(2\pi\Delta f\left(t_0+nT_s+\frac{T_s}{2}\right)+\Delta\phi\right)\mathrm{sinc}(\pi\Delta fT_s)\tag{3-62}$$

式中，$\Delta f=f_r-f_c$，$\Delta\phi=\phi-\phi_c$。f_r为信号载频；f_c为复现载频；ϕ为信号载波初相；ϕ_c为复现载波初相。

由两者构成如下复数序列(选择减法只是为了计算方便)

$$X(n)=I(n)-jQ(n)=\frac{AT_s}{2}\cdot R(\tau)\mathrm{sinc}(\pi\Delta fT_s)\mathrm{e}^{j\left[2\pi\Delta fnT_s+2\pi\Delta f\left(t_0+\frac{T_s}{2}\right)+\Delta\phi\right]}\tag{3-63}$$

从表达式可知，$X(n)$组成的序列是一个频率为Δf的复频率序列，通过对其进行频率分析，可以得到复现载波与信号载波的频率差。对数字序列可通过FFT进行频率分析。$X(n)$的傅立叶变换表示为

$$S(k)=\sum_{n=0}^{N-1}X(n)\mathrm{e}^{-j2\pi\frac{k}{N}n},\quad k=0,1,2,\cdots,N-1\tag{3-64}$$

可以看出，对于每个k，相应的$S(k)$实质上是将信号序列乘以$\mathrm{e}^{-j2\pi\frac{k}{N}n}$再进行累加。而

$$\mathrm{e}^{-j2\pi\frac{k}{N}n}=\mathrm{e}^{-j2\pi\left(k\cdot\frac{1}{T}\right)\left(n\cdot\frac{T}{N}\right)}=\mathrm{e}^{-j2\pi\left(k\cdot\frac{1}{T}\right)(n\cdot T_s)}=\mathrm{e}^{-j2\pi(k\cdot f_I)n\cdot T_s}\tag{3-65}$$

其中，$f_I=\frac{1}{T}$，而$T=N\cdot T_s$。此时，有

$$S(k)=\sum_{n=0}^{N-1}X(n)\mathrm{e}^{-j2\pi(k\cdot f_I)t_n}=\frac{AT_s}{2}\cdot R(\tau)\mathrm{sinc}(\pi\Delta fT_s)\sum_{n=0}^{N-1}\mathrm{e}^{j\left[2\pi\Delta fnT_s+2\pi\Delta f\left(t_0+\frac{T_s}{2}\right)+\Delta\phi\right]}\mathrm{e}^{-j2\pi(k\cdot f_I)nT_s}$$
$$=\frac{AT_s}{2}\cdot R(\tau)\mathrm{sinc}(\pi\Delta fT_s)\mathrm{e}^{j\left[2\pi\Delta f\left(t_0+\frac{T_s}{2}\right)+\Delta\phi\right]}\sum_{n=0}^{N-1}\mathrm{e}^{j2\pi(\Delta f-kf_I)nT_s}\tag{3-66}$$

式中，$\mathrm{e}^{j2\pi[\Delta f-kf_I]nT_s}$，$n=0,\cdots,N-1$为一个几何级数，可得

$$\begin{aligned}\sum_{n=0}^{N-1}\mathrm{e}^{j2\pi(\Delta f-kf_I)nT_s}&=\frac{1-\mathrm{e}^{j2\pi(\Delta f-kf_I)NT_s}}{1-\mathrm{e}^{j2\pi(\Delta f-kf_I)T_s}}=\frac{\sin[\pi(\Delta f-kf_I)NT_s]}{\sin[\pi(\Delta f-kf_I)T_s]}\mathrm{e}^{j\pi(\Delta f-kf_I)(N-1)T_s}\\&=N\frac{\pi(\Delta f-kf_I)T_s}{\pi(\Delta f-kf_I)NT_s}\frac{\sin[\pi(\Delta f-kf_I)NT_s]}{\sin[\pi(\Delta f-kf_I)T_s]}\mathrm{e}^{j\pi(\Delta f-kf_I)(N-1)T_s}\\&=N\frac{\mathrm{sinc}[\pi(\Delta f-kf_I)NT_s]}{\mathrm{sinc}[\pi(\Delta f-kf_I)T_s]}\mathrm{e}^{j\pi(\Delta f-kf_I)(N-1)T_s}\end{aligned}\tag{3-67}$$

于是有

$$S(k)=\frac{A\cdot N\cdot T_s}{2}\cdot R(\tau)\mathrm{sinc}(\pi\Delta fT_s)\frac{\mathrm{sinc}[\pi(\Delta f-kf_I)NT_s]}{\mathrm{sinc}[\pi(\Delta f-kf_I)T_s]}\mathrm{e}^{j\pi(\Delta f-kf_I)(N-1)T_s}\mathrm{e}^{j\left[2\pi\Delta f\left(t_0+\frac{T_s}{2}\right)+\Delta\phi\right]}\tag{3-68}$$

其模值为

$$|S(k)|=\frac{A\cdot N\cdot T_s}{2}\cdot|R(\tau)||\mathrm{sinc}(\pi\Delta fT_s)|\frac{|\mathrm{sinc}[\pi(\Delta f-kf_I)NT_s]|}{|\mathrm{sinc}[\pi(\Delta f-kf_I)T_s]|}\tag{3-69}$$

注意到 $|\mathrm{sinc}[\pi(\Delta f-kf_I)NT_s]|$ 随 $|\Delta f-kf_I|$ 增大，且其减小的速度大于 $|\mathrm{sinc}[\pi(\Delta f-kf_I)T_s]|$，$N$ 越大越明显。随着 $|\Delta f-kf_I|$ 增大，$\frac{|\mathrm{sinc}[\pi(\Delta f-kf_I)NT_s]|}{|\mathrm{sinc}[\pi(\Delta f-kf_I)T_s]|}$ 总的趋势是减小的，因此只有 $|\Delta f-kf_I|$ 较小时才能获得较大的 $|S(k)|$，限定 $\pi(\Delta f-kf_I)NT_s<1$ 时，$\pi(\Delta f-kf_I)T_s<\frac{1}{N}$，此时

$$\frac{|\mathrm{sinc}[\pi(\Delta f-kf_I)NT_s]|}{|\mathrm{sinc}[\pi(\Delta f-kf_I)T_s]|}\approx|\mathrm{sinc}[\pi(\Delta f-kf_I)NT_s]|\tag{3-70}$$

因此

$$\begin{aligned}|S(k)|&\approx\frac{A\cdot N\cdot T_s}{2}\cdot|R(\tau)||\mathrm{sinc}(\pi\Delta fT_s)||\mathrm{sinc}[\pi(\Delta f-kf_I)NT_s]|\\&=\frac{A\cdot T}{2}\cdot|R(\tau)||\mathrm{sinc}[\pi(\Delta f-kf_I)T]||\mathrm{sinc}(\pi\Delta fT_s)|\end{aligned}\tag{3-71}$$

仍由式(3-24)、(3-27)，可以得到使用复现载波频率 f_c+kf_I 对信号下变频时，差频为

$$f_r-(f_c+kf_I)=\Delta f-kf_I\tag{3-72}$$

对此下变频后的信号解扩并积分，T 时长后输出幅度为

$$|S|=|I-jQ|=\frac{A\cdot T}{2}\cdot|R(\tau)||\mathrm{sinc}[\pi(\Delta f-kf_I)T]|\tag{3-73}$$

将此式与 $|S(k)|$ 比较可见，除了 $|\mathrm{sinc}(\pi\Delta f T_s)|$ 外，$|S(k)|$ 其他部分与 $|S|$ 相同，即

$$|S(k)| \approx \frac{A \cdot N \cdot T_s}{2} \cdot |R(\tau)|\,|\mathrm{sinc}(\pi\Delta f T_s)|\,|\mathrm{sinc}[\pi(\Delta f - kf_l)NT_s]| = |S| \cdot |\mathrm{sinc}(\pi\Delta f T_s)| \tag{3-74}$$

由此可见，上述先进行 N 个小段相关，再进行 FFT 分析的处理方法，与同时使用 N 个串行相关器，每个搜索一个频率点的处理方法是近似等效的。

在使用此频率并行算法进行信号捕获时，以下几点需要注意：

（1）分段积分损耗

由式(3-74)，当 $\Delta f \neq 0$ 时，$|\mathrm{sinc}(\pi\Delta f T_s)| < 1$，这将对最终用于检测的信号能量造成损耗。这一损耗表示为 $[L] = 10\lg[\mathrm{sinc}(\pi\Delta f T_s)]^2$。图 3-15 为不同 T_s 下 Δf 与损耗的关系。

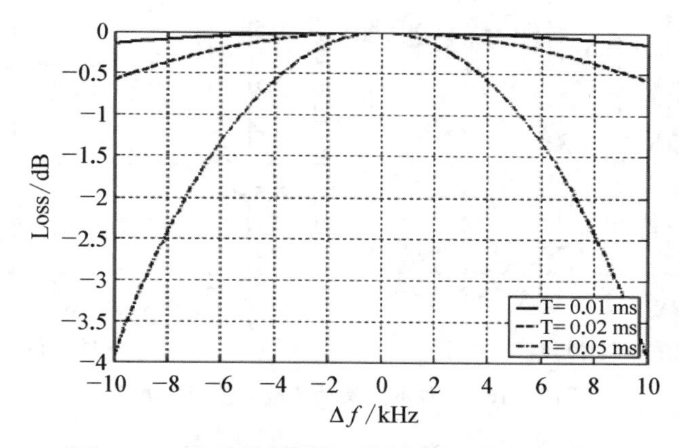

图 3-15　几种积分时长下频率偏差所造成的损耗

显然，在相同的 Δf 下更短的 T_s 造成更小的损耗，但要达成相同的 T，积分段数 $N = \frac{T}{T_s}$ 更大，这使得 FFT 分析点数增加，计算量也相应增加。

（2）FFT 的"栅栏效应"

FFT 对 N 个点分析得到 N 个频率点的积分数据。由式(3-65)可见，这些频率点之间间隔为 $\frac{1}{T}$，例如，$T = 1$ ms 时，频率点间隔为 1 kHz，这使得信号载频与分析频率最大偏差可达 500 Hz，相应的损耗为 $L = 20\lg|\mathrm{sinc}(\pi \cdot 500 \cdot 10^{-3})| = -4$ dB。而按 3.2.1 节的讨论，选择的频率扫描间隔应为 666 Hz，相应的损耗仅为 1.65 dB。这一问题的处理有两种方法，一是采用更长的相干或非相干累加方法补偿更大的损耗；另一种则是对信号样点完成一次分析后，再进行第二次分析，此时下变频频率与第一次偏移 $\frac{1}{2T}$，那么，第一次分析的频率点与第二次对应频率点差为 $\frac{1}{2T}$，损耗相应地降低到 1 dB。

(3) 码多普勒相位误差累积

在图 3 - 12 中,与接收信号进行相关运算的复现码只有一个。由于卫星与接收机的径向运动,使得载频频率、码速率均会出现多普勒频移。例如,在 GPS L5 频点上,当复现载波采用标称载频 1 176.45 MHz 时,复现码速率为 10.23 Mcps,两者的比例为 115∶1。若信号载频与复现载频存在 5 kHz 偏差,则相应地,信号码速率与复现码速率将有 43.5 Hz 偏差。在 23 ms 时段上,复现码与信号码相对滑动可达到一个码片,这意味着在起始相差为 0 时,23 ms 之后复现码与信号码完全错开。如果需要使用持续时间 100 ms 的相关数据,则在这段时间内,累计的复现码相位滑动达 4.35 码片。在频域并行方法中,复现码只能按所搜索频偏范围的中心频率对应的频偏计算自身频偏,而在搜索范围的两端,将会出现较大的码速率偏移。

为解决这一问题,应选择与相关数据时长相适应的频率分析范围。下图为 BPSK 调制、1/2 码片搜索间隔下,相关运算区间上 4 个不同滑动范围的相关能量的真值与分贝形式。

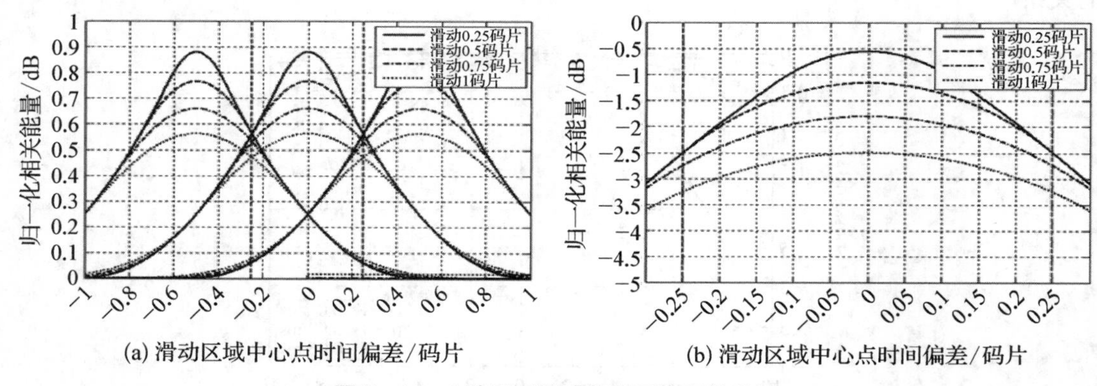

图 3 - 16　4 种不同滑动范围下的相关能量

图 3 - 16(a)画出了当前相关峰与前、后两个相邻相关峰,纵向虚线标识位置为最小能量所在位置;图 3 - 16(b)则以 dB 形式画出了当前相关峰,纵向虚线标识损耗最大情况。由图 3 - 16(b)可见,当整个相关运算期间滑动小于 0.5 码片时,最大损耗为 2.5 dB 左右,这与不考虑滑动时的最大损耗(复现码与信号码偏差 1/4 码片)相同。当滑动范围进一步增加时,损耗开始增大。

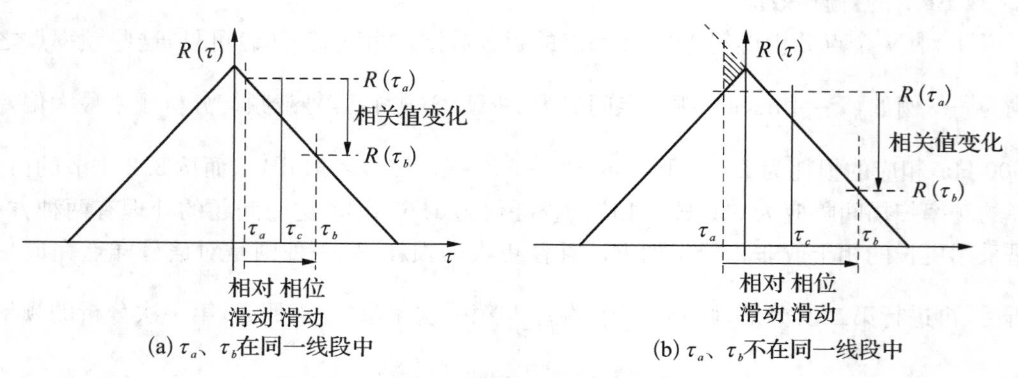

图 3 - 17　相位相对滑动过程中相关值变化图

图中，相关运算开始时相对相位差处于 τ_a 点，相关结束时位于 τ_b 点，设滑动是匀速的，

$$A=\int_{t_0}^{t_0+T} R(\tau_a+\dot{\tau}\cdot(t-t_0))\mathrm{d}t \tag{3-75}$$

式中，$\dot{\tau}\frac{\tau_b-\tau_a}{T}$ 是相对码相位滑动速度。在 $[t_0,t_0+T]$ 上相关积分结果为

$$A=\int_{t_0}^{t_0+T} R\left(\tau_a+\frac{\tau_b-\tau_a}{T}\cdot(t-t_0)\right)\mathrm{d}t \tag{3-76}$$

若 τ_a、τ_b 位于相关函数 $R(\tau)$ 的同一个线段内，如图 3-17(a)所示，即 τ_a、τ_b 符号相同时，$R(\tau)=1\pm\tau$，于是有

$$A=\int_{t_0}^{t_0+T} 1\pm\left[\tau_a+\frac{\tau_b-\tau_a}{T}\cdot(t-t_0)\right]\mathrm{d}t=T\left[1\pm\frac{1}{2}(\tau_a+\tau_b)\right]=T\left(1\pm\frac{1}{2}\tau_c\right) \tag{3-77}$$

式中，$\tau_c=\frac{\tau_a+\tau_b}{2}$，为滑动区域中点的复现信号与接收信号码相位差。

这意味着，当起始相差与截止相差位于相关函数的同一线段内时，相位滑动情况下的相关结果和码相位差保持在滑动区域中点时相同。

当 τ_a、τ_b 不满足上述条件时，如图 3-17 (b)所示，很明显，参与积分的实际区域与按同一线段计算时存在一个差值，积分输出可表示为，

$$A=\int_{t_0}^{t_0+T} 1-\left(\tau_a+\frac{\tau_b-\tau_a}{T}\cdot(t-t_0)\right)\mathrm{d}t-\left[\int_{t_0}^{t_0+T_m}-2\left(\tau_a+\frac{\tau_b-\tau_a}{T}\cdot(t-t_0)\right)\mathrm{d}t\right] \tag{3-78}$$

式中，第一项是按照 $1-\tau$ 计算的结果，而第二项是应减去的多余部分(图 3-17 中阴影部分)，由于实际值为 $1+\tau$，而第一部分是按 $1-\tau$ 计算，因此在 $[t_0,t_0+T_m]$ 区间上的差值为 $1-\tau-(1+\tau)=-2\tau$，$T_m=\frac{\tau_a}{\tau_b-\tau_a}T$。可以得到第二部分

$$\int_{t_0}^{t_0+T_m}-2\left(\tau_a+\frac{\tau_b-\tau_a}{T}\cdot(t-t_0)\right)\mathrm{d}t=\frac{\tau_a^2}{\tau_b-\tau_a}T \tag{3-79}$$

这意味着，当滑动区域不在相关函数的同一个线段内时，信号积分输出幅度将小于码相位保持在积分段中点时的幅度。

由此，可得出结论：如果捕获参数设计中可容忍的静态码偏差为 τ(码相位搜索间隔的1/2)，则码片相位差在整个积分时段 T 内滑动不应超过 2τ。相应地，载波频差不应超过 $\frac{2\tau}{T}\cdot r_{cc}$，$r_c c=\frac{f_r}{R_c}$ 为信号载频与码片速率的比值。例如，对于 GPS L5 信号，$r_{cc}=115$，若捕获过程中需使用的信号样点总时长为 $T=100$ ms，$\tau=\frac{1}{4}$(chip)，则在 T 时长内码相位滑动不

应超过 1/2(chip)，相应地，最大频差不应超过 $\frac{2\tau}{T}\cdot r_{cc}=\frac{2\cdot 1/4}{100\times 10^{-3}}\cdot 115=575$ Hz。而对于 L1 C/A 信号，$r_{cc}=1\,540$，相应的最大频偏允许达到 7.7 kHz。

3.3.4　时域并行搜索

时域并行搜索算法是目前为止计算量最小的一种快速捕获算法，非常适合于软件接收机的信号捕获，也常见于需要进行长周期码扩频信号捕获以及需要进行快速信号捕获的导航接收机。

此处只进行周期较短(典型情况下如 GPS C/A 码 1 ms)的“短码”捕获的讨论。与频域并行方法类似的是，这里也用到数字信号的 FFT 计算，但其目的与之完全不同，后者的目的是同时进行多个频率分格、同一时域分格的相关值计算，而此算法则是快速地计算同一频率分格下大量时域分格的相关值。

使用 FFT 的时域并行捕获算法由 Vannee 等[20]提出，在此基本算法基础上，衍生出各种改进算法，其中比较有代表意义的是 Yang 等人提出的 XFAST[21,22]。时域并行捕获算法基本原理如图 3-18 所示。

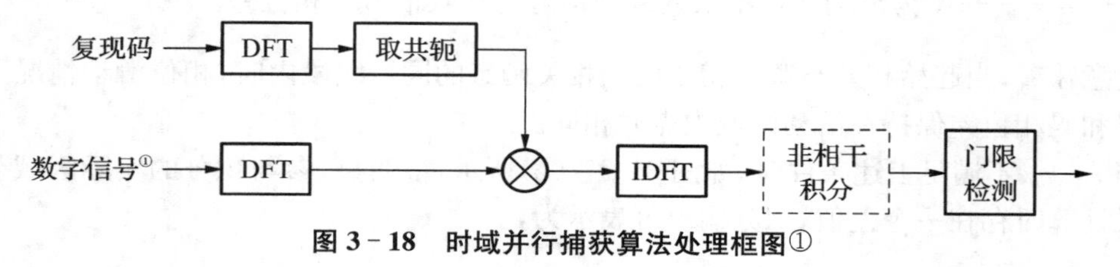

图 3-18　时域并行捕获算法处理框图①

设数字基带信号序列 $y(n)$，复现码序列 $x(n)$。捕获过程希望计算二者的相关结果，即

$$z(m)=\sum_{n=0}^{N-1}y(n)\cdot x^{*}(n-m) \tag{3-80}$$

首先考虑一种简单情况，即信号为周期重复序列，其重复周期为 N 个码片，扩频码上无数据调制。对 $x(n)$ 右移动 m 位，其结果与将 $x(n)$ 循环移动 m 位相同。如图 3-19 所示，循环右移得到 $x_c(n-m)$，右移得到 $x(n-m)$，由于对于任何整数 M，周期序列 $x(M\cdot N+k)=x(k)$，因此图中 $x_c(n-m)=x(n-m)$。

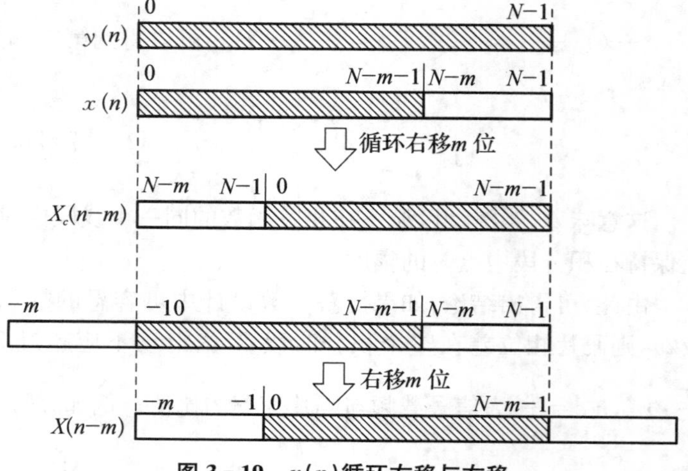

图 3-19　$x(n)$循环右移与右移

① 信号已使用复现载波解调。

接下来，将序列 $z(m)$ 进行离散傅立叶变换(DFT)变换，按定义可得到

$$Z(k)=\sum_{m=0}^{N-1}z(m)\mathrm{e}^{-j2\pi km/N} \tag{3-81}$$

将 $z(m)=\sum_{n=0}^{N-1}y(n)\cdot x^*(n-m)$ 代入上式，有

$$\begin{aligned}Z(k)&=\sum_{m=0}^{N-1}\sum_{n=0}^{N-1}[\,y(n)x^*(n-m)\mathrm{e}^{-j2\pi km/N}]=\sum_{m=0}^{N-1}\sum_{n=0}^{N-1}[y(n)\mathrm{e}^{-j2\pi kn/N}x^*(n-m)\mathrm{e}^{-j2\pi k(n-m)/N}]\\&=\sum_{n=0}^{N-1}\left[y(n)\mathrm{e}^{-j2\pi kn/N}\sum_{m=0}^{N-1}x^*(n-m)\mathrm{e}^{j2\pi k(n-m)/N}\right]\end{aligned} \tag{3-82}$$

令 $v=n-m$，则式中

$$\begin{aligned}\sum_{m=0}^{N-1}x^*(n-m)\mathrm{e}^{j2\pi k(n-m)/N}&=\sum_{v=n}^{n-N+1}x^*(v)\mathrm{e}^{j2\pi kv/N}=\sum_{v=n-N+1}^{n}x^*(v)\mathrm{e}^{j2\pi kv/N}\\&=\sum_{v=n-N+1}^{-1}x^*(v)\mathrm{e}^{j2\pi kv/N}+\sum_{v=0}^{N}x^*(v)\mathrm{e}^{j2\pi kv/N}\end{aligned} \tag{3-83}$$

由于前面对扩频码周期性的假设，有 $x^*(v+N)=x^*(v)$，于是

$$\sum_{v=n-N+1}^{-1}x^*(v)\mathrm{e}^{j2\pi kv/N}=\sum_{v=n+1}^{N-1}x^*(v)\mathrm{e}^{j2\pi kv/N} \tag{3-84}$$

代入上式可得

$$\begin{aligned}\sum_{m=0}^{N-1}x^*(n-m)\mathrm{e}^{j2\pi k(n-m)/N}&=\sum_{v=n+1}^{N-1}x^*(v)\mathrm{e}^{j2\pi kv/N}+\sum_{v=0}^{n}x^*(v)\mathrm{e}^{j2\pi kv/N}=\sum_{v=0}^{N-1}x^*(v)\mathrm{e}^{j2\pi kv/N}\\&=\left[\sum_{v=0}^{N-1}x(v)\mathrm{e}^{-j2\pi kv/N}\right]^*=X^*(k)\end{aligned} \tag{3-85}$$

式中，$X(k)$ 即为 $x(n)$ 序列的 DFT，$X^*(k)$ 为 $X(k)$ 的共轭。

这样

$$\begin{aligned}Z(k)&=\sum_{n=0}^{N-1}[y(n)\mathrm{e}^{-j2\pi kn/N}X^*(k)]=X^*(k)\sum_{n=0}^{N-1}[y(n)\mathrm{e}^{-j2\pi kn/N}]\\&=X^*(k)Y(k)\end{aligned} \tag{3-86}$$

此式说明，将复现码序列 $x(n)$ 的 DFT 取共轭后与信号样点序列 $y(n)$ 的 DFT 序列相乘，可得到两序列循环相关值的 DFT，将其进行 IDFT 变换后，即得到所有 N 个不同相位关系下的相关运算结果。

通过将信号样点 $y(n)$与复现码样点 $x(n)$分别进行 DFT 变换，再按上式求得$Z(k)$，进而对 $Z(k)$进行 IDFT，可以得到相关序列 $z(m)$，而 $z(m)$序列中的序号 m 则对应着复现信号 $x(n)$滞后于接收信号 $y(n)$的样点数。

对比串行搜索方法，对于 N 个样点相关的情况，串行搜索方法需要进行 N^2 次“乘-加”运算，而此方法下，若 N 为 2^K，以 FFT、IFFT 实现 DFT 与 IDFT，使用此方法，仅需要进行两次 FFT、一次 IFFT 以及 N 点复数乘即可得到所有相关值，每次 FFT 与 IFFT 所需的“乘-加”运算次数约为 $N\log_2 N$，总的“乘-加”与“乘法”次数总和为 $N+3\cdot N\log_2 N$，计算量远小于串行搜索方法。

如前所述，在捕获过程中需要对频率分格进行扫描，这一过程可以使用两种方法，第一种基本方法是由相关处理前的下变频过程改变复现载波频率，之后再重复上述过程。这一方法的好处是可以任意控制频率扫描间隔，但缺点是每个频率分格的处理需要对采样数据进行 1 次 FFT，与复现码 FFT 相乘后再进行 1 次 IFFT(对各个频点，相同时间搜索只需要进行一次复现码 FFT 计算)。此方式的对应过程也可以是，将复现码与一个 $e^{j2\pi\Delta f\frac{i}{N}}$ 序列相乘得到 $x'(n)$，再按上述方法对 $x'(n)$ 取 FFT 及共轭，得到在频差 Δf 下的相关结果。

频率扫描的第二种方法则是利用频域的基本特性[22]，将之前计算得到的信号 FFT 数据简单移位后进行计算。设接收信号存在频偏 $f_d=\dfrac{v}{N}\cdot f_s$(或近似为此值，$v$ 为 $0\sim N-1$ 范围内的整数)，则该存在频偏的接收信号采样序列为

$$y'(n)=y(n)\cdot e^{j2\pi vn/N}\Rightarrow y(n)=y'(n)e^{-j2\pi vn/N} \tag{3-87}$$

无频偏序列 $y(n)$ 的 DFT 为

$$\begin{aligned}Y(k)&=\sum_{n=0}^{N-1}y(n)e^{-j2\pi kn/N}=\sum_{n=0}^{N-1}y'(n)e^{-j2\pi vn/N}e^{-j2\pi kn/N}=\sum_{n=0}^{N-1}y'(n)e^{-j2\pi(k+v)n/N}\\&=Y'(k+v)\end{aligned} \tag{3-88}$$

即 $Y(k)$ 可由带有频偏的采样序列左移 v 次后得到。这样，对信号、复现码的采样序列进行一次 FFT 后，通过对信号序列 FFT 输出序列移位，再与复现码 FFT 输出相乘、求 IFFT，即可实现另一个频率分格的搜索。与 3.3.3 节相同的是，采用 FFT 移位方法实现频率扫描，其频率点最小间隔为 $\dfrac{1}{N}\cdot f_s=\dfrac{1}{T}$，即总积分时间的倒数，例如以 1 ms 时间内样点进行 FFT 计算，则频率点间隔为 1 kHz。

通过上述两种频率分格扫描方法的对比可以发现，前一种显然需要进行更多的计算，但其优点是不会受到码速率多普勒的影响；后者节省了运算量，但当需要进行大频偏搜索时，会由于码速率多普勒而在长积分情况下码偏，从而引入更多损耗。

应注意到，前面推导中要求 $x^*(v+N)=x^*(v)$，这说明本算法求得的是序列 $y(n)$ 与 $x(n)$ 循环移位 m 的相关值，这只有在信号以一个严格的周期扩频序列扩频且没有数据调制时才可能。实际应用中，不存在完全由短周期码首尾相接构成的导航基带信号，要么这些循环码字被数据符号调制，要么被次级码调制，那么，如何将时域并行方法用于对这些信号的捕获呢？

做法很简单，设截取一段长度为 K 个码片的复现码，并在其尾部补充 M 个“0”，构成一个长度为 $N=K+M$ 的序列作为 $x'(n)$，由于要以 FFT 计算其 DFT，因此 N 通常选为 2 的

幂。这样 $x'(n)$表示为

$$x'(n)=\begin{cases}x(n), & n<K;\\ 0, & n\geqslant K\end{cases} \tag{3-89}$$

这一序列右移 m 位时，左边应填补 m 个“0”，并将尾部序号大于 $N-1$ 的项丢弃。

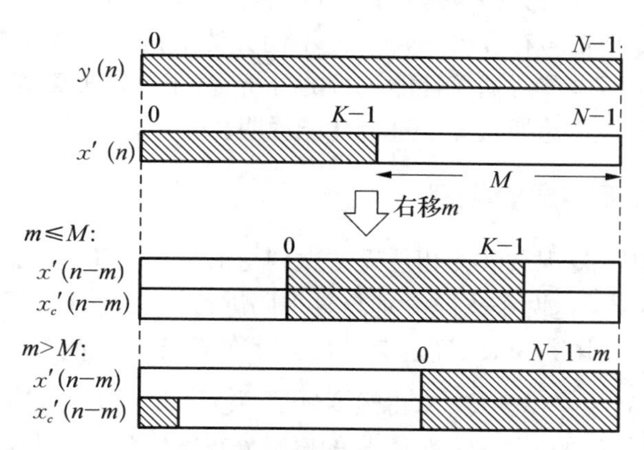

图 3 - 20　补零后序列的移位与循环移位

在 $m\leqslant M$ 时(如图 3 - 20 所示)，循环右移 m 位序列 $x_c'(n-m)$ 与右移 m 位序列 $x'(n-m)$ 完全相同。

$$\begin{aligned}z(m)&=\sum_{n=0}^{N-1}y(n)\cdot x'^*(n-m)=\sum_{n=0}^{N-1}y(n)\cdot x_c'^*(n-m)\\&=\sum_{n=0}^{m-1}y(n)\cdot x_c'^*(n-m)+\sum_{n=m}^{K-1+m}y(n)\cdot x_c'^*(n-m)+\sum_{n=K+m}^{N-1}y(n)\cdot x_c'^*(n-m)\end{aligned} \tag{3-90}$$

显然，$\sum\limits_{n=m}^{k-1+m}y(n)\cdot x'^*(n-m)$ 中的 x' 的序号为 $0\sim K-1$，而另外两项中 x' 的序号为 $K\sim N-1$，因此均为“0”。这样有

$$z(m)=\sum_{n=m}^{K-1+m}y(n)\cdot x'^*(n-m) \tag{3-91}$$

注意到式中 $x'^*(n-m)$ 的序号 $0\leqslant n-m\leqslant K-1$，所以

$$z(m)=\sum_{n=m}^{K-1+m}y(n)\cdot x'^*(n-m)=\sum_{n=m}^{K-1+m}y(n)\cdot x^*(n-m) \tag{3-92}$$

这就是我们希望得到的结果，即 $x(n)$移位后，再与 $y(n)$对应部分进行相关运算，$z(m)$的相关长度为 K。

在右移位数 $m>M$ 时，$x'(n)$ 中包含的 $x(n)$的尾部已经超出 $N-1$，因此被丢弃，此时移位结果 $x'(n-m)$ 与循环移位结果 $x_c'(n-m)$ 已经不同，因此按此方法计算得到的与 m 对应的相关值不再有效。在最终计算获得的 N 个结果中，只有前 M 个是有效的。

3.4 信号捕获的统计分析

正如3.3节所述，所有快速捕获算法与最初的串行搜索方法具有相同的本质，即将频率、时间构成的二维空间进行分格，再按每一分格的信号参数假设将接收信号与复现信号进行相关运算，并据此实现信号存在性检测。而不同方法的区别仅仅是进行相关运算的方法与运算速度差异。因此，本节对捕获性能进行的分析，基于串行搜索算法进行。在本节的最后，会对上节提到的几种快速捕获算法进行性能说明。

3.4.1 检测概率与虚警概率

在信号捕获过程中，复现载波的相位无法做到与信号载波相位一致，导致信号能量分散在同相、正交支路，必须从这两条支路分别与复现码进行相关运算，得到输出的 I、Q，获信号能量或包络，然后进行门限判决，以确定信号是否存在于当前分格内。

通常的方法是以 $V=\sqrt{I^2+Q^2}$ 求得幅度(包络)或以 $E=I^2+Q^2$ 求其能量。显然，求 V 与 E 的计算过程是非线性的，这将导致 V、E 的概率分布发生变化。从幅度与能量的表达式可见，两者差别仅仅为一个开方运算，其性能是相同的，因此以下分析针对能量检测方法进行。

可以证明，当前端输入的噪声为零均值高斯噪声时，相关器输出的 I、Q 均为零均值高斯噪声，其幅度服从正态分布。这样，当信号存在于当前搜索分格中时，概率密度函数(Probability Distribution Function，PDF)分别为

$$p_I(x)=\frac{1}{\sigma_I\sqrt{2\pi}}\mathrm{e}^{\frac{-(x-m_I)^2}{2\sigma_I^2}} \tag{3-93}$$

$$p_Q(x)=\frac{1}{\sigma_Q\sqrt{2\pi}}\mathrm{e}^{\frac{-(x-m_Q)^2}{2\sigma_Q^2}} \tag{3-94}$$

式中，m_I、m_Q 为信号在同相、正交支路上的幅度分量。

而信号不存在于当前搜索分格内时，概率密度函数分别为

$$p_I(x)=\frac{1}{\sigma_I\sqrt{2\pi}}\mathrm{e}^{\frac{-x^2}{2\sigma_I^2}} \tag{3-95}$$

$$p_Q(x)=\frac{1}{\sigma_Q\sqrt{2\pi}}\mathrm{e}^{\frac{-x^2}{2\sigma_Q^2}} \tag{3-96}$$

在3.2.2已证明，I、Q 相关输出中的噪声成分的互相关函数 $R(n_In_Q)\approx 0$，而两者的方差 $\sigma_I^2\approx\frac{n_0T}{4}$，$\sigma_Q^2\approx\frac{n_0T}{4}$，即 $\sigma_I^2=\sigma_Q^2=\frac{1}{2}\sigma^2$，其中 $\sigma^2=\frac{n_0T}{2}$，为相关器输出的总的噪声方差，为噪声能量。

预检测积分两支路信号幅度平方和为信号能量，即 $m_I^2+m_Q^2=\mathrm{E}$。由3.2.2节式(3-40)，

在复现码与信号码无时间偏移且无载波频偏时，有 $E=\dfrac{CT^2}{2}$，于是可得预检测积分样点中，信号能量预噪声能量之比为 $\dfrac{m_I^2+m_Q^2}{\sigma^2}=\dfrac{E}{\sigma^2}=\dfrac{C}{n_0}\cdot T$，$T$ 为预检测积分时长。由于能量比等于功率比，因此也常记作 $\dfrac{C}{N}=\dfrac{m_I^2+m_Q^2}{\sigma^2}=\dfrac{C}{n_0}\cdot T$，这一关系将在下面的分析中用到。

在信号存在于当前搜索分格内时，能量 $E=I^2+Q^2$ 的分布服从自由度 $n=2$ 的非中心 χ^2 分布。自由度为 n 的非中心 χ^2 分布概率密度函数为[19]

$$p_s(y)=\frac{1}{2\sigma_I^2}\left(\frac{y}{s^2}\right)^{\frac{n-2}{4}}\mathrm{e}^{\frac{s^2+y}{-2\sigma_I^2}}I_{\frac{n}{2}-1}\left(\frac{s\sqrt{y}}{\sigma_I^2}\right)\tag{3-97}$$

式中，定义 $s^2=\sum\limits_{i=1}^{n}m_i^2$，即信号能量。

$I_\alpha(x)$ 为第一类 α 阶修正贝塞尔函数，表示为

$$I_\alpha(x)=\sum_{k=0}^{\infty}\frac{\left(\dfrac{x}{2}\right)^{\alpha+2k}}{k!\ \Gamma(\alpha+k+1)},\quad x\geqslant 0\tag{3-98}$$

其中，$\Gamma(p)$ 为 γ 函数，定义为

$$\Gamma(p)=\int_0^{\infty}t^{p-1}\mathrm{e}^{-t}\mathrm{d}t\quad(p>0),\tag{3-99}$$

当 p 为整数时，

$$\Gamma(p)=(p-1)!\tag{3-100}$$

为方便，以常用的计算与仿真工具 Matlab 提供的非中心 χ^2 分布函数

$$p_s(y)=\mathrm{ncx2pdf}\left(\frac{y}{\sigma_I^2},n,\frac{\sum\limits_{i=1}^{n}m_i^2}{\sigma_I^2}\right)\cdot\frac{1}{\sigma_I^2}\tag{3-101}$$

其中，ncx2pdf 与下面的 chi2pdf 为 Matlab 提供的归一化非中心与中心 χ^2 分布概率密度，一般的 χ^2 分布 PDF 与这两个归一化 χ^2 分布 PDF 表达式的换算关系的推导过程可参考附录 B。

在 $n=2$ 时，有

$$p_s(y)=\mathrm{ncx2pdf}\left(\frac{y}{\sigma_I^2},2,\frac{m_I^2+m_Q^2}{\sigma_I^2}\right)\cdot\frac{1}{\sigma_I^2}\tag{3-102}$$

信号不存在于当前搜索分格时，能量 E 分布服从自由度 $n=2$ 的中心 χ^2 分布，

$$p_n(y)=\frac{1}{\sigma_I^n2^{\frac{n}{2}}\Gamma\left(\dfrac{n}{2}\right)}y^{\frac{n}{2}-1}\mathrm{e}^{\frac{-y}{2\sigma_I^2}}=\mathrm{chi2pdf}\left(\frac{y}{\sigma_I^2},n\right)\cdot\frac{1}{\sigma_I^2},\quad(y\geqslant 0)\tag{3-103}$$

在 $n=2$ 时，有

$$p_n(y)=\text{chi2pdf}\left(\frac{y}{\sigma_I^2},2\right)\cdot\frac{1}{\sigma_I^2},\quad(y\geqslant 0)\tag{3-104}$$

我们定义“虚警概率”为当信号不存在于当前搜索分格时但能量超过设定门限的概率；而“检测概率”为当信号存在于当前搜索分格中能量超过设定门限的概率。上述两个分布如图 3-21 所示，当以 E_t 作为判决门限时，虚警概率 $P_{\text{fa}}=\int_{E_t}^{\infty}p_n(x)\mathrm{d}x$，检测概率 $P_d=\int_{E_t}^{\infty}p_s(x)\mathrm{d}x$。图中，检测概率与虚警概率分别为两个阴影部分的面积。

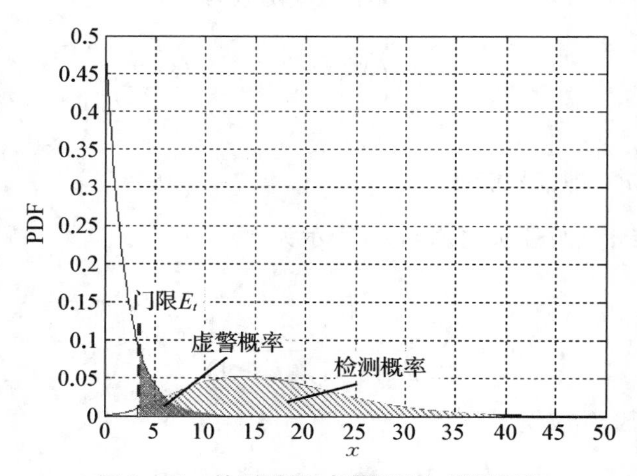

图 3-21　检测门限、虚警概率与检测概率

进一步地，可将二者表示为 $P_{\text{fa}}=1-C_n(E_t)$，$P_d=1-C_s(E_t)$。$C_n(\,)$、$C_s(\,)$ 分别为上述中心、非中心分布函数的累积分布函数(Cumulative Distribution Function，CDF)。

使用 Matlab 中的标准函数计算 CDF 时，调用形式如下

$$\begin{cases}C_s(y)=\text{ncx2cdf}\left(\dfrac{y}{\sigma_I^2},2,\dfrac{m_I^2+m_Q^2}{\sigma_I^2}\right),(y\geqslant 0)\\ C_n(y)=\text{chi2cdf}\left(\dfrac{y}{\sigma_I^2},2\right),\qquad(y\geqslant 0)\end{cases}\tag{3-105}$$

由于 $\dfrac{C}{N}=\dfrac{m_I^2+m_Q^2}{\sigma^2}$，而 $\sigma_I^2=\sigma_Q^2=\dfrac{1}{2}\sigma^2$，上式可写作

$$\begin{cases}C_s(y)=\text{ncx2cdf}\left(\dfrac{y}{\sigma_I^2},2,2\dfrac{C}{N}\right),(y\geqslant 0)\\ C_n(y)=\text{chi2cdf}\left(\dfrac{y}{\sigma_I^2},2\right),\qquad(y\geqslant 0)\end{cases}\tag{3-106}$$

下图为 $\dfrac{C}{n_0}=38$ dBHz、预检测积分时间 $T=1$ ms 时，有、无信号情况下的 PDF 以及设定不同检测门限时的 P_{fa} 与 P_d。

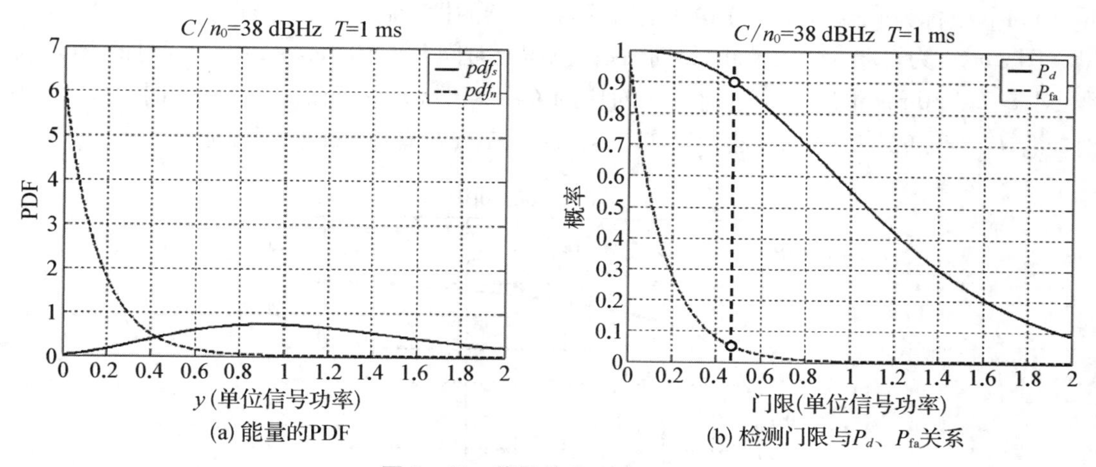

图 3 - 22　能量的 PDF 与 P_d、P_{fa}

从图中不难看出，随着检测门限的提高，虚警概率 P_{fa} 与检测概率 P_d 均呈下降趋势，但由于信号存在、不存在时 PDF 的差异，对于相同的门限增量，P_d 下降的幅度明显小于 P_{fa}。

由于每次虚警后，接收机立即开始一个验证过程以确定信号存在的正确性，而这一过程通常需要较长的时间，因此对一个性能优良的检测器的要求是，检测概率足够高，同时虚警概率足够低。以图 3 - 22 的数据为例，图 3 - 22(b) 中所标示的检测门限对应 $P_d = 90\%$，$P_{fa} = 5\%$，由于检测过程需要对数千甚至数万个码相位进行检测，以这一虚警概率计算，整个捕获过程将产生数十至数百次虚警。事实上，通常接受将 P_{fa} 设定为 10^{-6} 以下[14]。

为更直观地描述 P_{fa} 与 P_d 的关系，可将两者的关系以 ROC（Receiver Operative Characteristic）曲线加以描述，图 3 - 22 对应的 ROC 曲线如图 3 - 23 所示。与图 3 - 22(b) 相比，这一曲线更为清楚地反映了 P_{fa} 与 P_d 的对应关系，例如当设计要求 P_d 不低于 90% 时，可以看到 P_{fa} 不可能低于 5%，因此如果需要更小的 P_{fa}，需要改变信号处理过程的设计参数。

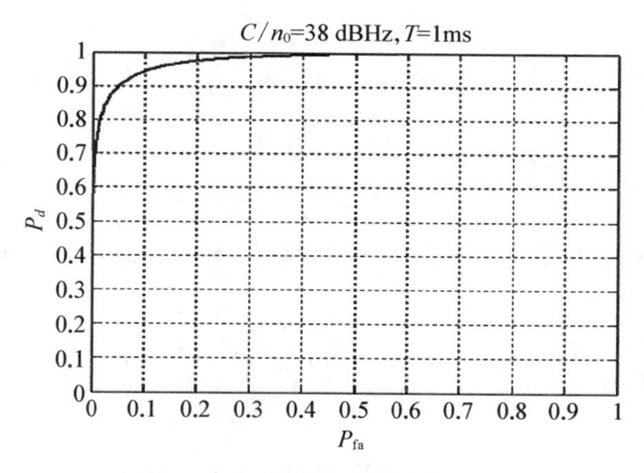

图 3 - 23　信号检测的 ROC 曲线

显然，最理想的检测希望当 $P_d = 1$ 时 $P_{fa} = 0$，由此可知，ROC 曲线越接近于[0，0]、[0，

1]、[1,1](坐标为 [P_{fa},P_d]) 连接成的折线,检测器的性能越好。

图 3-24 为 C/n_0=32.8 dBHz 时,预检测积分时间 T=10 ms,T=11 ms 时的 ROC 曲线,对于 T=10 ms 情况,P_d 达到 90%对应的 $P_{fa}=4\times10^{-6}$;而在 T=11 ms 时,P_d=90% 对应着 $P_{fa}=0.9\times10^{-6}$。显然,T=11 ms 比 T=10 ms 有更好的检测性能。

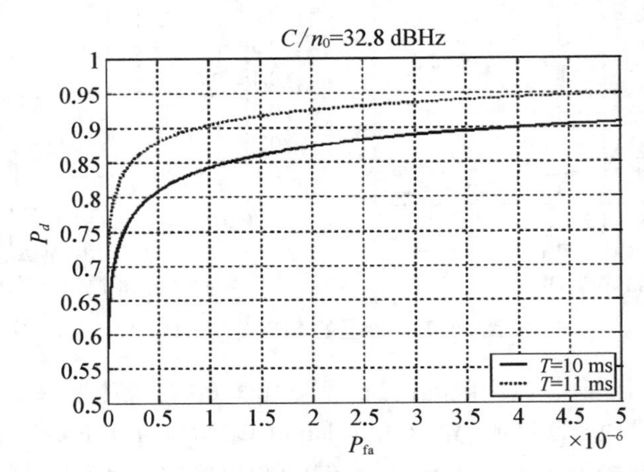

图 3-24　C/n_0=32.8 dBHz 两种预检测积分长度的 ROC 曲线

在接收机设计中,为使底层硬件或软件有较好的通用性,同时又可以根据实际信噪比采用较为灵活的算法以实现信号捕获及跟踪,相关器积分通常针对特定时长设计,例如,对于 GPS C/A 码信号,通常以 1 ms 的 C/A 码周期作为基本积分时长,即以复现码发生器的码段进位脉冲,对相关器的积分器进行采样、清零,从而获得一个码段的相关数据,之后再根据需要,以相干累加方法实现更长的预检测积分,或以非相干累加方法改善性能。

3.4.2　相干累加

在 3.2.3 节给出了相干累加与非相干累加的实现方法,由图 3-9(a)可知,I、Q 支路相关器输出为

$$I=\sum_{i=0}^{N-1}\int_{i\cdot T}^{(i+1)\cdot T}s_I(t)c(t)\mathrm{d}t=\int_0^{(N+1)\cdot T}s_I(t)c(t)\mathrm{d}t \tag{3-107}$$

$$Q=\sum_{i=0}^{N-1}\int_{i\cdot T}^{(i+1)\cdot T}s_Q(t)c(t)\mathrm{d}t=\int_0^{(N+1)\cdot T}s_Q(t)c(t)\mathrm{d}t \tag{3-108}$$

即相干累加与延长预检测积分时长等效。可得到有、无信号存在于当前分格时能量的 CDF 函数为

$$\begin{cases}C_s(y)=\mathrm{ncx2cdf}\left(\dfrac{y}{\sigma_I^2},2,\dfrac{(Nm_I)^2+(Nm_Q)^2}{N\sigma_I^2}\right), & (y\geqslant0)\\ C_n(y)=\mathrm{chi2cdf}\left(\dfrac{y}{N\sigma_I^2},2\right), & (y\geqslant0)\end{cases} \tag{3-109}$$

式中，m_I、m_Q 为预检测积分时长 T 信号相关幅度；相应地，Nm_I、Nm_Q 为预检测积分时长 NT 时信号的相关幅度，$N\sigma_I^2$ 为 I、Q 支路噪声功率。由于 I、Q 格 N 个数据累加后得到两格数据总功率，因此有、无信号时分布的自由度仍然是 2。通过图 3-24 可知，延长预检测积分时间(从 10 ms 延长到 11 ms)可以改善检测性能，而相干累加等效为延长预检测积分时间。

3.4.3　非相干累加

如 3.2.3 节所述，使用相干累加方法，等效于延长预检测积分时间，对应的，相关运算结果的 SNR 将随着相干累加段数的增加而线性增长，但与此同时，也会产生下列后果：

(1) 在某些信号中，存在着符号调制，而一个符号仅持续特定时长，超过这一时长，除非预先已知各符号，否则无法进行相干累加。例如 GPS C/A 码信号，在电文符号未知时，无法直接进行超过 20 ms 的相干累加。

(2) 延长预检测积分时间 T，会使频率搜索分格增加，主要原因是相关函数中的 $\sin c^2(\pi\Delta fT)$ 衰减项，对于同样的载波频率偏差 Δf，更大的 T 对应更小的相关输出。

(3) 在频率方面比增加搜索分格更严重的问题是，对于某些动态(主要是径向加速度)较大的情况，信号频率位于某一细小频率分格中的时间可能很短，以致小于预检测积分时间 T，这样，无论如何增加相干累加段数、减小频率搜索分格，均无法捕获信号。

以一个径向加速度 50 g(m/s^2)的情况为例，该信号频率变化率(1 575.42 MHz 频点)为 2 573 Hz/s，在 20 个 1 ms 积分段相干累加时，预检测积分时间 T=20 ms，在 T 内频率变化量约为 51.46 Hz，而此预检测积分时长下，有效的频率检测范围仅约 33 Hz。

(4) 某些导航信号采用了次级码(Secondary Code，也称“迭加码，Overlay Code”)，该码通常为一个扩频主码周期(码长通常为数十)的码序列，每个扩频主码周期对应一个次级码片。对于这样的信号，若采用相干累加方法，则需要在捕获扩频码、载波频率的同时，对信号次级码进行搜索，即各扩频码段需按各个次级码相位进行符号消除后再进行相干累加，这将使处理过程更加复杂，对于某些对设备实现复杂度较敏感的应用可能并不希望采用这一方式，特别是一些多系统兼容接收机，由于各系统信号次级码设计存在一定差异，次级码长度各不相同，使用相干累加方式改善捕获性能将使复杂度进一步增加。

如在 3.2.3 节所述，非相干累加的基本方法是将相关器顺次输出的 K 个复相关值 I_i+jQ_i 分别计算能量，再对能量求和得到总能量

$$E=\sum_{i=0}^{K-1}I_i^2+\sum_{i=0}^{K-1}Q_i^2 \tag{3-110}$$

得到总的累加能量 E 后，对其进行门限判决以实现信号的捕获。很明显，平方运算将消除数据符号、次级码符号的影响。同时，由于相关运算的预检测积分时间没有变化，因此频率偏差引入的衰减也较小。

在 K 段相关数据的非相干累加下，计算 E 时共有 $2K$ 个随机变量平方相加。这样，有、无信号存在于当前搜索分格时，E 的分布分别为自由度 $n=2K$ 的非中心 χ^2 分布与中心 χ^2 分布，概率密度函数分别为

$$p_s(y)=\frac{1}{\sigma_I^2}\cdot \text{ncx2pdf}\left(\frac{y}{\sigma_I^2},2K,\frac{\sum_{i=0}^{K-1}(m_I^2+m_Q^2)}{\sigma_I^2}\right),\quad (y\geqslant 0) \tag{3-111}$$

$$p_n(y)=\frac{1}{\sigma_I^2}\cdot \text{chi2pdf}\left(\frac{y}{\sigma_I^2},2K\right),\quad (y\geqslant 0) \tag{3-112}$$

与3.4.1节相同，式中σ_I为相关器输出的单个I或Q支路噪声方差，相关器输出的总噪声功率$N=2\sigma_I^2$。对于任意一个参与累加的分段i，有$m_{Ii}^2+m_{Qi}^2=C$，所以$\sum_{i=0}^{K-1}(m_{Ii}^2+m_{Qi}^2)=C\cdot K$，于是有$\frac{\sum_{i=0}^{K-1}(m_I^2+m_Q^2)}{\sigma_I^2}=\frac{C\cdot K}{\frac{N}{2}}=2K\frac{C}{N}$。又由$\frac{C}{N}=\frac{C}{n_0}T$，有信号存在情况的概率密度函数可进一步地记为

$$p_s(y)=\frac{1}{\sigma_I^2}\cdot \text{ncx2pdf}\left(\frac{y}{\sigma_I^2},2K,2K\frac{C}{n_0}T\right) \tag{3-113}$$

式中，T为单个积分段的预检测积分时间。而对于CDF，则有

$$\begin{cases} C_s(y)=\text{ncx2cdf}\left(\frac{y}{\sigma_I^2},2K,\frac{\sum_{i=0}^{K-1}(m_I^2+m_Q^2)}{\sigma_I^2}\right),(y\geqslant 0) \\ C_n(y)=\text{chi2cdf}\left(\frac{y}{\sigma_I^2},2K\right),\quad (y\geqslant 0) \end{cases} \tag{3-114}$$

利用前面的结果，有

$$\begin{cases} C_s(y)=\text{ncx2cdf}\left(\frac{y}{\sigma_I^2},2K,2K\frac{C}{n_0}T\right),(y\geqslant 0) \\ C_n(y)=\text{chi2cdf}\left(\frac{y}{\sigma_I^2},2K\right),\quad (y\geqslant 0) \end{cases} \tag{3-115}$$

进而可得到以y_{thr}为判决门限时，检测概率与虚警概率为

$$\begin{cases} P_d=1-\text{ncx2cdf}\left(\frac{y_{\text{thr}}}{\sigma_I^2},2K,2K\frac{C}{n_0}T\right),(y\geqslant 0) \\ P_{\text{fa}}=1-\text{chi2cdf}\left(\frac{y_{\text{thr}}}{\sigma_I^2},2K\right),\quad (y\geqslant 0) \end{cases} \tag{3-116}$$

图3-25是一个$\frac{C}{n_0}=35$ dBHz、预检测积分时间$T=2$ ms时，采用9个段进行非相干累加与仅采用一个段时检测性能的对比，为了使结果更加直观，给出了两种情况下信号存在、不存在时的能量PDF。计算中考虑2 dB的额外损耗。

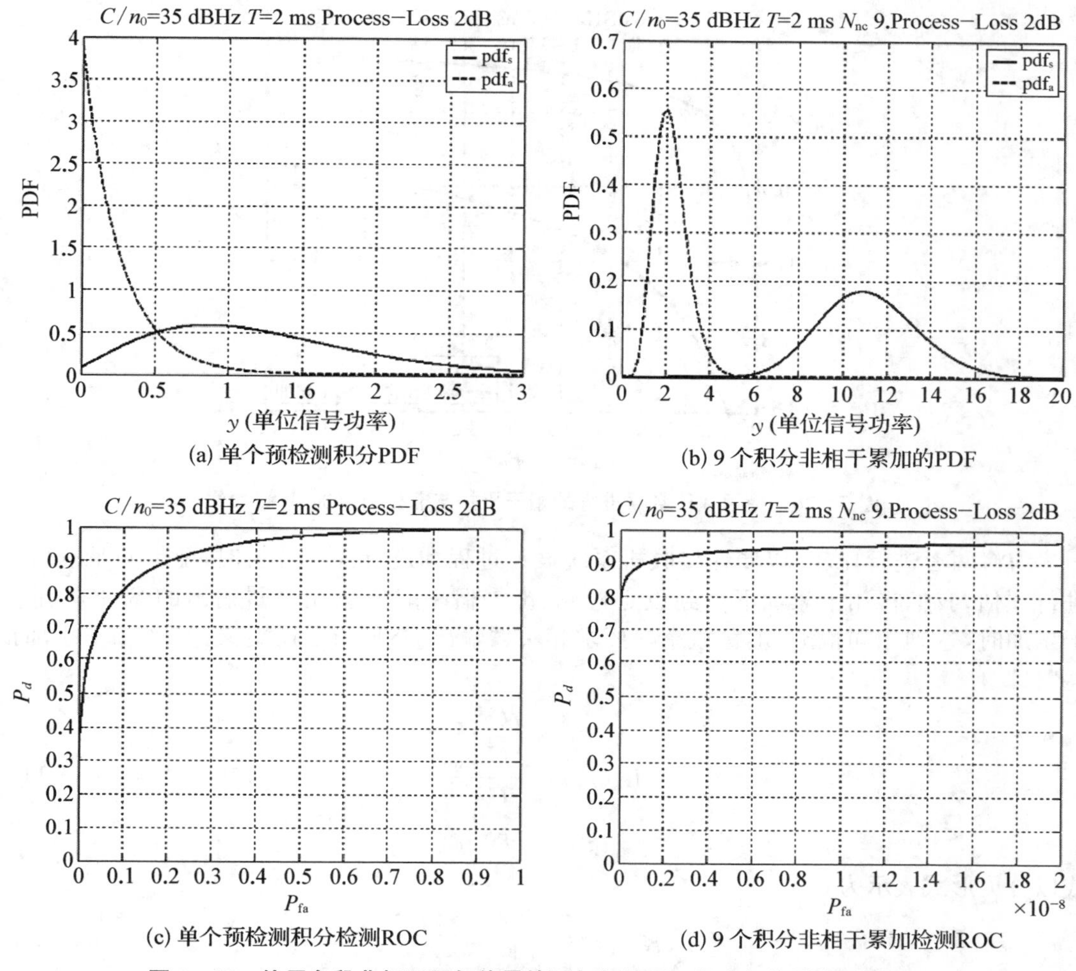

(a) 单个预检测积分PDF　(b) 9 个积分非相干累加的PDF

(c) 单个预检测积分检测ROC　(d) 9 个积分非相干累加检测ROC

图 3－25　使用多段非相干累加能量检测与仅使用一段进行能量检测的性能

从图 3－25(c)、(d)的 ROC 曲线中可以看出，当要求 $P_d=0.9$ 时，单个积分检测的 P_{fa} 仅达到 0.2，而 9 个非相干累加检测时 P_{fa} 仅为 1×10^{-5}。显然，通过非相干累加，可以使信号捕获性能得到明显的改善。

3.4.4　非相干累加损耗

通过 3.4.2 和 3.4.3 两节的方法，两种累加方式都可以改善信号捕获性能。与相干累加相比，非相干累加存在一定的优点，然而，在捕获性能方面也存在一定的不足。图 3－26 为 $C/n_0=36$ dBHz 时使用 4 个 1 ms 积分段进行相干与非相干累加时检测的 ROC 曲线。从图中可明显看出，在相干累加下，$P_d=0.9$ 时，P_{fa} 约为 5×10^{-5}，而在非相干累加方式下，相同的 P_d 对应的 P_{fa} 约为 1.4×10^{-3}，两者性能差距非常明显。

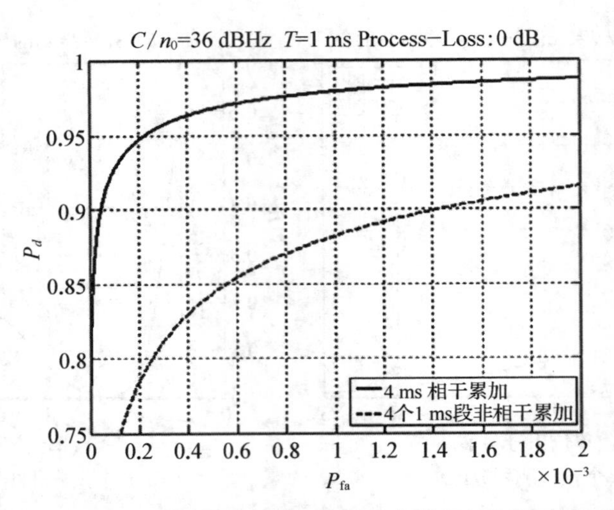

图 3-26　使用 4 段数据进行的相干累加与非相干累加 ROC 曲线

为将两者进行比较，以便在接收机系统设计过程和进行性能分析时，能够对捕获性能进行评估，我们将相干累加下达到设定检测、虚警概率时要求相关器输出的 SNR 与非相干累加时，达到相同检测、虚警概率时要求相关器输出 SNR 与之比定义为"非相干累加损耗"，即

$$L_i(K)=\frac{\left(\frac{C}{N}\right)_{\mathrm{co}}}{\left(\frac{C}{N}\right)_{\mathrm{nc}}} \tag{3-117}$$

或以分贝形式表示为

$$[L_i(K)]=\left[\frac{C}{N}\right]_{\mathrm{co}}-\left[\frac{C}{N}\right]_{\mathrm{nc}} \tag{3-118}$$

其中，

(1) $\left[\frac{C}{N}\right]_{\mathrm{co}}$ 为 K 个积分段相干累加时，单个积分段应达到的 SNR 门限。设 $\left[\frac{C}{N}\right]_{\mathrm{th}}$ 是达到给定的 P_d 与 P_{fa} 要求，K 个积分段相干累加后应达到的 SNR 门限，则 $\left[\frac{C}{N}\right]_{\mathrm{co}}=\left[\frac{C}{N}\right]_{\mathrm{th}}-10\lg K$。

(2) $\left[\frac{C}{N}\right]_{\mathrm{nc}}$ 为 K 非相干累加时，要达到同样的 P_d 与 P_{fa} 要求，每段积分应达到的门限。

例如，$P_d=0.9$、$P_{\mathrm{fa}}=10^{-6}$ 时，按单个积分计算，要求 $\left[\frac{C}{N}\right]_{\mathrm{th}}$ 应为 13.183 dB；在 $P_d=0.9$、$P_{\mathrm{fa}}=10^{-7}$ 时，$\left[\frac{C}{N}\right]_{\mathrm{th}}$ 应为 13.74 dB。这一单个积分可由 $K=4$ 个更短的积分通过累加实现，此时每段 $\left[\frac{C}{N}\right]_{\mathrm{co}}=7.162$、7.719 dB。按 4 个段进行非相干累加时，通过 2.4.3 节的方法

计算可得每段$\left[\frac{C}{N}\right]_{\text{nc}}$分别为8.245和8.731 dB，非相干累加损耗在$P_d=0.9$、$P_{\text{fa}}=10^{-6}$与$P_d=0.9$、$P_{\text{fa}}=10^{-7}$两种情况下分别为1.083和1.012。

通过3.4.1～3.4.3节介绍的χ^2分布的概率函数方法可以进行非相干累加损耗的计算，其基本步骤为

(1) 确定捕获性能，即P_d与P_{fa}；

(2) 计算满足给定P_d与P_{fa}指标的$\frac{C}{N}$，实现中可以给定一个$\frac{C}{N}$初值，通过数值方法计算满足P_{fa}时的门限值v，再计算v对应的P_d，根据得到的P_d与设定P_d关系调整C/N并再次计算，直至计算所得P_d与设定P_d一致。最后得到的$\frac{C}{N}$即为$\left[\frac{C}{N}\right]_{\text{th}}$；

(3) 结合累加段数K，按$\left[\frac{C}{N}\right]_{\text{s-co}}=\left[\frac{C}{N}\right]_{\text{th}}-10\lg K$计算相干累加下每段SNR，即$\left[\frac{C}{N}\right]_{\text{co}}$；

(4) 按累加段数K，计算非相干累加下每段信噪比$\left[\frac{C}{N}\right]_{\text{nc}}$，数值计算方法与第(2)步类似；

(5) 通过$\left[\frac{C}{N}\right]_{\text{co}}$与$\left[\frac{C}{N}\right]_{\text{nc}}$得到非相干累加损耗。

图3-27为计算得到的$P_d=0.9$、$P_{\text{fa}}=10^{-6}$下的$\left[\frac{C}{N}\right]_{\text{co}}$与$\left[\frac{C}{N}\right]_{\text{nc}}$对比，以及由此计算得到的$[L_i(K)]$。

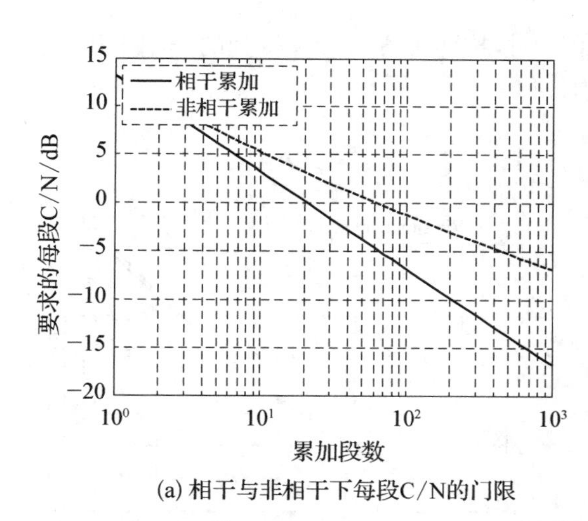

(a) 相干与非相干下每段C/N的门限

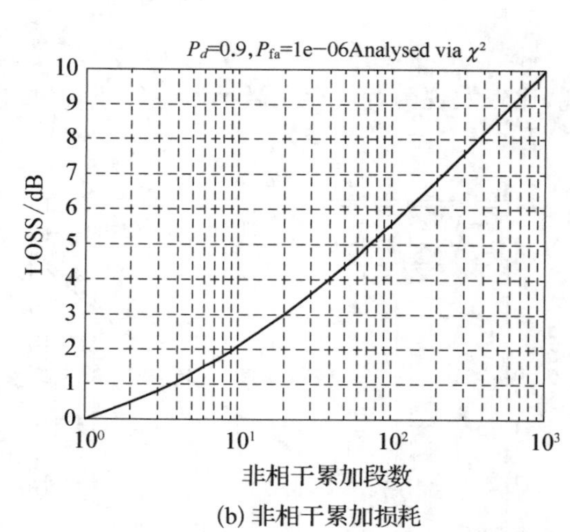

(b) 非相干累加损耗

图3-27 $P_d=0.9$, $P_{\text{fa}}=10^{-6}$下的每段C/N门限与非相干累加损耗

从图中曲线可以看出，随着非相干累加段数的增加，非相干累加损耗也增加。当使用$N=100$段累加时，SNR增益为$10\lg100=20$ dB，而从图中看出此时非相干损耗为5.5 dB，

即实际的等效 SNR 增量仅为 14.5 dB；而在 $N=1\,000$ 时，实现的 SNR 改善仅为 20 dB。即段数增加 10 倍，而仅使 SNR 改善了 5.5 dB。与此相比，$N=10$ 时，SNR 相对于 1 段时改善量为 $10\lg 10-2=8$ dB。

上述计算过程较为复杂。其他研究[3,23]则给出了一种较为简单的非相干积分损耗计算方法，定义检测因子为

$$D_c(1)=[\text{erfc}^{-1}(2P_{\text{fa}})-\text{erfc}^{-1}(2P_d)]^2 \tag{3-119}$$

其中，erfc^{-1} 为互补误差函数 erfc 的反函数，Matlab 提供 erfc^{-1} 的数值计算函数“erfcinv( )”，因此 $D_c(1)$ 的计算很简单。

利用得到的 $D_c(1)$，可计算 K 段相关值进行的非相干累加损耗为

$$L_i(K)=\frac{1+\sqrt{1+\dfrac{9.2K}{D_c(1)}}}{1+\sqrt{1+\dfrac{9.2}{D_c(1)}}}, \tag{3-120}$$

表示为 dB 形式为

$$[L_i(K)]=10\lg\left[\frac{1+\sqrt{1+\dfrac{9.2K}{D_c(1)}}}{1+\sqrt{1+\dfrac{9.2}{D_c(1)}}}\right]\text{dB} \tag{3-121}$$

当 K 很大时，

$$[L_i(K)]\approx 10\lg[\sqrt{K}]=5\lg(K) \tag{3-122}$$

图 3-28 为 $P_d=0.9$，P_{fa} 分别为 10^{-6}、10^{-7} 时，按两种方法计算得到的非相干积分损耗，比较发现两者仅存在微小误差(0.5 dB 以内)。

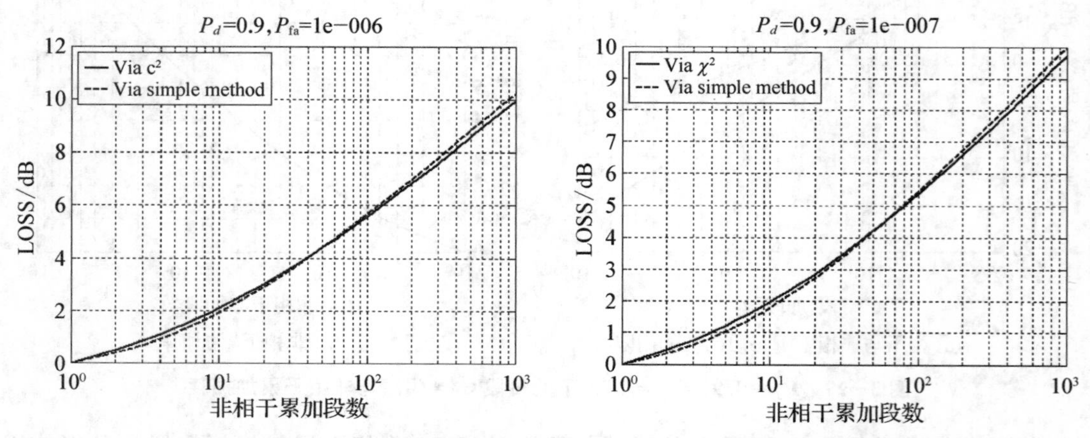

图 3-28　两种检测、虚警概率要求下的两种计算方法得到的非相干累加损耗

在进行接收机设计时，可根据信号强度要求、接收机噪声特性计算一段信号预检测积分输出的 $\left[\frac{C}{N}\right]$，之后选择不同的 K，并按 P_d、P_{fa} 要求计算对应的非相干损耗 $L_i(K)$，进而计算 K 段非相干累加后的等效 SNR 为 $\left[\frac{C}{N}\right]_e=\left[\frac{C}{N}\right]+10\lg K-L_i(K)$。若满足 $\left[\frac{C}{N}\right]_e \geqslant \left[\frac{C}{N}\right]_{th}$，则 K 段非相干积分的捕获性能可以达到设计要求的 P_d、P_{fa}。式中 $\left[\frac{C}{N}\right]_{th}$ 为单次积分时(或 K 段相干累加)满足 P_d、P_{fa} 要求的信噪比。

例如，要求 $C/n_0=35$ dBHz，预检测积分 $T=2$ ms，则可计算得到预检测积分输出 $\left[\frac{C}{N}\right]=8.01$ dB。要求 $P_d=0.9$，$P_{fa}=10^{-6}$，可计算得到相应的门限 $\left[\frac{C}{N}\right]_{th}=13.183$ dB。通过计算得到非相干损耗以及等效信噪比如表 3-1 所示(表中 $[L_i]$ 使用 χ^2 分布计算)。

表 3-1　非相干累加次数与等效 SNR

非相干累加段数 K	2	3	4	5	6
$[L_i]$	0.48	0.82	1.08	1.30	1.50
$10\lg K$	3.01	4.77	6.02	6.00	7.78
等效信噪比 $[C/N]_e$	10.54	11.96	12.94	13.70	14.30

从表中可见，$K<5$ 时，得到的等效 SNR 低于 $\left[\frac{C}{N}\right]_{th}$，因此 K 至少为 5 才能达到捕获性能要求。

3.4.5　复合导航信号的捕获问题

随着 20 世纪末、21 世纪初 GPS 现代化计划的开展以及 BDS、Galileo 等系统的建立，一些新的导航信号形式被提出。这些“新信号”区别于原来广泛使用的、传统的单一信号成分，导航信号的一个显著特征是，新信号是一种包含两个子信号的复合信号，两个子信号分别为导频信号(Pilot Signal，此类信号最早见于通信系统中，导航系统中此信号与数据信号通常采用相同的频率，但习惯上仍沿用通信系统内的这一称呼)与数据信号(Data signal)。导频信号对扩频码以确知序列(次级码序列)进行调制，而数据信号则以随机信息(导航电文)进行调制。

到目前为止，已提出并公开的信号体制中，导频信号与数据信号功率分配有两种：一是等功率分配方案，两种信号各占信号总功率的 1/2；另一种是 3∶1 分配方案，即导频信号功率占用信号功率的 3/4，而数据信号占用 1/4。

对于这样相对复杂的信号，捕获过程中有两个选项：一是利用导频信号和数据信号的全部功率，即进行两种信号的联合捕获；二是只利用两者之一，通常是导频信号，进行信号捕获。下图为两种捕获方式的实现框图，当单独信号成分捕获只进行导频信号捕获时，捕获方法与之前只有一个信号成分的传统导航信号相同。

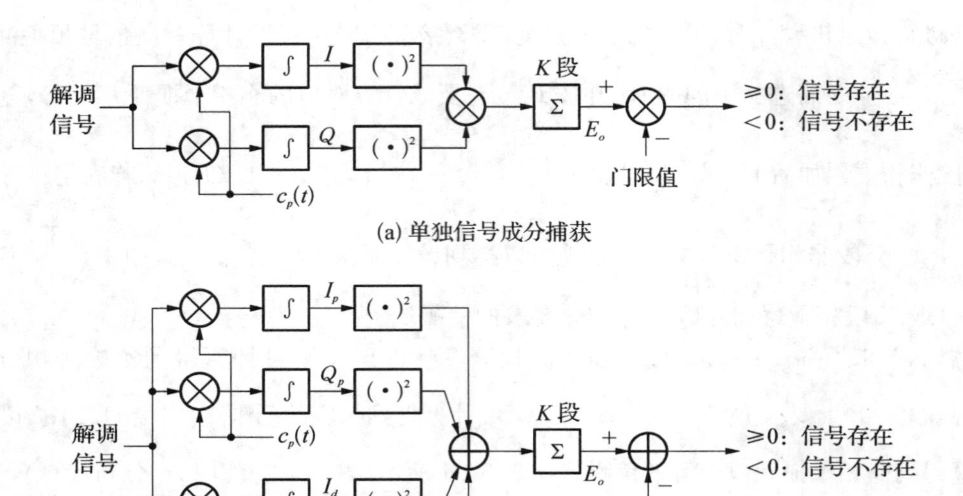

(a) 单独信号成分捕获

(b) 导频—数据信号联合捕获

图 3-29　单一信号成分捕获与联合捕获实现原理框图

由图 3-29(a)可知，当只对导频信号捕获并使用 K 段非相干累加时，能量 E_o 的概率密度函数为与上节相同的形式，即

$$\begin{cases} p_s(y)=\dfrac{1}{\sigma_I^2}\cdot \text{ncx2pdf}\left(\dfrac{y}{\sigma_I^2},2K,2K\dfrac{C_s}{n_0}T\right), & (y\geqslant 0) \\ p_n(y)=\dfrac{1}{\sigma_I^2}\cdot \text{chi2pdf}\left(\dfrac{y}{\sigma_I^2},2K\right), & (y\geqslant 0) \end{cases} \tag{3-123}$$

而门限 y_{thr} 下的检测、虚警概率为

$$\begin{cases} P_d=1-\text{ncx2cdf}\left(\dfrac{y_{\text{thr}}}{\sigma_I^2},2K,\dfrac{C_s}{n_0}T\right) \\ P_{\text{fa}}=1-\text{chi2cdf}\left(\dfrac{y_{\text{thr}}}{\sigma_I^2},2K\right) \end{cases} \tag{3-124}$$

区别仅在于信号式中以 $\dfrac{C_s}{n_0}$ 代替了 $\dfrac{C}{n_0}$，$\dfrac{C_s}{n_0}$ 为单一子信号的信号功率—噪声功率谱密度之比，它比复合信号(导频信号+数据信号)总 $\dfrac{C}{n_0}$ 低 3 dB(等功率分配)或 1.25 dB(3∶1 功率分配)。

而对于图 3-29(b)，设 4 个支路的积分时长相等，均为 T，则每段将有 4 个随机变量加入，因此有、无信号存在时，E_o 概率密度函数变为

$$p_s(y)=\frac{1}{\sigma_I^2}\cdot \mathrm{ncx2pdf}\left(\frac{y}{\sigma_I^2},4K,\frac{\sum_{i=0}^{K-1}(m_{I,p}^2+m_{Q,p}^2+m_{I,d}^2+m_{Q,d}^2)}{\sigma_I^2}\right),\quad (y\geqslant 0) \tag{3-125}$$

$$p_n(y)=\frac{1}{\sigma_I^2}\cdot \mathrm{chi2pdf}\left(\frac{y}{\sigma_I^2},4K\right),\quad (y\geqslant 0) \tag{3-126}$$

σ_I 为图中 4 个相关器输出中单一支路积分器输出的噪声方差。设单个积分段上导频、数据信号积分能量为 E_p 与 E_d，则 $E_p=m_{I,p}^2+m_{Q,p}^2$，$E_d=m_{I,d}^2+m_{Q,d}^2$。于是上式中

$$\frac{\sum_{i=0}^{K-1}(m_{I,p}^2+m_{Q,p}^2+m_{I,d}^2+m_{Q,d}^2)}{\sigma_I^2}=\frac{E_p\cdot K+E_d\cdot K}{\sigma_I^2}=\frac{E_p+E_d}{\sigma_I^2}\cdot K=K\cdot\left(\frac{E_p}{\sigma_I^2}+\frac{E_d}{\sigma_I^2}\right) \tag{3-127}$$

如果我们对图 3-29(b)只看导频信号或数据信号处理电路，而忽略另一个信号的处理电路，则有 $\frac{E_p}{\sigma_I^2}=2\cdot\frac{C_p}{n_0}T$ 以及 $\frac{E_d}{\sigma_I^2}=2\cdot\frac{C_d}{n_0}T$，$C_p$、$C_d$ 分别为接收导频信号、接收数据信号的功率，而 T 为单个积分段的预检测积分时间。那么可以继续上式的推导

$$K\cdot\left(\frac{E_p}{\sigma_I^2}+\frac{E_d}{\sigma_I^2}\right)=K\cdot\left(2\cdot\frac{C_p}{n_0}T+2\cdot\frac{C_d}{n_0}T\right)=2K\cdot\left(\frac{C_p}{n_0}T+\frac{C_d}{n_0}T\right)=2K\cdot\left(\frac{C_p+C_d}{n_0}T\right)=2K\frac{C}{n_0}T \tag{3-128}$$

$\frac{C}{n_0}$ 为总的复合信号功率与噪声功率谱密度之比，这样，有信号存在情况的概率密度函数可进一步地记为

$$p_s(y)=\frac{1}{\sigma_I^2}\cdot \mathrm{ncx2pdf}\left(\frac{y}{\sigma_I^2},4K,2K\frac{C}{n_0}T\right) \tag{3-129}$$

由此可见，对于由两个成分构成的复合信号进行联合捕获并进行 K 段非相干累加得到的能量，其分布也是 χ^2 分布，其概率密度函数与单一成分信号相比，仅是分布的“自由度”$2K$ 增加至 $4K$。同时，在联合捕获时，多段非相干累加能量的分布只与段数、单一支路的噪声功率(方差)、C/n_0 以及单段预检测积分时间 T 有关，而与两个信号成分的功率分配没有关系。

$$p_s(y)=\frac{1}{\sigma_I^2}\cdot \mathrm{ncx2pdf}\left(\frac{y}{\sigma_I^2},4K,2K\frac{C}{n_0}T\right)=\frac{1}{\sigma_I^2}\cdot \mathrm{ncx2pdf}\left(\frac{y}{\sigma_I^2},2\cdot(2K),2\cdot(2K)\cdot\frac{1}{2}\frac{C}{n_0}T\right) \tag{3-130}$$

令 $K'=2K$，则有

$$p_s(y)=\frac{1}{\sigma_I^2}\cdot \text{ncx2pdf}\left(\frac{y}{\sigma_I^2},4K,2K\frac{C}{n_0}T\right)=\frac{1}{\sigma_I^2}\cdot \text{ncx2pdf}\left(\frac{y}{\sigma_I^2},2K',2K'\cdot\frac{C/2}{n_0}T\right) \tag{3-131}$$

而在信号不存在时，

$$p_n(y)=\frac{1}{\sigma_I^2}\cdot \text{chi2pdf}\left(\frac{y}{\sigma_I^2},4K\right)=\frac{1}{\sigma_I^2}\cdot \text{chi2pdf}\left(\frac{y}{\sigma_I^2},2K'\right) \tag{3-132}$$

由以上两式可知，对由两个子信号构成的复合信号联合捕获并进行 K 段非相干时，其能量分布与单一成分信号进行 $2K$ 段累加同时 C/n_0 下降 1/2 时的分布相同。这一点很好理解，因为在两成分等功率分配时，每个子信号自身的 C/n_0 为复合信号 C/n_0 的 1/2，而参与累加过程时的随机变量数则由 $2K$ 个增加至 $4K$ 个。

这样，当以 3.4.4 节的简化方法计算特定 P_d、P_{fa} 要求下复合信号联合捕获时，非相干累加段数对应的非相干累加损耗，只需将累加段数 K 变为 $2K$ 即可。

进一步地，可得到 K 段非相干累加能量 E 的 CDF 函数

$$\begin{cases} C_s(y)=\text{ncx2cdf}\left(\dfrac{y}{\sigma_I^2},4K,\dfrac{\sum\limits_{i=0}^{K-1}(m_{I,p}^2+m_{Q,p}^2+m_{I,d}^2+m_{Q,d}^2)}{\sigma_I^2}\right), & (y\geqslant 0) \\ C_n(y)=\text{chi2cdf}\left(\dfrac{y}{\sigma_I^2},4K\right) \end{cases} \tag{3-133}$$

并由 $\dfrac{\sum\limits_{i=0}^{K-1}(m_{I,p}^2+m_{Q,p}^2+m_{I,d}^2+m_{Q,d}^2)}{\sigma_I^2}=2K\dfrac{C}{n_0}T$，有

$$\begin{cases} C_s(y)=\text{ncx2cdf}\left(\dfrac{y}{\sigma_I^2},4K,2K\dfrac{C}{n_0}T\right), & (y\geqslant 0) \\ C_n(y)=\text{chi2cdf}\left(\dfrac{y}{\sigma_I^2},4K\right), & (y\geqslant 0) \end{cases} \tag{3-134}$$

进而可得到以 y_{thr} 为判决门限时，检测概率与虚警概率为

$$\begin{cases} P_d=1-\text{ncx2cdf}\left(\dfrac{y}{\sigma_I^2},4K,2K\dfrac{C}{n_0}T\right) \\ P_{fa}=1-\text{chi2cdf}\left(\dfrac{y_{thr}}{\sigma_I^2},4K\right) \end{cases} \tag{3-135}$$

图 3-30 为在功率分配比为 3∶1、1∶1 时，单独使用复合信号的导频信号捕获、联合捕获相对于单一成分信号、相干累加方法的非相干累加损耗，同时为了进行比较，也画出了单一成分信号非相干累加损耗。为直观起见，在仅使用复合信号的导频信号捕获计算时，将其 C/n_0 的下降计入非相干累加损耗。

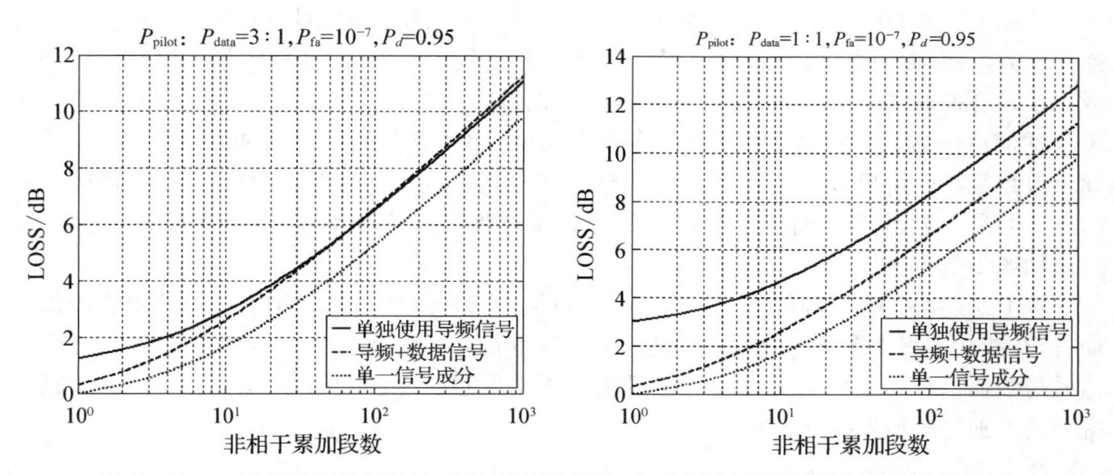

图3-30 不同功率分配方案下，单独使用导引信号与全部信号能量捕获非相干累加损耗

由图可知，对于相同累加段数 K，无论哪种功率分配比的复合信号，联合捕获或对单一组成成分捕获，其非相干累加损耗均大于由单一成分构成的信号。

对于导频信号、数据信号 1∶1 功率分配的情况，从合成能量的计算方法可知，使用 K 段导频信号能量累加和 K 段数据信号能量累加相加，与使用 $2K$ 段导频信号能量（或 $2K$ 段数据信号能量）相加所获得的合成能量的分布完全相同，因此单纯从信号检测的性能来看两者等效。从捕获处理运算量上来看，两者运算量相同，但由于后者要利用 $2K$ 个信号段进行计算，要求信号保持在某个搜索分格上更长的时间，这进一步限制了信号的频率变化率与码相位滑动速率，因此对于这类信号，通常采用联合捕获方式。

对于导频信号、数据信号功率比 3∶1 的情况，我们首先对单独导频捕获与联合捕获计算段数 K 所对应的 SNR 增益：

$$G(K)=10\lg(K)-L_i(K) \tag{3-136}$$

其中，$L_i(K)$ 为段数 K 对应的非相干损耗。设单独导频捕获时 SNR 增益为 $G_{\text{pilot}}(K)$，而联合捕获时为 $G_{\text{unit}}(K)$，则于某个 K_{unit}，取其对应的 $G_{\text{unit}}(K_{\text{unit}})$。之后找到一个使 $G_{\text{pilot}}(K_{\text{pilot}})$ 大于 $G_{\text{unit}}(K_{\text{unit}})$ 的最小 K_{pilot}，则可得到如图 3-31 所示的关系。

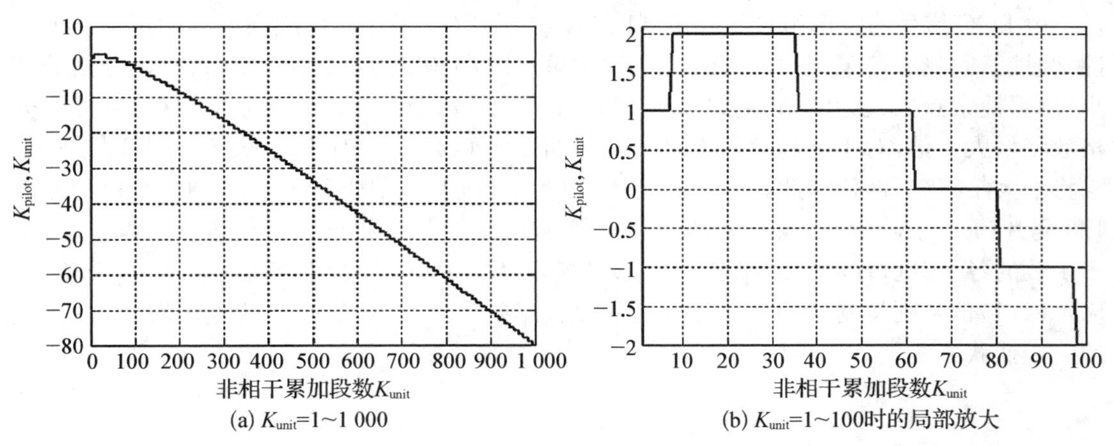

图3-31 $K_{\text{pilot}}-K_{\text{unit}}$ 与 K_{unit} 对应关系

从图中可知，在非相干累加段数 $K_{unit} \leqslant 61$ 时，仅使用导频信号捕获所需段数多于联合捕获所需段数，而超过此值后，仅使用导频信号进行捕获所需要的非相干累加段数反而等于或小于联合捕获。另一方面，由图 3-31(b)可以看出，在 $K_{pilot} - K_{unit} > 0$ 的区域，$K_{pilot} - K_{unit}$ 的值也仅为 1 或 2，即单独导频捕获所需非相干累加段数仅比联合捕获段数多 1～2 段。除了段数很小的情况，这一数值相对于总的非相干累加段数是很小的，因此不会造成明显的影响。而另一方面，联合捕获需要同时处理导频与数据信号，相比仅处理导频信号，其运算量增加约 1 倍。

综上所述，采用“导频信号＋数据信号”这种复合信号设计，相对于单一成分构成的信号而言，在捕获过程中会承受更大的损耗。对于这种信号的两种典型的功率分配方案，当导频信号与数据信号功率比为 1∶1 时，宜采用联合捕获方案；而对于 3∶1 的功率分配比，则适宜采用单独导频信号捕获方案。

3.5　BOC 导航信号的捕获

BOC 信号是一种“特殊的 BPSK 信号”，其基本构成单元是与 BPSK 信号相同的矩形脉冲，但 BOC 中矩形脉冲的安排具有一定的规律性，这最终使其频谱、自相关函数表现出与 BPSK 信号不同的特性(图 3-32)。

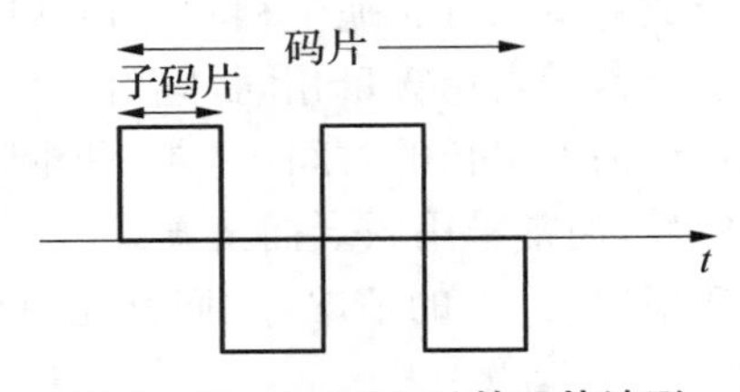

图 3-32　BOC(2,1)的码片波形

正是由于 BOC 信号是一种特殊的 BPSK 信号，对于 BOC 信号的捕获，我们很自然地想到了 BPSK 信号的捕获方法——以一定间隔进行时间分格，再获取各个时间分格上的相关能量。但是，BOC 信号与 BPSK 信号的差异性使得上述方法在应用时会出现一些问题。

由 BOC 信号的波形很自然联想到以 1/2 子码片(子码片即构成副载波的单个矩形脉冲)为搜索间隔。若采用这一方法，对于相同的时间不确定范围，由于时间搜索分格的减小，使得搜索点数大为增加，例如 BOC(2,1)情况下，每个码片内包含 4 个子码片，搜索分格数将增大 4 倍，对于更高阶的 BOC 调制，如 BOC(14,2)相对于 BPSK(2)，时间搜索分格将增大 14 倍。即便如此，图 3-33 BPSK 以 1/2 码片间隔进行搜索，BOC(2,1)信号以 1/8 码片(1/2 子码片)间隔搜索，从图 3-33 所示的相关函数与归一化能量可以看出，由于函数的各主、副峰间的斜率较大，在最差情况下，BPSK 信号仅受到约 2.5 dB 损耗，而 BOC(2,1)信号则将受到约 5 dB 损耗。因此，需要针对 BOC 信号的特点，设计更加高效的信号捕获方法。

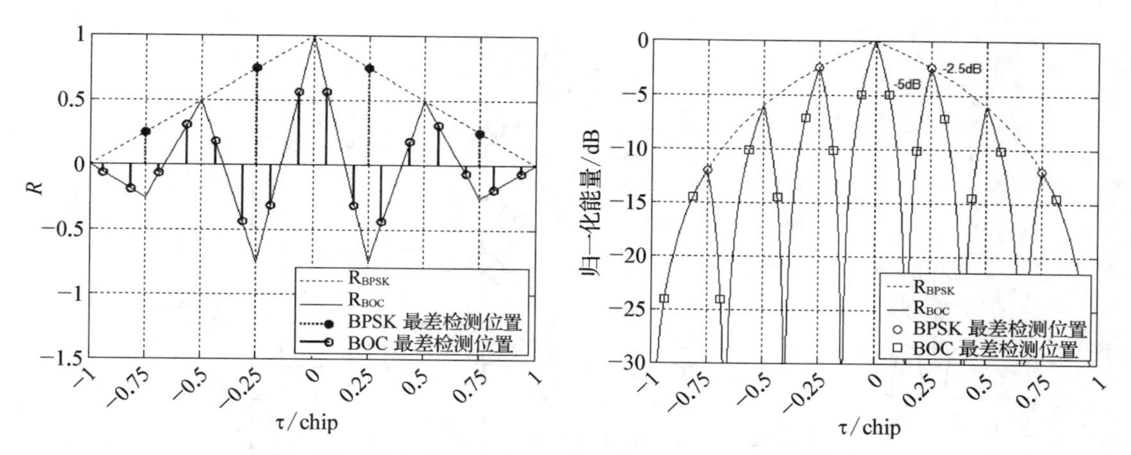

图 3-33　BPSK 与 BOC(2,1)信号的最差情况下的检测相位

3.5.1　SSB 法

单边带法(SSB,某些文献中也称之为“双边带法”,即 DSB)是在 BOC 调制时提出的早期捕获方法,此方法利用 BOC 信号的频谱特性,将其频谱的上、下边带以滤波器分离,这样将得到两个独立扩频码速率均为 BOC 扩频码速率的 BPSK 信号,之后对上、下两个边带分别进行相关运算,再将两者能量相加作为判决结果[24,25]。如图 3-34 所示。由于该方法对于上、下两个边带均采用 BPSK 信号的处理方法,也称为“BPSK-Like 方法”[26]。

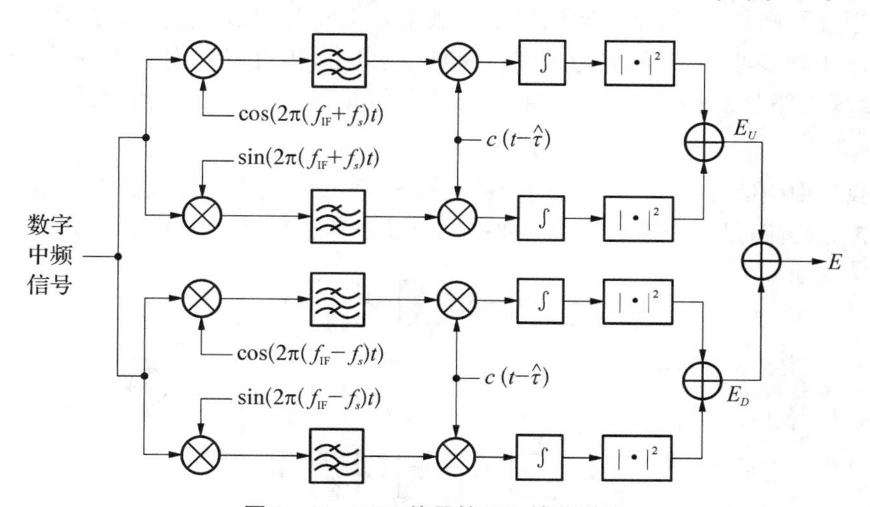

图 3-34　BOC 信号的 SSB 捕获方法

Heiries 等[26]认为上述滤波器是不需要的,其建议的 BPSK-Like 方法如图 3-35 所示。为便于理解,图中也画出了处理节点上信号频谱的示意图。不难发现,此实现仅仅是去掉了图 3-34 两支路中的带通滤波器。

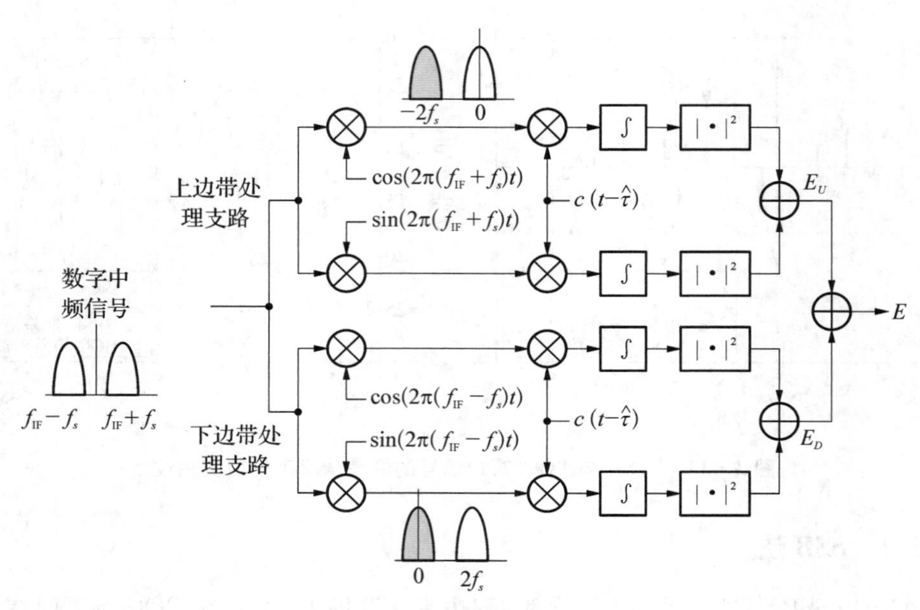

图 3-35 简化的 SSB 方法

图 3-35 中,下变频后的数字信号中频频率为 f_{IF},BOC 信号频谱则集中于 f_{IF} 两边各以副载波频率 f_s 为中心的两个频带内。使用两个频率 $f_{IF}+f_s$、$f_{IF}-f_s$ 对中频信号进行变频后,上边带处理支路中,中频信号的上边带变到了 0 频附近,下边带中心频率变为 $-2f_s$;而下边带处理支路则相反,数字中频信号中下边带移至 0 频附近,上边则移至 $2f_s$ 为中心的频带内。由于副载波频率 f_s 均为 1.023 MHz 或以上,因此在积分后几乎完全消除。这样,两个处理支路分别得到了上、下边带的信号能量 E_U 与 E_D,求和后即可得到信号总能量。

设接收的中频信号 $s(t)=c(t)sc(t)e^{j2\pi f_{IF}t}$,其中 $c(t)$ 为下个已调制有数据符号或次级码的基带扩频码流,是一个矩形脉冲序列;$sc(t)$ 为二进制副载波序列。

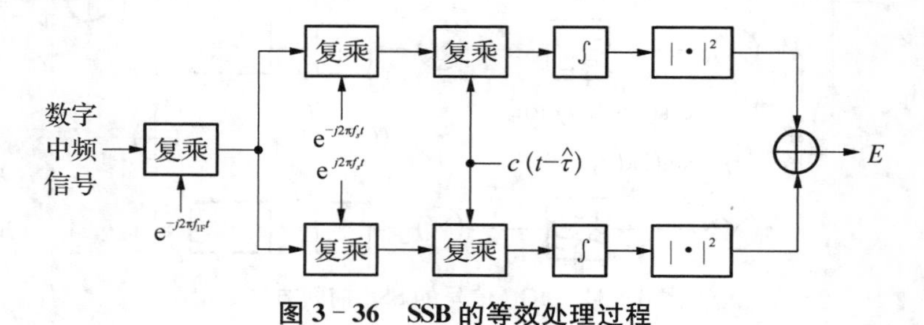

图 3-36 SSB 的等效处理过程

对 $s(t)$ 以先以 f_{IF} 进行下变频,即用 $s(t)$ 与 $(e^{j2\pi f_{IF}t})^*$ 进行复乘,得到

$$s_b(t)=s(t)\cdot e^{-j2\pi f_{IF}t}=c(t)sc(t) \tag{3-137}$$

进而对 $s_b(t)$ 以 f_s 下变频,得到

$$s_U(t)=s_b(t)\cdot[e^{j2\pi f_s t}]^*=c(t)sc(t)e^{-j2\pi f_s t} \tag{3-138}$$

而 $s_b(t)$ 以 $-f_s$ 下变频，得到

$$s_D(t)=s_b(t)\cdot(\mathrm{e}^{-j2\pi f_s t})^*=c(t)sc(t)\mathrm{e}^{j2\pi f_s t} \tag{3-139}$$

这两路信号与复现码 $c(t-\hat{\tau})$ 相乘再在区间$[t_0,t_1]$上积分，得到

$$s_{U,I}=\int_{t_0}^{t_1}s_U(t)\mathrm{d}t=\int_{t_0}^{t_1}[c(t)sc(t)\mathrm{e}^{-j2\pi f_s t}\cdot c(t-\hat{\tau})]\mathrm{d}t \tag{3-140}$$

与

$$s_{D,I}=\int_{t_0}^{t_1}s_D(t)\mathrm{d}t=\int_{t_0}^{t_1}[c(t)sc(t)\mathrm{e}^{j2\pi f_s t}\cdot c(t-\hat{\tau})]\mathrm{d}t \tag{3-141}$$

可得到两路信号能量之和

$$\begin{aligned}E&=|S_{U,I}|^2+|S_{D,I}|^2\\&=\left|\int_{t_0}^{t_1}[c(t)\cdot c(t-\hat{\tau})sc(t)\mathrm{e}^{-j2\pi f_s t}]\mathrm{d}t\right|^2+\left|\int_{t_0}^{t_1}[c(t)\cdot c(t-\hat{\tau})sc(t)\mathrm{e}^{j2\pi f_s t}]\mathrm{d}t\right|^2\end{aligned} \tag{3-142}$$

由

$$\begin{aligned}\int_{t_0}^{t_1}[c(t)\cdot c(t-\hat{\tau})sc(t)\mathrm{e}^{-j2\pi f_s t}]\mathrm{d}t&=\int_{t_0}^{t_1}[c(t)\cdot c(t-\hat{\tau})sc(t)\cos(2\pi f_s t)]\mathrm{d}t\\&\quad-j\int_{t_0}^{t_1}[c(t)\cdot c(t-\hat{\tau})sc(t)\sin(2\pi f_s t)]\mathrm{d}t\end{aligned} \tag{3-143}$$

可知

$$\begin{aligned}\left|\int_{t_0}^{t_1}[c(t)\cdot c(t-\hat{\tau})sc(t)\mathrm{e}^{-j2\pi f_s t}]\mathrm{d}t\right|^2&=\left[\int_{t_0}^{t_1}c(t)\cdot c(t-\hat{\tau})sc(t)\cos(2\pi f_s t)\mathrm{d}t\right]^2\\&\quad+\left[\int_{t_0}^{t_1}c(t)\cdot c(t-\hat{\tau})sc(t)\sin(2\pi f_s t)\mathrm{d}t\right]^2\end{aligned} \tag{3-144}$$

相应地

$$\begin{aligned}\left|\int_{t_0}^{t_1}[c(t)\cdot c(t-\hat{\tau})sc(t)\mathrm{e}^{j2\pi f_s t}]\mathrm{d}t\right|^2&=\left[\int_{t_0}^{t_1}c(t)\cdot c(t-\hat{\tau})sc(t)\cos(2\pi f_s t)\mathrm{d}t\right]^2\\&\quad+\left[\int_{t_0}^{t_1}c(t)\cdot c(t-\hat{\tau})sc(t)\sin(2\pi f_s t)\mathrm{d}t\right]^2\end{aligned} \tag{3-145}$$

于是有

$$\begin{aligned}E&=2\left[\int_{t_0}^{t_1}c(t)\cdot c(t-\hat{\tau})sc(t)\cos(2\pi f_s t)\mathrm{d}t\right]^2+2\left[\int_{t_0}^{t_1}c(t)\cdot c(t-\hat{\tau})sc(t)\sin(2\pi f_s t)\mathrm{d}t\right]^2\\&=2\left[\int_{t_0}^{t_1}s_b(t)\cdot c(t-\hat{\tau})\cos(2\pi f_s t)\mathrm{d}t\right]^2+2\left[\int_{t_0}^{t_1}s_b(t)\cdot c(t-\hat{\tau})\sin(2\pi f_s t)\mathrm{d}t\right]^2\end{aligned} \tag{3-146}$$

其中的系数“2”只影响着 E 的幅度，因此可将其忽略。这样，可以将 SSB 的处理过程变形为如图 3－37 所示的处理过程，而由这一过程即可得到下节的子载波剥离（Sub Carrier Cancellation，SCC）捕获方法。

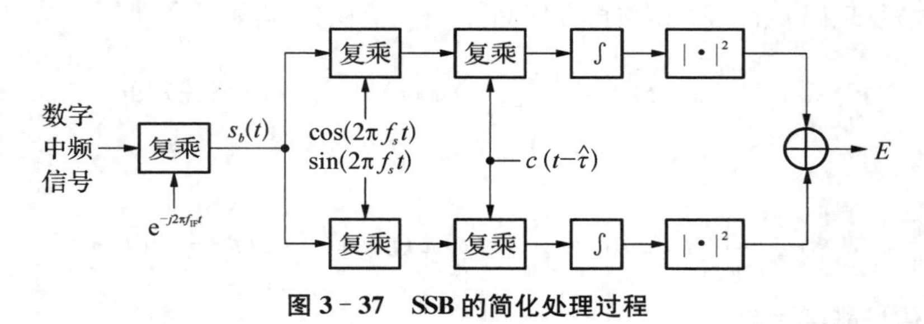

图 3－37　SSB 的简化处理过程

3.5.2　SCC 法

另一种捕获方法最初作为 BOC 信号的跟踪方法由 Ward 提出[27]，后被作为一种捕获方法，称为 SCC 方法[26]。该方法中，首先在接收机中需要产生一对相差为 1/4 副载波周期 T_{sc} 的复现正交副载波，如图 3－38 所示，分别记为 $s(t)$、$s\left(t-\frac{T_{sc}}{4}\right)$。两者分别与复现扩频码相乘，得到两个基带复现信号：

$$c_I(t)=s(t-\hat{\tau})c(t-\hat{\tau}) \tag{3-147}$$

$$C_Q(t)=s\left(t-\frac{T_{sc}}{4}-\hat{\tau}\right)c(t-\hat{\tau}) \tag{3-148}$$

式中，$\hat{\tau}$ 为接收机估计的传输时延。

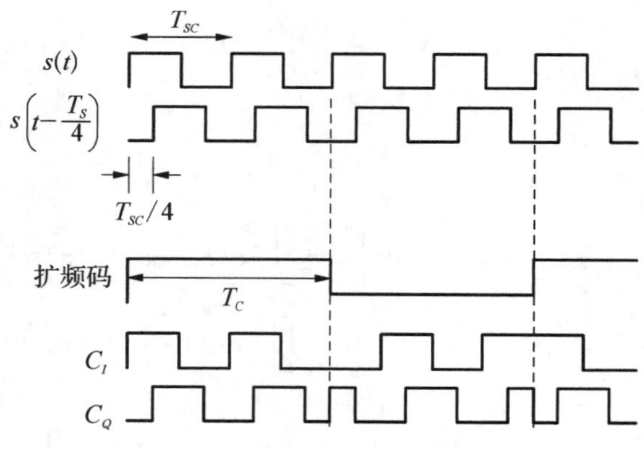

图 3－38　副载波、正交副载波与扩频码

设接收信号为 $S(t)=A\cdot c(t-\tau)s(t-\tau)\cos(2\pi f_{IF}t+\phi)$，其中 τ 为传输时延。SCC 方法的原理框图如图 3－39 所示。

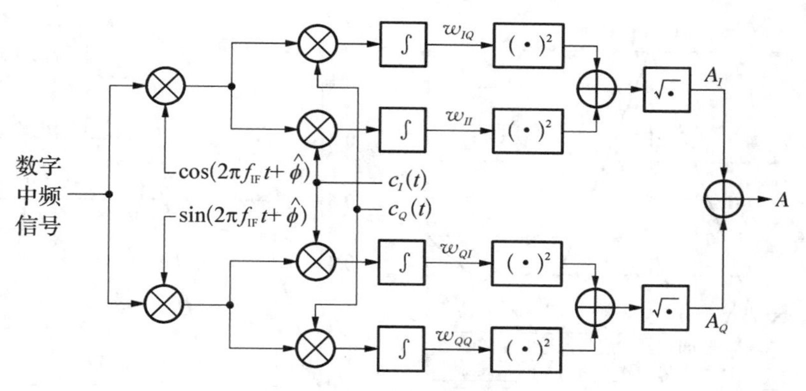

图 3-39　SCC 信号捕获方式

接收信号经正交复现载波变频后，同相、正交成分分别输入 4 个相关器，分别与 $c_I(t)$、$c_Q(t)$ 进行相关，设 $R_c(\tau-\hat{\tau})$ 为复现码与信号码的相关函数，$R_s(\tau-\hat{\tau})$ 为复现副载波与信号副载波的相关函数，则得到的 4 个相关结果为

$$w_{II}=A\cos(\phi-\hat{\phi})R_c(\tau-\hat{\tau})R_s(\tau-\hat{\tau}) \tag{3-149}$$

$$w_{QI}=A\sin(\phi-\hat{\phi})R_c(\tau-\hat{\tau})R_s(\tau-\hat{\tau}) \tag{3-150}$$

$$w_{IQ}=A\cos(\phi-\hat{\phi})R_c(\tau-\hat{\tau})R_s\left(\tau-\hat{\tau}-\frac{T_{\mathrm{sc}}}{4}\right) \tag{3-151}$$

$$w_{QQ}=A\sin(\phi-\hat{\phi})R_c(\tau-\hat{\tau})R_s\left(\tau-\hat{\tau}-\frac{T_{\mathrm{sc}}}{4}\right) \tag{3-152}$$

进而可得到

$$A_I(\tau-\hat{\tau})=\sqrt{w_{II}^2+w_{QI}^2}=A\cdot|R_c(\tau-\hat{\tau})R_s(\tau-\hat{\tau})|=A\cdot|R_I(\tau_e)| \tag{3-153}$$

$$A_Q(\tau-\hat{\tau})=\sqrt{w_{IQ}^2+w_{QQ}^2}=A\cdot\left|R_c(\tau-\hat{\tau})R_s\left(\tau-\hat{\tau}+\frac{T_{\mathrm{sc}}}{4}\right)\right|=A\cdot|R_Q(\tau_e)| \tag{3-154}$$

式中 $\tau_e=\tau-\hat{\tau}$，为时延误差。同相复现基带信号、正交复现基带信号与接收基带信号的相关函数分别为

$$R_I(\tau_e)=R_c(\tau_e)R_s(\tau_e) \tag{3-155}$$

$$R_Q(\tau_e)=R_c(\tau_e)R_s\left(\tau_e-\frac{T_{\mathrm{sc}}}{4}\right) \tag{3-156}$$

将 A_I 与 A_Q 相加，得到最终的信号包络 A，通过对该幅值进行门限判决以实现信号的存在性检测。图 3-40 为 BOC(1,1)、BOC(2,1)、BOC(6,1)调制下 $R_I(\tau_e)$、$R_Q(\tau_e)$，以及合成的相关函数 $|R_I(\tau_e)|+|R_Q(\tau_e)|$。作为对比，也画出了 BPSK 信号的相关函数。

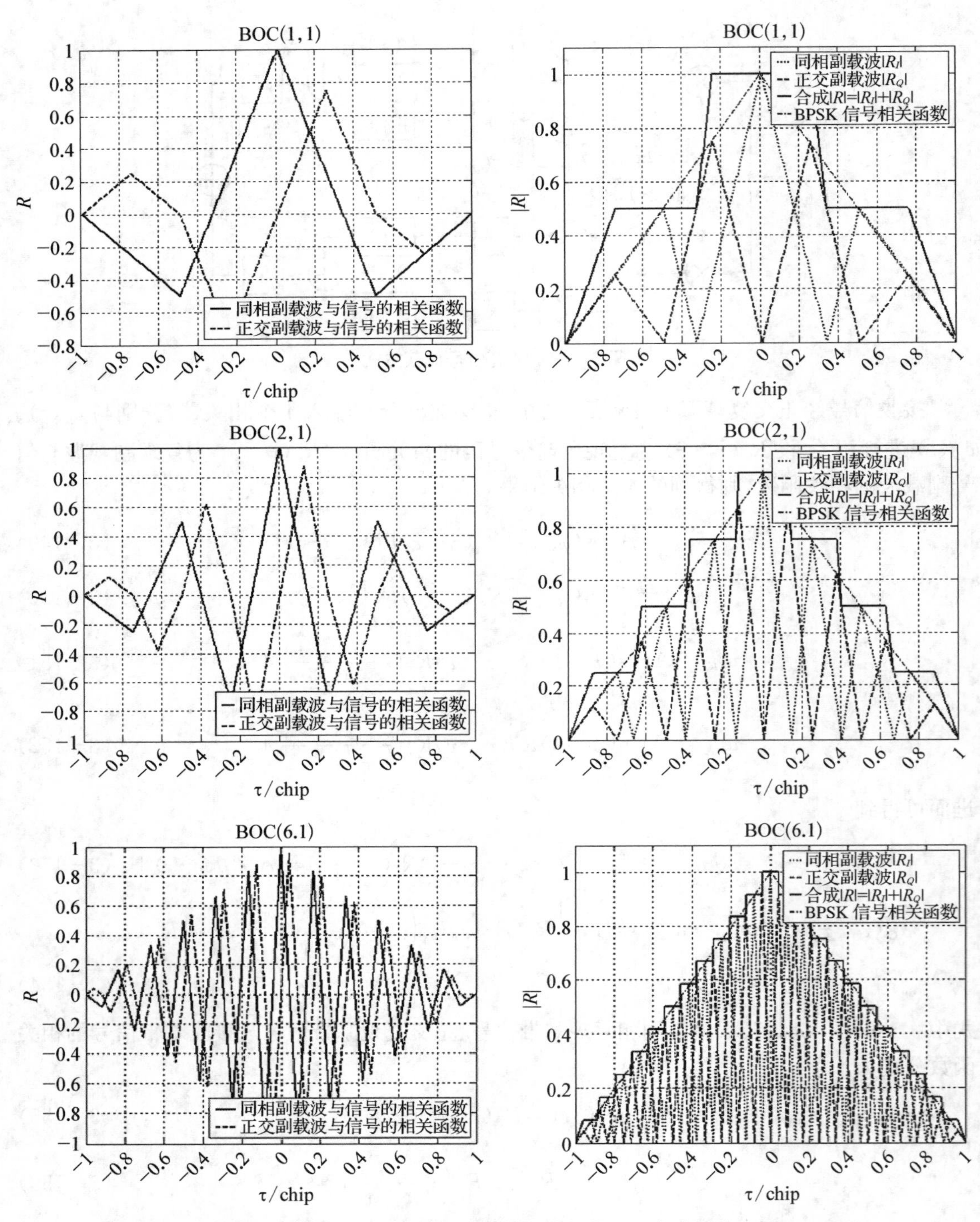

图 3-40　SCC 方法下单一支路的相关函数以及合成相关函数

从图中不难看出，合成相关函数与 BPSK 信号的相关函数很接近，且副载波阶数（副载波频率与码速率之比）越高，接近程度越高。

若以 $\frac{T_c}{2}$ 为搜索间隔，则搜索分格中心点的偏差 τ 不超过 $\frac{T_c}{4}$。图 3-41 为 BOC(6,1) 信号捕获电路输出的归一化能量(A^2)，在 $\tau=\left[-\frac{T_c}{4},\frac{T_c}{4}\right]$ 区间内，BOC(6,1)最大损耗约为 2.5 dB，这与 BPSK 信号在 $\pm\frac{T_c}{4}$ 偏差情况下的损耗基本相同。

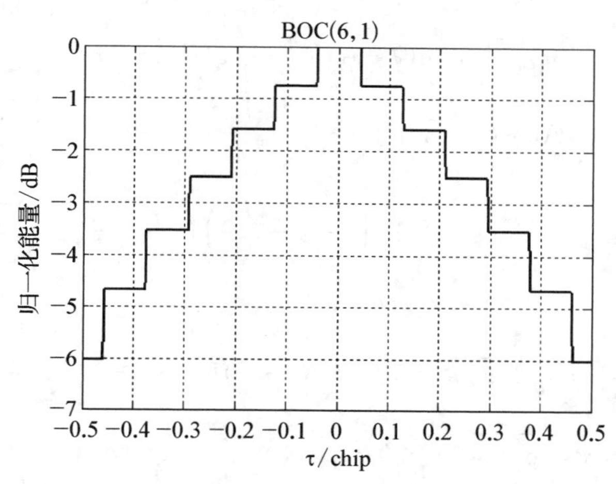

图 3-41　BOC(6,1)通过 SCC 得到的信号归一化能量与时间偏差关系

值得注意的是，在上述检测中使用了开方运算，对于软件实现的串行搜索，这并不困难，而对于通常以硬件实现的快速并行搜索过程，将占用一定的计算量。

3.5.3　L+P 或 E+P 法

此方法由 Heiries 等[26]提出，其基本实现原理框图与 SCC 法相同(图 3-39)，但图中的两个复现基带信号 c_I 与 c_Q 生成方法与前者不同。本方法中，仍使用了一对正交的二进制副载波，但复现码并非一个，而是两个时间偏移 $T_{sc}/4$ 的复现码，如图 3-42 所示。

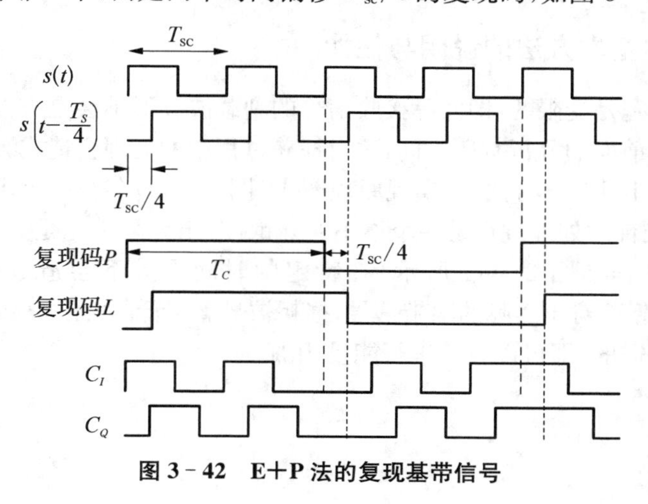

图 3-42　E+P 法的复现基带信号

复现码 P 表示为 $s(t-\hat{\tau})$，滞后复现码为 $s\left(t-\hat{\tau}-\frac{T_{sc}}{4}\right)$，于是可以得到两个复现基带信号为 $c_I(t)=s(t-\hat{\tau})c(t-\hat{\tau})$ 与 $c_Q(t)=s\left(t-\hat{\tau}-\frac{T_{sc}}{4}\right)c\left(t-\hat{\tau}-\frac{T_{sc}}{4}\right)$。这样，可进一步得到 4 个支路上的相关器输出分别为

$$w_{II}=A\cos(\phi-\hat{\phi})R_c(\tau-\hat{\tau})R_s(\tau-\hat{\tau}) \tag{3-157}$$

$$w_{QI}=A\sin(\phi-\hat{\phi})R_c(\tau-\hat{\tau})R_s(\tau-\hat{\tau}) \tag{3-158}$$

$$w_{IQ}=A\cos(\phi-\hat{\phi})R_c\left(\tau-\hat{\tau}-\frac{T_{sc}}{4}\right)R_s\left(\tau-\hat{\tau}-\frac{T_{sc}}{4}\right) \tag{3-159}$$

$$w_{QQ}=A\sin(\phi-\hat{\phi})R_c\left(\tau-\hat{\tau}-\frac{T_{sc}}{4}\right)R_s\left(\tau-\hat{\tau}-\frac{T_{sc}}{4}\right) \tag{3-160}$$

进而可得到

$$A_I(\tau-\hat{\tau})=\sqrt{w_{II}^2+w_{QI}^2}=A\cdot|R_c(\tau-\hat{\tau})R_s(\tau-\hat{\tau})|=A\cdot|R_I(\tau_e)| \tag{3-161}$$

$$\begin{aligned}A_Q(\tau-\hat{\tau})&=\sqrt{w_{IQ}^2+w_{QQ}^2}=A\cdot\left|R_c\left(\tau-\hat{\tau}-\frac{T_{sc}}{4}\right)R_s\left(\tau-\hat{\tau}-\frac{T_{sc}}{4}\right)\right|\\&=A\cdot|R_Q(\tau_e)|=A\cdot\left|R_I\left(\tau_e-\frac{T_{sc}}{4}\right)\right|\end{aligned} \tag{3-162}$$

与 SCC 方法相比，此方法中的两个复现信号的复载波与复现码绑定，即两个复现信号比较像通常 DLL 跟踪那样在时间上错开 1/4 的副载波周期。BOC(1,1)、BOC(2,1)、BOC(6,1)调制下正交相位、同相相位复现基带信号与接收基带信号的相关函数及合成的相关函数如图 3-43 所示。

与 SCC 相比，通过包络相加得到的合成相关函数有一定的不规则毛刺，但整体形状与 SCC 类似，均与同码速率的 BPSK 信号自相关函数相近。

3.5.4 三种基本方法的说明与性能

接收机前端带宽是受限的，即实际接收信号的副载波波形不会是方波，因此三种方法下得到的相关函数与前面的分析有所不同，这对捕获过程中的处理会造成影响。

在 SCC 与 L+P/E+P 方法中，实现原理图中(图 3-39)存在一个求平方根运算，这对于基于 FPGA 或硬件的处理过程是一个不小的开销，对于无限带宽是必要的，否则(去掉平方根运算的处理过程如图 3-44 所示)在特定的时间误差下会造成较大的损耗(如图 3-45(a)、(c)、(e)。而对于实际的限带信号，损耗被显著降低[如图 3-45(b)、(d)、(f)]，于是这一开销不是必需的，即可以直接进行能量相加。

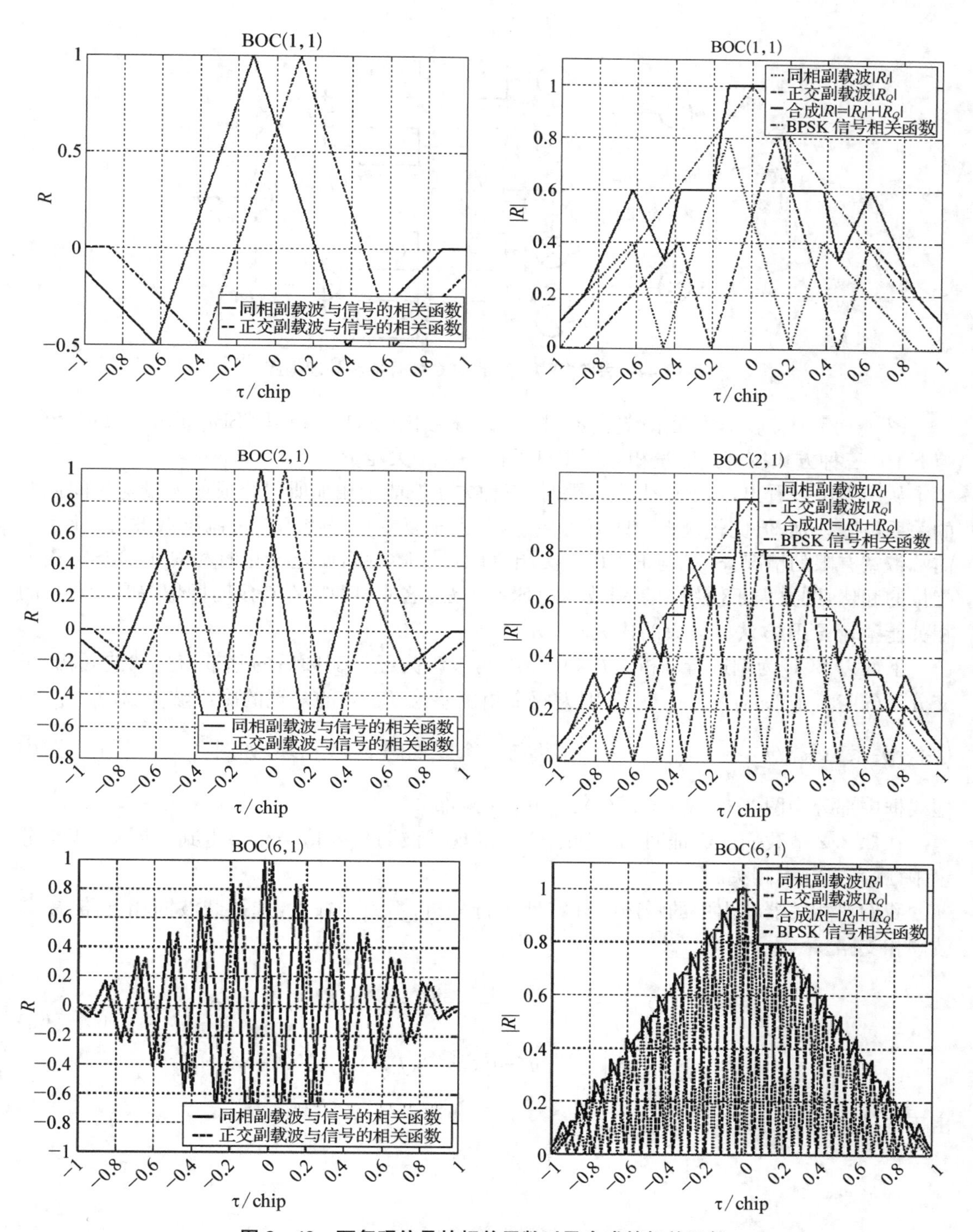

图 3-43　两复现信号的相关函数以及合成的相关函数

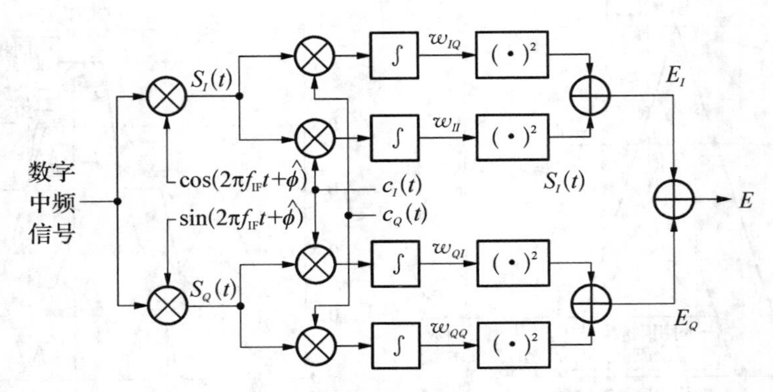

图 3-44　去除"平方根"的 SCC 信号捕获处理框图

图 3-45 为接收信号无限带宽与有限带宽情况下 BOC(2,1)以 SSB(BPSK-Like)、SCC 与 E+P 三种方式按直接能量相加所得到的归一化相关能量。

从图中可以看出，当前端带宽有限时，三种方法按能量相加所得合成的能量与时间偏差的关系虽有差别，但比较接近。同时可注意到，由于复现信号使用二进制副载波，因此对于前端带宽有限的情况，SCC 与 E+P 方法相关能量在随时间偏差变化时相对于 BPSK 相关能量的起伏，明显大于使用正弦副载波的 SSB 方法，这使得两者在特定时间偏差时所获得的相关能量较 SSB 方法有较大的损失。

下面以 SCC 为例进行分析。在 SCC 中，可以认为经下变频后的基带信号载波同相、正交分量(即实、虚部)$s_I(t)$、$s_Q(t)$分别为两个相位差为 $T_{sc}/4$ 的复现的副载波 $sc_I(t)$、$sc_Q(t)$ $\left(两者关系为 sc_Q(t)=sc_I\left(t+\frac{T_{sc}}{4}\right)\right)$，再与一个复现码 $c(t)$ 相乘，如图 3-46 所示。图中虚线框中部分为图 3-44 中与 $c_I(t)$、$c_Q(t)$ 相乘部分。

在 3.2.2 节我们已经证明，通过正、余弦复现载波与接收信号相乘得到的同相、正交分量中，噪声是互不相关的。

我们对相关器输出中的噪声统计特性进行分析，不失一般性，选择载波同相支路、副载波同相支路。

$$\begin{aligned} E[n_{I,I}(t)] &= E\left[\int_t^{t+T} n(\tau)\cos(2\pi f_{IF}\tau)sc_I(\tau)c(\tau)\mathrm{d}\tau\right] \\ &= \int_t^{t+T} E[n(\tau)]\cos(2\pi f_{IF}\tau)sc_I(\tau)c(\tau)\mathrm{d}\tau = 0 \end{aligned} \tag{3-163}$$

由于均值为 0，其方差为

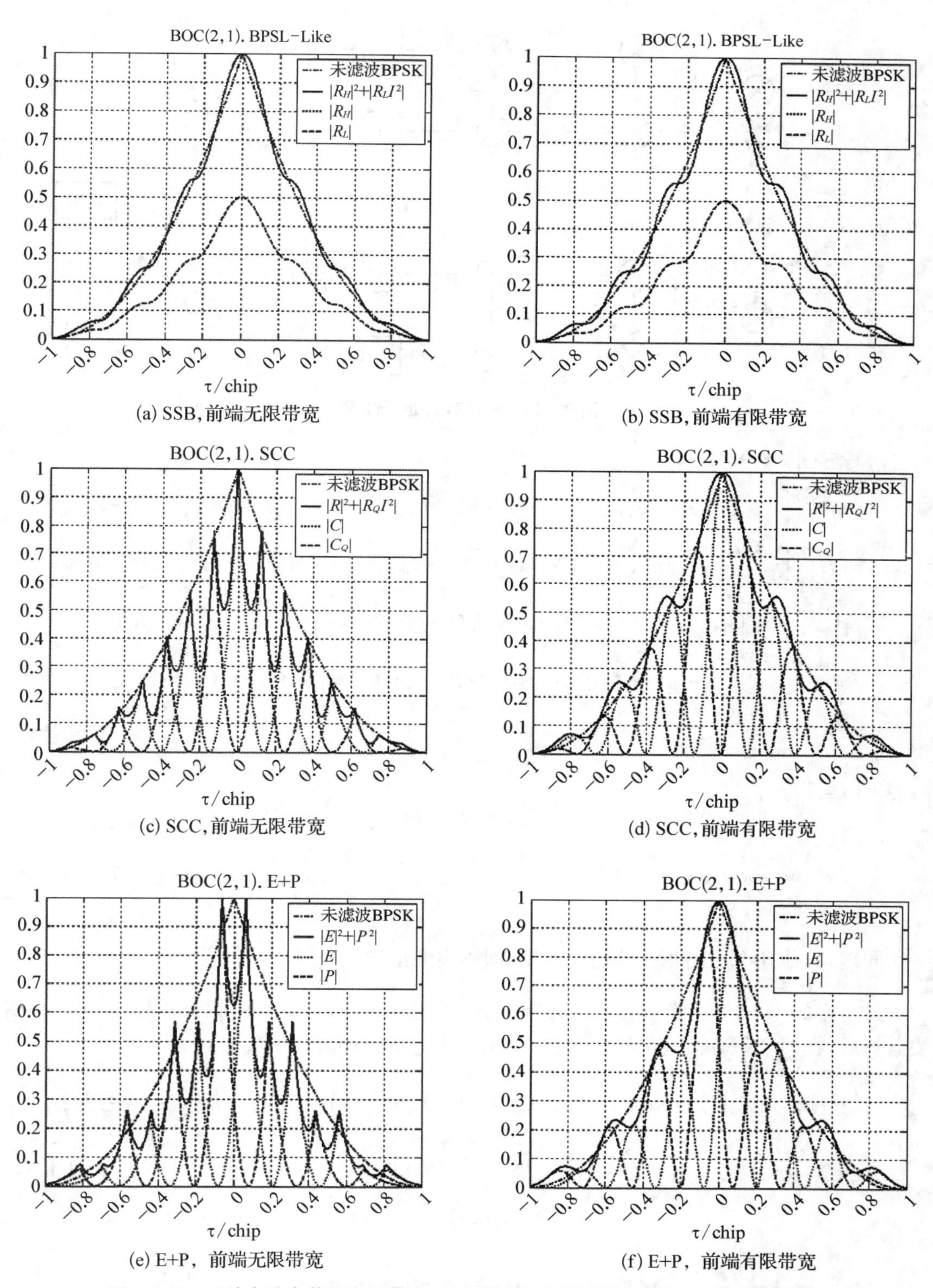

图 3-45　三种方法在前端有限带宽、无限带宽与有限时的能量加和时间偏差关系

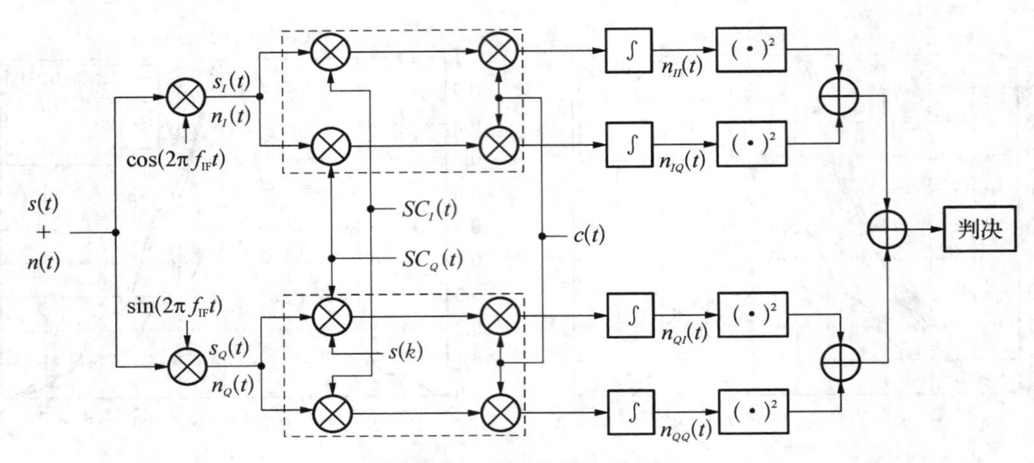

图 3-46　SCC 等效处理过程

$$
\begin{aligned}
\sigma_{I,I}^2 &= E(n_{I,I}(t)^2) \\
&= E\left[\left(\int_t^{t+T} n(\tau)\cos(2\pi f_{\mathrm{IF}}\tau)sc_I(\tau)c(\tau)\mathrm{d}\tau\right)\left(\int_t^{t+T} n(\tau)\cos(2\pi f_{\mathrm{IF}}\tau)sc_I(\tau)c(\tau)\mathrm{d}\tau\right)\right] \\
&= E\left[\left(\int_t^{t+T}\int_t^{t+T} n(\tau)n(v)\cos(2\pi f_{\mathrm{IF}}\tau)\cos(2\pi f_{\mathrm{IF}}v)sc_I(\tau)sc_I(v)c(\tau)c(v)\mathrm{d}\tau\mathrm{d}v\right)\right] \\
&= \int_t^{t+T}\int_t^{t+T} E[n(\tau)n(v)]\cos(2\pi f_{\mathrm{IF}}\tau)\cos(2\pi f_{\mathrm{IF}}v)sc_I(\tau)sc_I(v)c(\tau)c(v)\mathrm{d}\tau\mathrm{d}v \\
&= \int_t^{t+T}\int_t^{t+T} R_n(\tau-v)\cos(2\pi f_{\mathrm{IF}}\tau)\cos(2\pi f_{\mathrm{IF}}v)sc_I(\tau)sc_I(v)c(\tau)c(v)\mathrm{d}\tau\mathrm{d}v
\end{aligned}
\tag{3-164}
$$

由 $R_n(t)=\dfrac{n_0}{2}\delta(t)$，有

$$
\sigma_{I,I}^2=\frac{n_0}{2}\int_t^{t+T}\cos^2(2\pi f_{\mathrm{IF}}\tau)sc_I^2(\tau)c^2(\tau)\mathrm{d}\tau=\frac{n_0}{2}\int_t^{t+T}\cos^2(2\pi f_{\mathrm{IF}}\tau)\mathrm{d}\tau\approx\frac{n_0}{4}T \tag{3-165}
$$

同理，其他几个支路相关器输出方差，即噪声能量均为 $\dfrac{n_0}{4}T$。

另一方面，$s_I(t)$ 支路中的噪声成分 $n_I(t)$ 经过与 $sc_I(t)$、$sc_Q(t)$ 相乘并与 $c(t)$ 进行相关运算后，在两个积分器输出噪声成分 $n_{I,I}(t)$、$n_{I,Q}(t)$，两者的相关函数为

$$
\begin{aligned}
R(n_{I,I}(t),n_{I,Q}(t)) &= E\left[\left(\int_t^{t+T} n_I(\tau)sc_I(\tau)c(\tau)\mathrm{d}\tau\right)\left(\int_t^{t+T} n_I(\tau)sc_Q(\tau)c(\tau)\mathrm{d}\tau\right)\right] \\
&= E\left[\left(\int_t^{t+T}\int_t^{t+T} n_I(\tau)n_I(v)sc_I(\tau)sc_Q(v)c(\tau)c(v)\mathrm{d}\tau\,\mathrm{d}v\right)\right] \\
&= \int_t^{t+T}\int_t^{t+T} E[n_I(\tau)n_I(v)]sc_I(\tau)sc_Q(v)c(\tau)c(v)\mathrm{d}\tau\mathrm{d}v \\
&= \int_t^{t+T}\int_t^{t+T} R_{nI}(\tau-v)sc_I(\tau)sc_Q(v)c(\tau)c(v)\mathrm{d}\tau\mathrm{d}v
\end{aligned}
\tag{3-166}
$$

设输入噪声 $n(t)$ 为无限带宽白噪声，其自相关函数为 $R(\tau)=\frac{n_0}{2}\delta(\tau)$。当 $n(t)$ 为各态历经的平稳随机过程时，$n_I(t)$ 也是各态历经的平稳随机过程，于是

$$\begin{aligned}R_{nI}(\tau)&=\lim_{T\to\infty}\frac{1}{T}\int_{-\frac{T}{2}}^{\frac{T}{2}}n_I(t)n_I(t-\tau)\mathrm{d}t\\&=\lim_{T\to\infty}\frac{1}{T}\int_{-\frac{T}{2}}^{\frac{T}{2}}n(\tau)\cos(2\pi f_{\mathrm{IF}}\tau)n(t-\tau)\cos(2\pi f_{\mathrm{IF}}(t-\tau))\mathrm{d}t\end{aligned}\tag{3-167}$$

当 $\tau\neq0$ 时，由于 $R(\tau)=\frac{n_0}{2}\delta(\tau)$，$R_{nI}(\tau)=0$；

当 $\tau=0$ 时，

$$\begin{aligned}R_{nI}(0)&=\lim_{T\to\infty}\frac{1}{T}\int_{-\frac{T}{2}}^{\frac{T}{2}}n^2(t)\cos^2(2\pi f_{\mathrm{IF}}t)\mathrm{d}t=\frac{1}{2}\lim_{T\to\infty}\frac{1}{T}\int_{-\frac{T}{2}}^{\frac{T}{2}}n^2(t)[\cos(4\pi f_{\mathrm{IF}}t)+1]\mathrm{d}t\\&=\frac{1}{2}\lim_{T\to\infty}\frac{1}{T}\int_{-\frac{T}{2}}^{\frac{T}{2}}n^2(t)\mathrm{d}t+\frac{1}{2}\lim_{T\to\infty}\frac{1}{T}\int_{-\frac{T}{2}}^{\frac{T}{2}}n^2(t)\cos(4\pi f_{\mathrm{IF}}t)\mathrm{d}t\\&\approx\frac{1}{2}\lim_{T\to\infty}\frac{1}{T}\int_{-\frac{T}{2}}^{\frac{T}{2}}n^2(t)\mathrm{d}t=\frac{n_0}{4}\delta(0)\end{aligned}\tag{3-168}$$

即 $n_I(t)$ 的相关函数为 $R_{nI}(\tau)=\frac{n_0}{4}\delta(\tau)$，于是

$$\begin{aligned}R(n_{I,I}(t),n_{I,Q}(t))&=\int_t^{t+T}\int_t^{t+T}\frac{n_0}{4}\delta(\tau-k)sc_I(\tau)sc_Q(v)c(\tau)c(v)\mathrm{d}\tau\mathrm{d}v\\&=\frac{n_0}{4}\int_t^{t+T}sc_I(v)sc_Q(v)c(v)c(v)\mathrm{d}v\\&=\frac{n_0}{4}\int_t^{t+T}sc_I(v)sc_Q(v)\mathrm{d}v\end{aligned}\tag{3-169}$$

按 $sc_I(t)$ 与 $sc_Q(t)$ 的取值关系，将整个积分时间段划分为 V[0]～V[3]区间段，如图 3-47 所示。图中，所有 V[0]、V[2]区间 $sc_I(t)$ 与 $sc_Q(t)$ 相乘后总为“+1”，而 V[1]、V[3]区间两者相乘后总为“−1”。

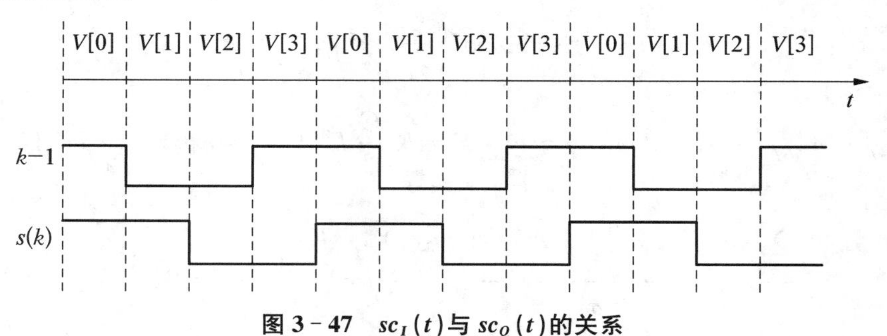

图 3-47 $sc_I(t)$与$sc_Q(t)$的关系

近似认为时间段 T 内含有整数个 V[0]～V[3]区间段,得到

$$R(c_I(t),c_Q(t))=0 \tag{3-170}$$

同理可证明 $s_Q(t)$ 以正交副载波分解得到的两支路,其噪声成分间也互不相关。同时,由于 $s_I(t)$ 与 $s_Q(t)$ 两支路噪声原本不相关,因此两支路积分器输出的噪声两两互不相关。由于 E+P 方法与 SCC 几乎相同,因此其四个相关器输出的噪声成分也互不相关。

而对于 SSB 方法(如图 3-35),则更加简单,四个相关器输出的上、下边带的同相、正交分量噪声的相关结果,相互不相关。如果以其等效方法(图 3-37)实现,并将副载波由正弦副载波变为二进制副载波,则与 SCC 处理完全相同。

对于信号成分,可以考虑简单的情况,即同相复现基带信号与接收信号基带成分在时间上无偏差。于是信号能量集中于 I 支路,此时

$$s(t)=\sqrt{2C}\cdot c(t)sc(t)\cos(2\pi f_{\mathrm{IF}}t) \tag{3-171}$$

$$\begin{aligned} II &=\int_t^{t+T} s(t)\cos(2\pi f_{\mathrm{IF}}t)c(t)sc(t)\mathrm{d}t=\int_t^{t+T}\sqrt{2C}c(t)sc(t)\cos(2\pi f_{\mathrm{IF}}t)\cos(2\pi f_{\mathrm{IF}}t)c(t)sc(t)\mathrm{d}t \\ &=\sqrt{2C}\int_t^{t+T}\cos^2(2\pi f_{\mathrm{IF}}t)\mathrm{d}t \\ &\approx\frac{\sqrt{2C}}{2}T \end{aligned} \tag{3-172}$$

其能量为 $E=\frac{C}{2}T^2$。

由图 3-46 可知,在捕获过程中,当信号不存在于当前的搜索分格中时,上述三种方法得到的单个积分段上能量和应服从 4 自由度的中心 χ^2 分布;而当信号存在于当前分格中时,应服从 4 自由度的非中心 χ^2 分布。进一步地,对于 K 段非相干累加(例如对图 3-44 的输出 E 进行长度为 K 的累加),则累加能量和服从 $4K$ 自由度的 χ^2 分布。

结合上述分析,可得到 K 段非相干累加时累加能量的 PDF 为

$$p_s(y)=\frac{1}{\sigma_I^2}\cdot \mathrm{ncx2pdf}\left(\frac{y}{\sigma_I^2},4K,\frac{\sum_{i=0}^{K-1}(m_{I,p}^2+m_{Q,p}^2+m_{I,d}^2+m_{Q,d}^2)}{\sigma_I^2}\right),\quad (y\geqslant 0) \tag{3-173}$$

$$p_n(y)=\frac{1}{\sigma_I^2}\cdot \mathrm{chi2pdf}\left(\frac{y}{\sigma_I^2},4K\right),\quad (y\geqslant 0) \tag{3-174}$$

由 $\sum_{i=0}^{K-1}(m_{I,p}^2+m_{Q,p}^2+m_{I,d}^2+m_{Q,d}^2)=K\cdot E=K\frac{C}{2}T^2$ 与 $\sigma_I^2=\sigma_{I,I}^2\approx\frac{n_0}{4}T$,有

$$\frac{\sum_{i=0}^{K-1}(m_{I,p}^2+m_{Q,p}^2+m_{I,d}^2+m_{Q,d}^2)}{\sigma_I^2}=\frac{K\frac{C}{1}T^2}{\frac{n_0}{4}T}=2K\frac{C}{n_0}T \tag{3-175}$$

于是可进一步表示为

$$
\begin{cases}
p_s(y)=\dfrac{1}{\sigma_I^2}\cdot \mathrm{ncx2pdf}\left(\dfrac{y}{\sigma_I^2},4K,2K\dfrac{C}{n_0}T\right), & (y\geqslant 0)\\
p_n(y)=\dfrac{1}{\sigma_I^2}\cdot \mathrm{chi2pdf}\left(\dfrac{y}{\sigma_I^2,4K}\right), & (y\geqslant 0)
\end{cases}
\tag{3-176}
$$

而在门限 y_{thr} 下的检测概率与虚警概率为

$$
\begin{cases}
P_d=1-\mathrm{ncx2cdf}\left(\dfrac{y}{\sigma_I^2},4K,2K\dfrac{C}{n_0}T\right)\\
P_{\mathrm{fa}}=1-\mathrm{chi2cdf}\left(\dfrac{y_{\mathrm{thr}}}{\sigma_I^2},4K\right)
\end{cases}
\tag{3-177}
$$

综合前面关于合成相关函数的讨论以及对累加能量统计特性的分析可知：

(1) 使用此方法可使合成的相关函数更宽，其形状接近 BPSK 调制的相关函数，从而使搜索间隔可以按 1/2 码片进行，明显减少了搜索分格数量。

(2) 由于采用了不同的处理方法，此方法累加能量的统计特性发生了变化，直观地说，是使 χ^2 分布的自由度增加了 1 倍，即由 $2K$ 增加至 $4K$。但无论是单段能量还是非相干累加能量均承受更大的损耗，结合图 3-27(b)的非相干累加损耗与段数关系，可知这一损耗增加量在 0.5～1.5 dB 间变化，非相干累加段数越多，损耗增加量越大。由图 3-45 可知，以 $T_c/2$ 间隔搜索，复现码相位误差 $T_c/4$ 为最差情况，此时损耗约 3 dB(SSB、SCC 与 E+P 略有不同)，加上非相干损耗的增加量，总的损耗约在 $L_i(K)+3.5$～ $L_i(K)+5$ dB 之间(L_i 为理想的同码速率 BPSK 信号 K 段非相干累加损耗)。而码速率相同的 BPSK 信号捕获时的损耗为 $L_i(K)+2.5$ dB，两者差值在 1～2.5 dB 之间。

Heiries 等[26]对 SSB、SCC 以及 E+P 三种方法的捕获性能进行了分析与仿真实验，二者的性能在 $C/n_0=22$～32 dBHz 范围内，没有明显的差别。

3.6　冷启动、温启动与热启动

导航接收机开机后的第一项任务是决定捕获哪些卫星信号，即决定哪些卫星“可视”，再使用前几节所讨论的信号捕获方法对可视卫星的信号进行捕获。不可视卫星的信号则由于地球的遮蔽而无法接收，尝试对其进行捕获便会是徒劳无功的。而且由于处理资源被占用，使得可接收的信号的捕获时间被滞后，从而影响接收机服务质量。

除了确定可视卫星之外，在信号捕获时，如果能缩小信号的时间、频率搜索范围，可以减少搜索分格数量，从而减少信号捕获时间；同时，如果在信号捕获后可以立即获得观测数据，且此时卫星参数可用，则可以立即输出解算结果。可以看到，上述三项内容均可以不同程度地缩短接收机首次定位时间。

如果想实现上述几项工作，接收机需要掌握 3 种基本参数：

(1) 各导航卫星的有效历书或星历；

(2) 对当前系统时间的估计；

(3) 对接收机自身位置的估计。

接收机通过前两个参数,可确定当前各卫星的坐标,结合自身位置信息,进一步判定各卫星是否可视,即卫星仰角是否大于设定门限。当这 3 个参数缺少任何一个时,接收机就只能进行盲目的"漫天搜索",即依次对导航星座中所有卫星播发的导航信号进行搜索。这种情况下接收机的启动过程称为"冷启动(Cold Start)"。冷启动通常发生在接收机出厂后的首次开机时,或长时间(几个星期以上)未使用后的首次开机。

当接收机内保存有有效的历书(历书通常在播发后的数周内有效),且通过内部实时时钟(RTC,Real Time Clock)使自身时间与系统时间误差在一定精度范围(数分钟),并了解自身的概略位置(通常的接收机以上一次关机前的最后定位结果作为概略位置)时,则接收机可以确定哪些卫星是可视的,其信号可以接收。那么接收机只需要有目的的搜索这些信号即可。这种情况下接收机的启动过程称为"温启动(Warm Start)"。显然,由于只需要对可视的(或者说可视概率较高的)卫星信号进行搜索,温启动所需的首次定位时间通常会短于冷启动时间。个别情况是存在的,由于接收机在关机状态下无法了解自身的位置变化,如果在上一次关机后接收机移动了很远的距离,则很可能使对可见星的分析出现较大的差错,从而使捕获时间与冷启动接近。

当接收机成功接收导航信息、实现定位后关机,并在数小时内开机,则接收机所存储的各卫星星历数据通常依然有效,据此计算得到的卫星位置数据误差较小。同时,接收机的时间不确定度较小,较短时间内用户位置变化也有限,这样,接收机不但可以确定哪些卫星可视,还可以对卫星与接收机间的距离及接收机钟差不确定度进行较为准确的估计,从而为捕获、同步过程提供辅助数据,这将大大缩短开机后的首次定位时间。接收机在这种情况下的启动称为"热启动(Hot Start)"。

第4章
卫星导航信号的跟踪

接收机对信号进行的测量实际上是对一组复现信号进行的测量，这一组复现信号通常包括复现码与复现载波(某些处理过程也包括复现副载波，但由于其与复现码是同步的，因此不单独列出)。复现信号需保证与接收信号同步，即同频、同相，从而实现以下两个基本功能：

(1) 复现信号与接收信号同步的维护以及导航电文的接收；

(2) 对接收信号的观测。

接收机通过捕获过程仅初步确定了接收信号的粗略时间与频率参数，这些时、频参数可用于作为信号跟踪的初值，并据此产生复现码与复现载波。但下列原因的存在，使接收机必须在捕获之后对信号进行跟踪：

(1) 捕获过程中所获得的时间、频率信息比较粗略，通常的商用接收机时间的不确定度可达1/2扩频码片，频率偏差达到数百Hz。以基于预检测积分$T=1$ ms的GPS C/A码信号典型捕获为例，通常信号捕获所确定的信号时间参数可与接收信号相差1/2码片，而频率参数则相差300 Hz左右。前者对应的距离差为150 m，后者对应的速度误差约为60 m/s。显然，这些误差太大，不能满足观测的要求。

(2) 导航卫星与接收机处于相对运动状态，两者间的距离、径向速度不断变化，接收机必须能实时地消除这些时变误差，以保证复现信号与接收信号参数的一致性。

在第二章图2-4中粗略地给出了接收机内部处理的常用结构，实际的接收机可能有不同的设计。图4-1(a)为最基本的结构，其中的信号处理通道只包括若干个接收通道，信号的捕获通过各个通道以串行搜索的方式进行，若发现信号存在，则直接将通道转入跟踪状态；图4-1(b)则是一种包括专用捕获模块的结构，这一类接收机在工作时首先以专用捕获模块进行信号捕获，再以捕获模块获得的信号时间、频率参数对指定接收通道进行参数初始化，并启动信号接收。

实现信号的接收处理功能可由硬件与微处理器软件配合实现，也可由硬件独立实现。无论实现方式如何，我们都可以将实现信号接收的软、硬件划分为一个个“逻辑上的接收通道”，每个逻辑接收通道可实现信号的捕获、跟踪、同步以及观测。每个逻辑接收通道通常按图4-1 (c)过程工作。

当某个逻辑通道完成信号的捕获后，应转入跟踪状态。信号跟踪通常以各种跟踪环路实现。跟踪环路的一般结构如图4-2(a)所示，它利用的是一个“发现误差，修正误差”的处理机制将误差减小并控制在一定范围内。图4-2 (b)为相位锁定环的数字分析模型。

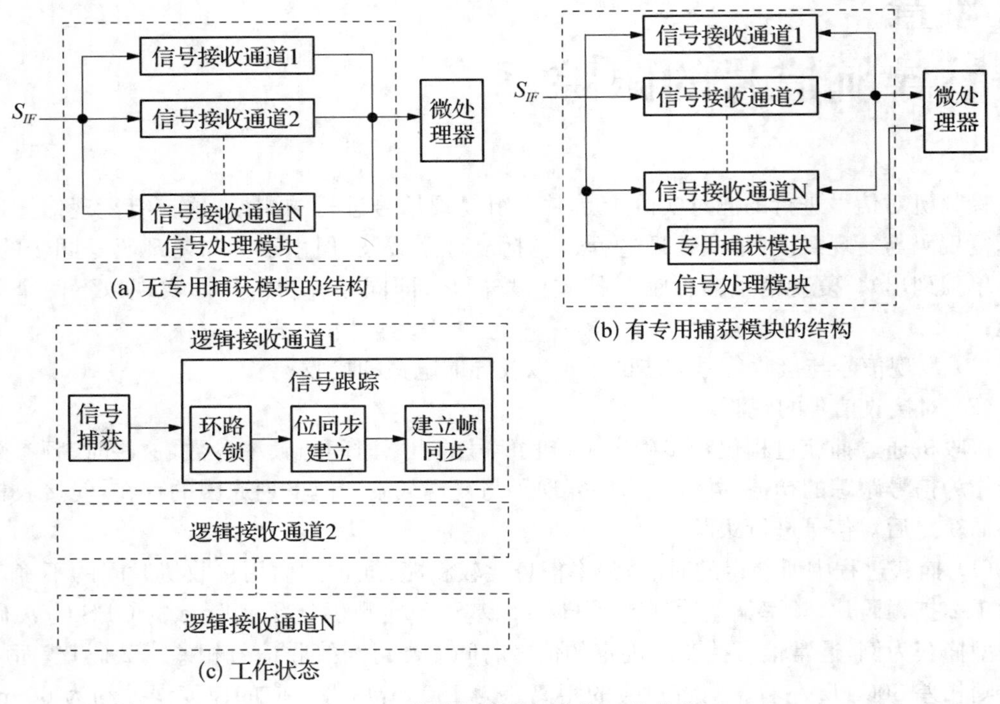

图 4-1　接收机基本结构与工作状态

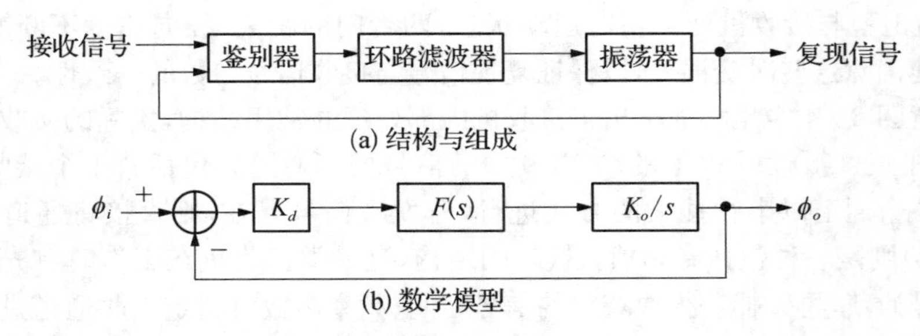

图 4-2　跟踪环路基本结构

图中，“鉴别器”计算复现信号相位与接收信号相位的误差，这一误差输入到“环路滤波器”以减小噪声影响，同时约束“振荡器”频率的调整行为，继而控制“振荡器”调整复现信号频率(某些设计中也可进行相位的调整，但多数设计中使用的是单一频率调整)，从而修正相位以减小这一误差。

在典型的导航接收机中，信号跟踪环路包括载波跟踪环与码跟踪环。前者用于维护复现载波与信号载波的同步，后者则用于维护复现码与信号扩频码的同步。

4.1　载波跟踪环路鉴别器

载波跟踪环的基本结构如图 4-3 所示。通常载波跟踪环是在码跟踪环基本锁定后开始工作，因此图中输入鉴别器的是 P 支路(参见 4.2 节)，即使用与信号扩频码完全对齐的复现码解扩的支路。

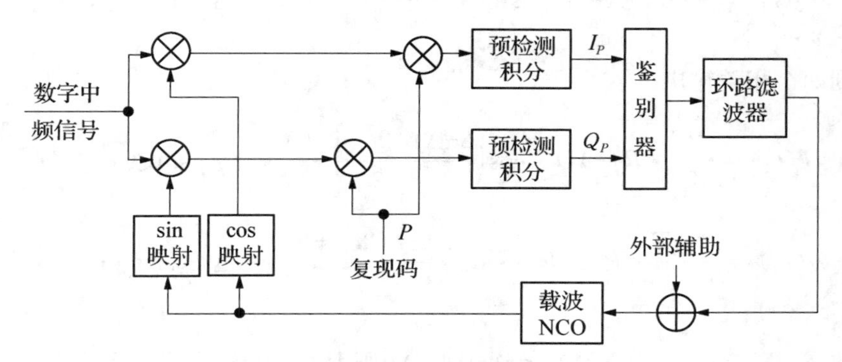

图 4-3　接收机中的相位锁定环

载波跟踪环又分为锁频环（FLL，也称“频率锁定环”）、锁相环（PLL，也称“相位锁定环”）两类。FLL 的目标是将复现载波与信号的频率差控制在尽可能小的范围内，而 PLL 的目标是使复现载波与信号的相位差控制在尽可能小的范围内。与图 4-2 的一般结构相对应，数字载波环的基本组成包括数字鉴频/相器、数字环路滤波器和数控振荡器。

在 3.2.1 节，我们得到了 I、Q 相关器输出为

$$I(t)=\frac{AT}{2}\cdot R(\tau)D\cdot\cos\left(\frac{2\pi\Delta f(2t_0+T)}{2}+\Delta\phi\right)\operatorname{sin}c(\pi\Delta fT) \tag{4-1}$$

$$Q(t)=-\frac{AT}{2}\cdot R(\tau)D\cdot\sin\left(\frac{2\pi\Delta f(2t_0+T)}{2}+\Delta\phi\right)\operatorname{sin}c(\pi\Delta fT) \tag{4-2}$$

式中，$\Delta f=f_r-f_c$，$\Delta\phi=\phi_r-\phi_c$。f_r 为接收信号载波频率；ϕ_r 为接收信号在积分起始时刻 t_0 的初始相位；f_c、ϕ_c 为复现载波频率 t_0 时刻相位。

由以上两式可得

$$\frac{Q(t)}{I(t)}=-\tan\left(2\pi\Delta f\,\frac{(2t_0+T)}{2}+\Delta\phi\right)=\tan\left(-2\pi\Delta f\,\frac{(2t_0+T)}{2}-\Delta\phi\right) \tag{4-3}$$

很明显，$\frac{2t_0+T}{2}$ 为积分区间 $[t_0,t_0+T]$ 的中点时刻，于是由 I、Q 相关器输出可以计算复现载波与信号载波在积分段中心时刻的相位差，或者说，$\frac{Q}{I}$ 得到的是复现载波超前于信号载波的相位。

4.1.1　鉴频器

取两个相邻的积分时段 $[t_0,t_1]$ 和 $[t_1,t_2]$，$t_2-t_1=t_1-t_0=T$，则在 t_1 时刻得到两个相关输出

$$I(t_1)=\frac{AT}{2}\cdot R(\tau)D\cdot\cos\left(\frac{2\pi\Delta f(2t_0+T)}{2}+\Delta\phi\right)\operatorname{sin}c(\pi\Delta fT) \tag{4-4}$$

$$Q(t_1)=\frac{AT}{2}\cdot R(\tau)D\cdot\sin\left(\frac{2\pi\Delta f(2t_0+T)}{2}+\Delta\phi\right)\sin c(\pi\Delta fT) \tag{4-5}$$

t_2 时刻得到两个相关输出

$$I(t_2)=\frac{AT}{2}\cdot R(\tau)D\cdot\cos\left(\frac{2\pi\Delta f(2t_1+T)}{2}+\Delta\phi\right)\sin c(\pi\Delta fT) \tag{4-6}$$

$$Q(t_2)=-\frac{AT}{2}\cdot R(\tau)D\cdot\sin\left(\frac{2\pi\Delta f(2t_1+T)}{2}+\Delta\phi\right)\sin c(\pi\Delta fT) \tag{4-7}$$

设 $A(\Delta f,T)=\frac{AT}{2}\cdot R(\tau)\cdot\sin c(\pi\Delta fT)$，则上述 4 个输出可表示为

$$I(t_1)=A(\Delta f,T)\cdot\cos(2\pi\Delta ft_0+\pi\Delta fT+\Delta\phi) \tag{4-8}$$

$$Q(t_1)=-A(\Delta f,T)\cdot\sin(2\pi\Delta ft_0+\pi\Delta fT+\Delta\phi) \tag{4-9}$$

$$I(t_2)=A(\Delta f,T)\cdot\cos(2\pi\Delta ft_1+\pi\Delta fT+\Delta\phi) \tag{4-10}$$

$$Q(t_2)=-A(\Delta f,T)\cdot\sin(2\pi\Delta ft_1+\pi\Delta fT+\Delta\phi) \tag{4-11}$$

令 $\Phi=\pi\Delta fT+\Delta\phi$，则在两时刻正交、同相相关器输出构成复数

$$A\mathrm{e}^{-j(2\pi\Delta ft_1+\Phi)}=I_1+jQ_1=A\cos(2\pi\Delta ft_0+\Phi)-jA\sin(2\pi\Delta ft_0+\Phi) \tag{4-12}$$

$$A\mathrm{e}^{-j(2\pi\Delta ft_2+\Phi)}=I_2+jQ_2=A\cos(2\pi\Delta ft_1+\Phi)-jA\sin(2\pi\Delta ft_1+\Phi) \tag{4-13}$$

如果以前者的共轭与后者相乘，可以得到

$$A\mathrm{e}^{-j(2\pi\Delta ft_1+\Phi)}\cdot(A\mathrm{e}^{-j(2\pi\Delta ft_2+\Phi)})^*=A\mathrm{e}^{j2\pi\Delta f(t_2-t_1)} \tag{4-14}$$

由此可得复现信号与接收信号的频率差

$$\Delta f=\frac{angle(A\mathrm{e}^{j2\pi\Delta f(t_2-t_1)})}{2\pi(t_2-t_1)} \tag{4-15}$$

应用中，通常以下方法实现：

$$\begin{aligned}A\mathrm{e}^{j2\pi\Delta f(t_2-t_1)}&=A\mathrm{e}^{-j(2\pi\Delta ft_1+\Phi)}\cdot(A\mathrm{e}^{-j(2\pi\Delta ft_2+\Phi)})^*=(I_1+jQ_1)(I_2-jQ_2)\\&=I_1I_2+Q_1Q_2-j(I_1Q_2-Q_1I_2)=dot-j\cdot cross\end{aligned} \tag{4-16}$$

式中，$dot=I_1\cdot I_2+Q_1\cdot Q_2$，$cross=I_1\cdot Q_2-I_2\cdot Q_1$。则

$$\begin{aligned}dot&=I_1\cdot I_2+Q_1\cdot Q_2\\&=A^2\cos(2\pi\Delta ft_0+\Phi)\cos(2\pi\Delta ft_1+\Phi)+A^2\sin(2\pi\Delta ft_0+\Phi)\sin(2\pi\Delta ft_1+\Phi)\\&=A^2\cos[2\pi\Delta f(t_1-t_0)]=A^2\cos[2\pi\Delta f(t_2-t_1)]\end{aligned} \tag{4-17}$$

$$
\begin{aligned}
cross &= I_1 \cdot Q_2 - I_2 \cdot Q_1 \\
&= -A^2\cos(2\pi\Delta f t_0 + \Phi)\sin(2\pi\Delta f t_1 + \Phi) + A^2\cos(2\pi\Delta f t_1 + \Phi)\sin(2\pi\Delta f t_0 + \Phi) \\
&= -A^2\sin[2\pi\Delta f(t_1 - t_0)] = A^2\sin[2\pi\Delta f(t_2 - t_1)]
\end{aligned} \tag{4-18}
$$

通过四象限反正切 atan2($cross$, dot) 函数(该函数结果为 $dot + j \cdot cross$ 的真实相角),即可求得两时刻相位差 $-2\pi\Delta f(t_2 - t_1)$,进而可得到

$$
\Delta f = f_r - f_c = -\frac{\text{atan2}(cross, dot)}{2\pi(t_2 - t_1)} \tag{4-19}
$$

常用的 FLL 鉴别算法如表 4-11 所示[10,14],注意表中鉴别器输出的符号与前端处理电路有关(即 Q 支路积分表达式符号可能不同),若采用 3.2.1 节的下变频处理电路,则表中鉴别算法输出为 $-2\pi\Delta f$。

表 4-1　常用锁频环鉴别器

鉴别器算法(rad/s)	鉴别器输出	特性
$\frac{\text{atan2}(cross, dot)}{t_2 - t_1}$	$\frac{\phi_2 - \phi_1}{t_2 - t_1}$	最大似然估计。在高、低信噪比时最佳,斜率与信号幅度无关,但由于使用了四象限反正切,运算量较高,通常采用查表法或简化算法实现
$\frac{cross}{t_2 - t_1}$	$A^2 \cdot \frac{\sin(\phi_2 - \phi_1)}{t_2 - t_1}$	低信噪比时最佳,斜率正比于信号幅度的平方,在几种方法中要求的运算量最低
$\frac{\text{atan}(cross/dot)}{t_2 - t_1}$	$\frac{\phi_2 - \phi_1}{t_2 - t_1}$	与 atan2( )类似,但对 180°跳变不敏感,同时可鉴别范围也减小 1/2
$\frac{cross \times sign(dot)}{t_2 - t_1}$	$A^2 \cdot \frac{\sin(\phi_2 - \phi_1)}{t_2 - t_1}$	低信噪比时最佳,斜率正比于信号幅度的平方,在三种方法中要求的运算量中等。对调制数据引起的相位 180°跳变不敏感
表中: $cross = I_1 \cdot Q_2 - I_2 \cdot Q_1$, $dot = I_1 \cdot I_2 + Q_1 \cdot Q_2$, $\phi_1 = \Delta\omega t_1$, $\phi_2 = \Delta\omega t_2$ $sign(\cdot)$ 表示取符号函数		

图 4-4 为无噪声情况下,采用上述 4 种鉴别器的输入输出关系,其中相邻 I、Q 支路样点间隔(即预检测积分时间) $T = 10$ ms。由图中可知,输出值与频率误差值相同,atan2(•)、$cross$ 鉴别器在[−50 Hz,50 Hz]区间内输出值与真实频率误差相同或符号相同;atan(•)、$cross \cdot sign(dot)$两种鉴别器仅在[−25 Hz,25 Hz]范围内与真实频率误差相同或符号相同。只有当鉴别器输出与真实误差符号相同时,环路才会锁定于正确的频率点,上述两范围称为“牵引范围”。atan2(•)、$cross$ 鉴别器牵引范围为预检测积分时间的倒数 $1/T$,即 100Hz;而使用 atan(•) 、$cross \cdot sign(dot)$鉴别器时则只有 50 Hz,为前者的一半。

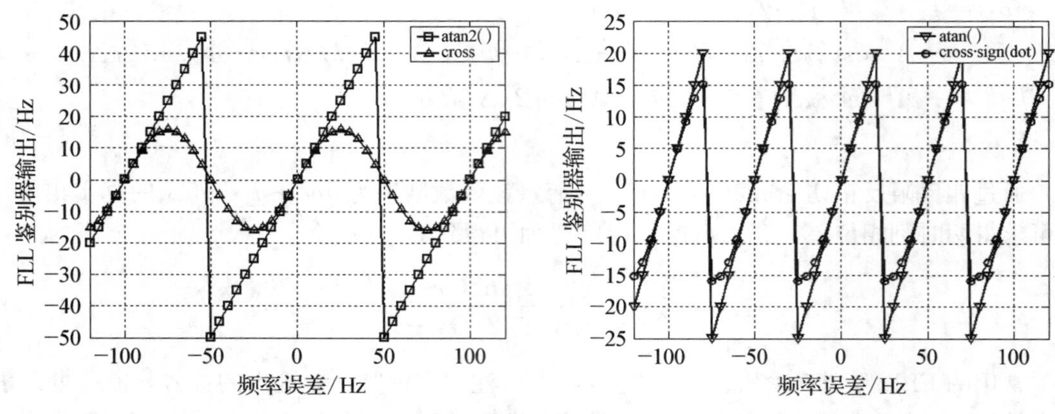

图 4-4　各种 FLL 鉴别器输入输出关系

4.1.2　鉴相器

鉴相器用于锁相环(PLL)。锁相环的目标是将复现载波相位与信号载波相位的误差限定在一定范围以内。之所以使用锁相环有以下几个原因：

(1) 导航信号中，导航电文以 BPSK 方式调制于信号上，因此对于信息解调，需要复现一个频率、相位与接收信号完全一致的载波以实现信息解调；

(2) 锁相环锁定后，其复现载波与信号载波仅在相位上存在较小的误差，在频率上两者误差远小于使用 FLL 的情况，这将使信号多普勒频率测量更加准确，相应地，使速度解算结果误差更小；

(3) 某些需要精确测量的情况下，解算算法需要使用载波相位测量数据实现厘米级的位置解算，而载波相位锁定是实现载波相位测量的基础。

锁相环所面对的导航信号有两类，一类是存在信息调制的情况，如 GPS C/A 信号、BDS 系统 B1I 信号。处理这类信号时，接收机会接收到 0°和 180°两种载波相位，接收机将复现载波与其中一个实现同步，这样解调信息时可能会发生反转，但这可以通过对信息的进一步处理，或通过差分编码及其他信息编码方式加以解决。

第二类为无数据调制的扩频信号，例如 GPS L1C、Galileo E1OS 以及北斗三号信号中的导频信号。在进行解扩以及次级码剥离后，这类信号的载波将不会出现 180°跳变，可以使用表 4-2 所示的四象限鉴别器，对[−180°,180°]上的相位差进行鉴别。

我们首先从无数据调制信号的锁相环进行分析。对于此类信号，输入相位鉴别器的信号可描述为

$$s(t)=A\mathrm{e}^{j(2\pi f_{\mathrm{IF}}t+\phi)} \tag{4-20}$$

$$r(t)=\mathrm{e}^{j(2\pi f_{\mathrm{IF}}t)} \tag{4-21}$$

处理过程如图 4-5 所示。

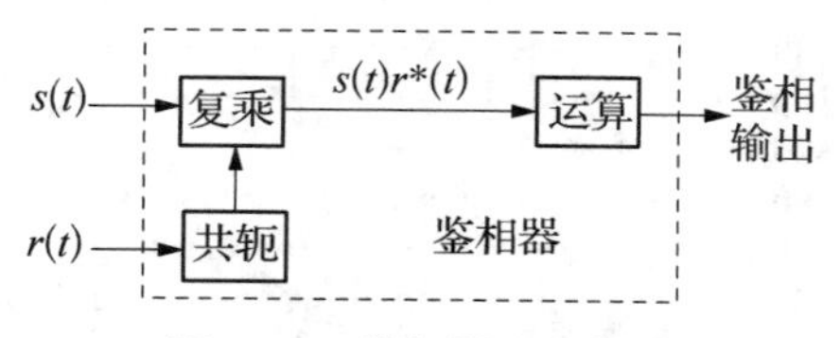

图 4-5　鉴相器实现框图

$$
\begin{aligned}
I(t)+jQ(t)&=s(t)r(t)=A\mathrm{e}^{j(2\pi f_{\mathrm{IF}}t+\phi)}\left[\mathrm{e}^{j(2\pi f_{\mathrm{IF}}t)}\right]^{*}\\
&=A\mathrm{e}^{j(2\pi f_{\mathrm{IF}}t+\phi)}\mathrm{e}^{-j(2\pi f_{\mathrm{IF}}t)}=A\mathrm{e}^{j\phi}
\end{aligned}
\tag{4-22}
$$

于是 $I(t)=A\cos(\phi)$，而 $Q(t)=A\sin(\phi)$。进而可通过表 4-2 的两种方法计算得到 ϕ 或 ϕ 的近似值。表中的“四象限反正切”atan2(Q,I)函数可以用 atan( )函数进行描述，即

$$
\operatorname{atan2}(Q,I)=\begin{cases}\operatorname{atan}\left(\dfrac{Q}{I}\right), & I\geqslant 0\\[2ex] \operatorname{atan}\left(\dfrac{Q}{I}\right)+\pi, & I<0\end{cases}
\tag{4-23}
$$

使用这种鉴别器的 PLL 环，由于鉴别器相位牵引范围更大，使得环路跟踪门限比后面讨论的科斯塔斯环更低，这一点将在 4.5 节进行讨论。

表 4-2　锁相环鉴别器

鉴别器算法	鉴别器输出	特性
atan2(Q,I)	ϕ	四象限反正切 在高、低 SNR 时最佳(最大似然估计) 斜率与信号幅度无关 运算量大，通常用查表法或简化算法实现
$\dfrac{Q}{\mathrm{mean}(\sqrt{I^2+Q^2})}$	$\sin\phi$	Q 被平均包络归一化 性能略优于四象限反正切法 归一化使得其对高、低 SNR 不敏感 斜率与信号幅度无关 计算量低
表中，mean(·) 为求均值函数		

图 4-6 给出了表中两种鉴别器的鉴别曲线。从图中可以看出，两种鉴别器输入、输出曲线有明显差异：atan2( )鉴别器的鉴别输出即为输入，而以包络归一化的 Q 鉴别器在输入相差为 0 时与前者非常接近，但在较大输入相差(>60°)时，输出开始与真实相差出现偏差，而在输入相差大于 90°时，鉴别输出开始减小。但在整个鉴别区间内，两者的符号一致，即不会发生与输入反相的输出。

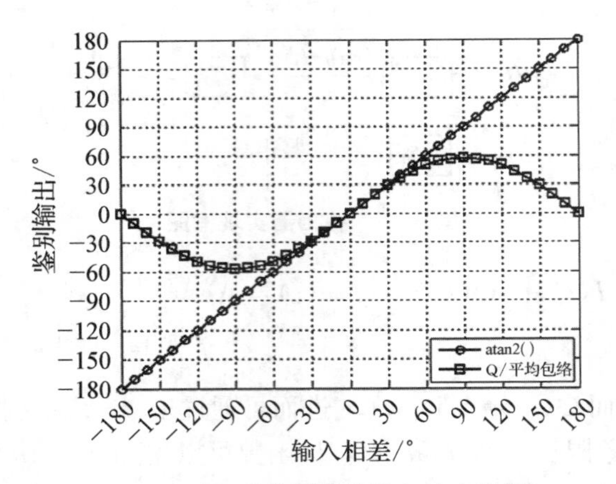

图 4-6 两种鉴别器的输入输出曲线

图 4-7 则为两种鉴别器存在噪声，即 $s(t)$ 上叠加有噪声时鉴别曲线的数学期望，由图中可知，当 SNR 较高时，两曲线有明显区别，而在 SNR 较低时，两鉴别曲线趋于接近。

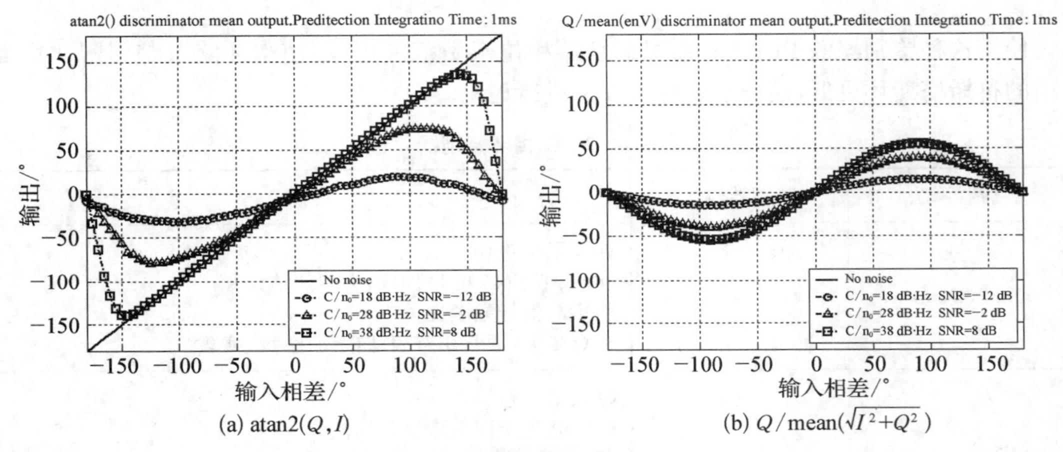

(a) atan2(Q,I)　　(b) Q/mean($\sqrt{I^2+Q^2}$)

图 4-7 噪声环境下的鉴别器输出均值

仍采用图 4-5 的鉴相器结构，对于信号中存在数据调制的情况

$$s(t)=AD(t)\mathrm{e}^{j(2\pi f_{\mathrm{IF}}t+\phi)} \tag{4-24}$$

$$r(t)=\mathrm{e}^{j(2\pi f_{\mathrm{IF}}t)} \tag{4-25}$$

而复乘输出

$$I(t)+jQ(t)=s(t)r(t)=AD(t)\mathrm{e}^{j(2\pi f_{\mathrm{IF}}t+\phi)}\left[\mathrm{e}^{j(2\pi f_{\mathrm{IF}}t)}\right]^{*}=AD(t)\mathrm{e}^{j\phi} \tag{4-26}$$

采用二进制调制时，$D(t)$ 为 $+1$ 或 -1，于是有

$$I(t)+jQ(t)=\pm A\mathrm{e}^{j\phi}=\begin{cases}A\mathrm{e}^{j\phi}, & D(t)=+1\\ A\mathrm{e}^{j(\phi+\pi)}, & D(t)=-1\end{cases} \tag{4-27}$$

这样，若仍使用 atan2(Q,I)进行鉴别，则在 $D(t)=+1$ 时会输出 ϕ，而在 $D(t)=-1$ 时，则

会输出 $\phi+\pi$。这将最终导致环路无法锁定。

科斯塔斯环是锁相环的一种，得名于最初的提出者 Costas。对于有信息调制的导航信号（BPSK 信号），如不使用比特剥离方法，信息符号的 0—1 或 1—0 跳变不断发生，使得环路无法锁定。科斯塔斯环通过对鉴别器算法的调整，以牺牲鉴别器牵引范围为代价，消除了比特反转引起的上述问题。常用的科斯塔斯环鉴别器算法如表 4-3 所示。

表 4-3　科斯塔斯环鉴别器

鉴别器算法	鉴别器输出	特性
$\text{atan}(Q/I)$	ϕ	二象限反正切 高、低 SNR 时最佳（最大似然估计） 斜率与信号幅度无关 运算量最高，通常使用查表法或简化算法
$Q\times I$	$\sin 2\phi$	低 SNR 时接近最佳 斜率正比于信号幅度平方 A^2 中等运算量
$Q\times sign(I)$	$\sin\phi$	高 SNR 时接近最佳 斜率正比于信号幅度 A 运算量最低
Q/I	$\tan\phi$	次最佳，但在高、低 SNR 时性能良好 斜率与信号幅度无关 运算量要求较高 在 $\phi=90°$ 时会发生除零错误

在无噪声情况下，表中各算法的输入输出关系如图 4-8 所示。从图中可知，当输入相差在 $-90°\sim+90°$ 范围内时，鉴别输出与输入相差一致或接近；同时，任意输入相差 ϕ 与 $\phi+180°$ 的鉴别输出相等，在比特跳变发生时，鉴别器输出保持不变。

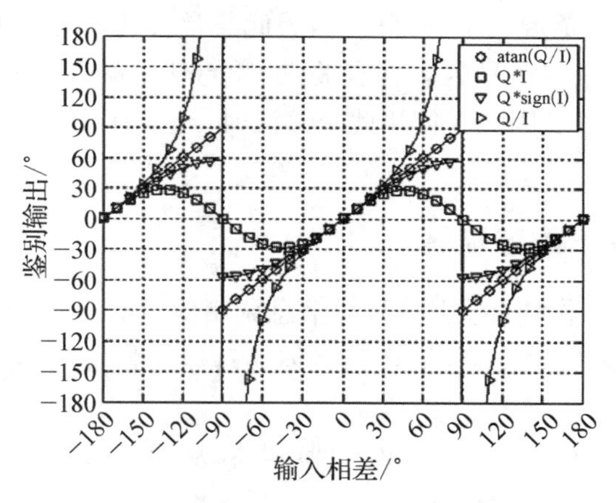

图 4-8　无噪声时 Costas 环鉴别器输入输出曲线

图 4-9 为有噪声情况下表中各种鉴别器鉴别输出的均值，其中 Q/I 鉴别器进行了合法性判别以剔除异常值。由图中可知，在较高信噪比时，各种鉴别器曲线具有明显差别，而在

SNR 较低时(如 SNR＝－2 dB),各鉴别器输出均值都趋向于一个类正弦形状。

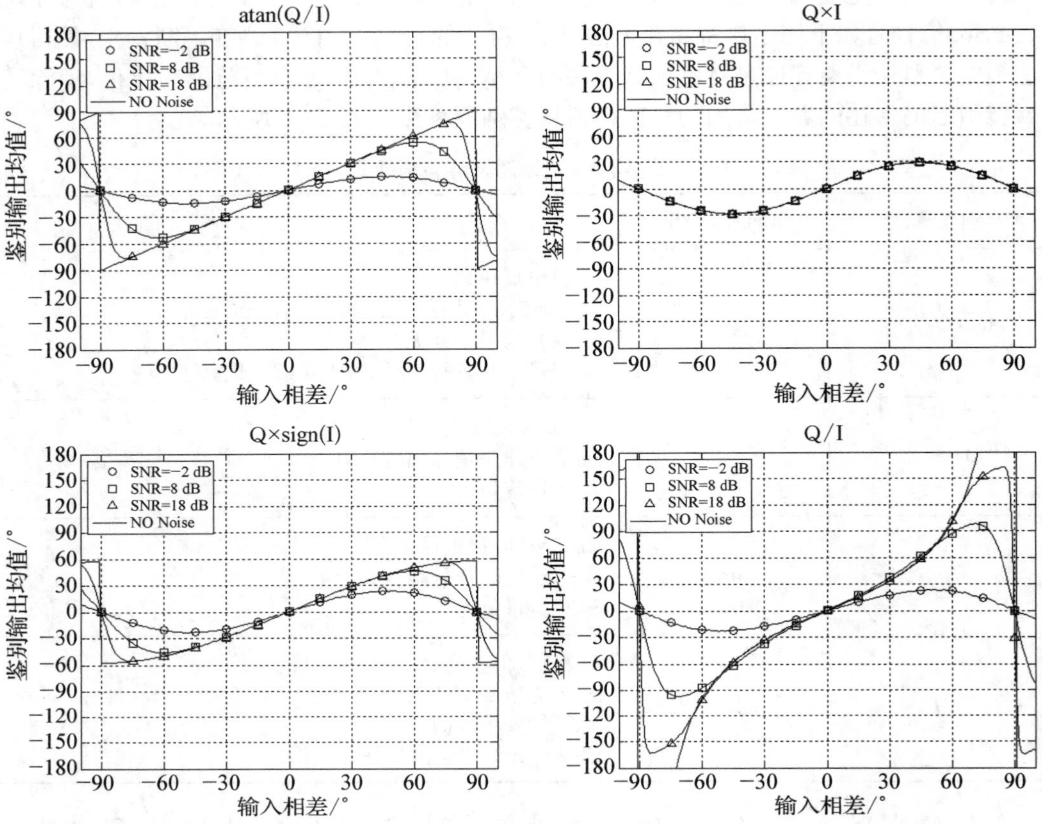

图 4－9　噪声环境下的鉴别器输出均值

观察 4 种鉴别算法可知，atan(Q/I) 与 Q/I 使用了除法运算,当希望以硬件(例如专用 IC 或 FPGA)实现时,除法需要较多处理资源,因此通常会选用 $Q\times I$ 或 $Q\times sign(I)$ 方法。但需要注意到,这两种方法与信号的幅度有关:前者与信号幅度的平方(信号能量)成正比,而后者则与信号幅度成正比,因此在使用此类算法时,还要有信号幅度或能量的估计算法相配合。

4.1.3　联合跟踪下的鉴别器

卫星导航信号中部分采用了导引信号与信息调制信号的组合,即导频信号和数据信号,基本的载波跟踪环结构未发生变化,但环路具体实现以及性能与传统的单一成分的信号有较大的差异。

无数据调制信号的跟踪可使用 atan2( )鉴别器,从而使跟踪门限改进约 5～6 dB(详细分析见 4.6.1 节)。

导频信号正是这种无数据调制信号,即使导频信号只占用部分功率(通常为 1/2 或 3/4),但仅跟踪导频信号的 PLL 环跟踪门限仍比相同功率的有数据调制信号好 2 dB 以上。

但另一方面也应注意到,仅使用导频信号或数据信号进行信号跟踪时,由于 C/n_0 下降,使得码、载波相位观测误差方差增大，为改善观测量精度，应将所有信号能量加以应用，即需要进行导频与数据信号的联合载波跟踪[47]。

设载波相位鉴别分别为 ϕ_1、ϕ_2，以式 $\phi_{1,2}=w_1\phi_1+w_2\phi_2$ 进行加权合成，其中 w_1、w_2 为加权系数，满足 $w_1+w_2=1, w_1\geqslant 0, w_2\geqslant 0$。设鉴别器输出表示为

$$\phi_1=\phi+e_1 \tag{4-28}$$

$$\phi_2=\phi+e_2 \tag{4-29}$$

式中，ϕ 为真实相差；而 e_1、e_2 为互不相关的零均值噪声项；$E[e_1]=0, E[e_2]=0$，两者方差分别为 σ_1 与 σ_2。于是合成的鉴相结果的期望为

$$\begin{aligned} E[\phi_{1,2}] &= E[w_1\phi_1+w_2\phi_2]=E[w_1(\phi+e_1)+w_2(\phi+e_2)] \\ &= E[w_1\phi+w_2\phi+w_1e_1+w_2e_2]=\phi \end{aligned} \tag{4-30}$$

方差为

$$\begin{aligned} E[(\phi_{1,2}-E[\phi_{1,2}])^2] &= E[(w_1(\phi+e_1)+w_2(\phi+e_2)-\phi)^2]=E[(w_1e_1+w_2e_2)^2] \\ &= e[w_1^2e_1^2+w_2^2e_2^2+2w_1w_2e_1e_2] \\ &= w_1^2\sigma_1^2+w_2^2\sigma_2^2 \end{aligned} \tag{4-31}$$

由于 $w_2=1-w_1$，有

$$\sigma_{1,2}^2=w_1^2\sigma_1^2+(1-w_1)^2\sigma_2^2 \tag{4-32}$$

为求其极值，计算合成的方差对加权系数 w_1 的导数

$$\begin{aligned} \frac{\mathrm{d}(\sigma_{1,2}^2)}{\mathrm{d}w_1} &= 2w_1\sigma_1^2-2(1-w_1)\sigma_2^2=2w_1\sigma_1^2-2(\sigma_2^2-w_1\sigma_2^2)=2w_1\sigma_1^2-2\sigma_2^2+2w_1\sigma_2^2 \\ &= 2w_1(\sigma_1^2+\sigma_2^2)-2\sigma_2^2 \end{aligned} \tag{4-33}$$

令此导数为0，有

$$w_1=\frac{\sigma_2^2}{\sigma_1^2+\sigma_2^2} \tag{4-34}$$

由于二阶导数 $\frac{\mathrm{d}^2\sigma_{1,2}^2}{\mathrm{d}^2w_1}=2\sigma_1^2+2\sigma_2^2>0$，此值为极小值。可以求得此时

$$w_2=\frac{\sigma_1^2}{\sigma_1^2+\sigma_2^2} \tag{4-35}$$

在此最佳值下，合成鉴别结果的方差为

$$\sigma_{1,2}^2=\left(\frac{\sigma_2^2}{\sigma_1^2+\sigma_2^2}\right)\sigma_1^2+\left(\frac{\sigma_1^2}{\sigma_1^2+\sigma_2^2}\right)^2\sigma_2^2=\frac{\sigma_1^2\sigma_2^2}{\sigma_1^2+\sigma_2^2} \tag{4-36}$$

利用上述结论，设 d_D、d_P 分别为数据信号和导频信号载波或码鉴别器输出，σ_D、σ_P 为二者方差，引入加权系数

$$w_P = \frac{\sigma_D^2}{\sigma_D^2 + \sigma_P^2} \tag{4-37}$$

$$w_D = \frac{\sigma_P^2}{\sigma_D^2 + \sigma_P^2} \tag{4-38}$$

联合鉴别器输出 $d = w_D d_D + w_P d_P$，其方差为 $\sigma^2 = \frac{\sigma_D^2 \sigma_P^2}{\sigma_D^2 + \sigma_P^2}$。由此式，进一步得到

$$\sigma^2 = \frac{\sigma_P^2}{1 + \frac{\sigma_P^2}{\sigma_D^2}} = \frac{\sigma_D^2}{1 + \frac{\sigma_D^2}{\sigma_P^2}} \tag{4-39}$$

显然，联合鉴别器的方差小于任何一个独立鉴别器的方差。

当需要进行更多信号联合跟踪时，我们可以依据上述方法进行类推。设有 4 个信号需要联合（例如同一卫星在同一频点所播发的 2 组数据、导频信号的联合跟踪情况），首先将第 3、4 个量进行合成：$\phi_{3,4} = w_3 \phi_3 = w_4 \phi_4$，按相同方法可得

$$w_3 = \frac{\sigma_4^2}{\sigma_3^2 + \sigma_4^2} \tag{4-40}$$

$$w_4 = \frac{\sigma_3^2}{\sigma_3^2 + \sigma_4^2} \tag{4-41}$$

$\phi_{3,4}$ 方差为

$$\sigma_{3,4}^2 = \frac{\sigma_3^2 + \sigma_4^2}{\sigma_3^2 + \sigma_4^2} \tag{4-42}$$

再按相同加权方法将 $\phi_{3,4}$ 与 $\phi_{1,2}$ 合并，有

$$\phi = w_{1,2} \phi_{1,2} + w_{3,4} \phi_{3,4} \tag{4-43}$$

最佳加权系数为

$$w_{1,2} = \frac{\sigma_{3,4}^2}{\sigma_{1,2}^2 + \sigma_{3,4}^2} = \frac{\frac{\sigma_3^2 \sigma_4^2}{\sigma_3^2 + \sigma_4^2}}{\frac{\sigma_1^2 \sigma_2^2}{\sigma_1^2 + \sigma_2^2} + \frac{\sigma_3^2 \sigma_4^2}{\sigma_3^2 \sigma_4^2}} \tag{4-44}$$

$$w_{3,4} = \frac{\sigma_{1,2}^2}{\sigma_{1,2}^2 + \sigma_{3,4}^2} = \frac{\frac{\sigma_1^2 \sigma_2^2}{\sigma_1^2 + \sigma_2^2}}{\frac{\sigma_1^2 \sigma_2^2}{\sigma_1^2 + \sigma_2^2} + \frac{\sigma_3^2 \sigma_4^2}{\sigma_3^2 + \sigma_4^2}} \tag{4-45}$$

最终合成信号的方差为

$$\begin{aligned}\sigma^2 &= \frac{\sigma_{1,2}^2\sigma_{3,4}^2}{\sigma_{1,2}^2+\sigma_{3,4}^2} = \frac{\dfrac{\sigma_1^2\sigma_2^2}{\sigma_1^2+\sigma_2^2}\dfrac{\sigma_3^2\sigma_4^2}{\sigma_3^2+\sigma_4^2}}{\dfrac{\sigma_1^2\sigma_2^2}{\sigma_1^2+\sigma_2^2}+\dfrac{\sigma_3^2\sigma_4^2}{\sigma_3^2+\sigma_4^2}} \\ &= \frac{\sigma_1^2\sigma_2^2\sigma_3^2\sigma_4^2}{\sigma_1^2\sigma_2^2(\sigma_3^2+\sigma_4^2)+\sigma_3^2\sigma_4^2(\sigma_1^2+\sigma_2^2)} \\ &= \frac{\sigma_1^2\sigma_2^2\sigma_3^2\sigma_4^2}{\sigma_1^2\sigma_2^2\sigma_3^2+\sigma_1^2\sigma_3^2\sigma_4^2+\sigma_1^2\sigma_2^2\sigma_4^2+\sigma_2^2\sigma_3^2\sigma_4^2}\end{aligned} \tag{4-46}$$

当各成分方差相同时，σ^2 为原来的1/4。而将 $\phi_{3,4}$ 与 $\phi_{1,2}$ 以及 $w_{1,2}$、$w_{3,4}$ 代入 ϕ 的计算式，有

$$\phi = \frac{\sigma_2^2\sigma_3^2\sigma_4^2\phi_1+\sigma_1^2\sigma_3^2\sigma_4^2\phi_2+\sigma_1^2\sigma_2^2\sigma_4^2\phi_3+\sigma_1^2\sigma_2^2\sigma_3^2\phi_4}{\sigma_1^2\sigma_2^2\sigma_3^2+\sigma_1^2\sigma_2^2\sigma_4^2+\sigma_3^2\sigma_4^2\sigma_1^2+\sigma_2^2\sigma_3^2\sigma_4^2} \tag{4-47}$$

进而可以写成如下形式

$$\phi = w_1\phi_1+w_2\phi_2+w_3\phi_3+w_4\phi_4 \tag{4-48}$$

式中各分量权重为

$$w_i = \frac{1}{\sum\limits_{j=1}^{4}\left(\prod\limits_{\substack{k=1\\k\neq j}}^{4}\sigma_k^2\right)}\prod_{\substack{k=1\\k\neq i}}^{4}\sigma_k^2 \tag{4-49}$$

由于导航、数据信号的不同特性，导频信号可使用atan2( )鉴别器，而数据信号只能使用atan( )鉴别器，那么，当相位差在4个象限时，导频信号鉴相输出与数据信号鉴相输出可能存在偏差。现有导航信号可能的导频信号、数据信号相位关系如图4－10所示。

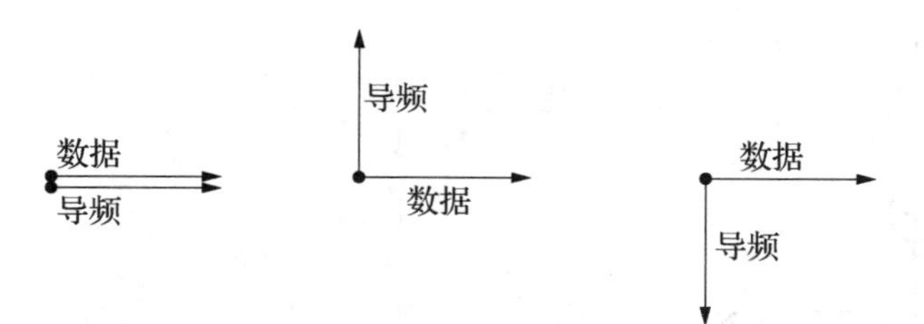

图4－10　可能的导频信号、数据信号相位关系

对于导频信号相位与复现信号相位差的不同数值，数据信号鉴别输出的可能情况如表4－4所示。

表 4-4　不同数据、导频信号相位关系下鉴别器的输出

导频相位差 ϕ_{pilot}	数据信号鉴别结果					
	数据导频同相		数据、导频信号正交			
			数据滞后导频 90°		数据超前导频 90°	
象限	象限	ϕ_{data}	象限	ϕ_{data}	象限	ϕ_{data}
1	1	ϕ_{pilot}	4	$\phi_{\text{pilot}}-\frac{\pi}{2}$	4	$\phi_{\text{pilot}}+\frac{\pi}{2}+\pi$
2	4	$\phi_{\text{pilot}}+\pi$	1	$\phi_{\text{pilot}}-\frac{\pi}{2}$	1	$\phi_{\text{pilot}}+\frac{\pi}{2}+\pi$
3	1	$\phi_{\text{pilot}}+\pi$	4	$\phi_{\text{pilot}}-\frac{\pi}{2}+\pi$	4	$\phi_{\text{pilot}}+\frac{\pi}{2}$
4	4	ϕ_{pilot}	1	$\phi_{\text{pilot}}-\frac{\pi}{2}+\pi$	1	$\phi_{\text{pilot}}+\frac{\pi}{2}$

若以导频信号相差 0 为跟踪目标，则可参照 Daniele 等[13]文章给出方法，设导频超前数据相位为 Φ_0，即 $\Phi_0=\phi_{\text{pilot}}-\phi_{\text{data}}$。在获得数据相位 ϕ_{data} 后，首先将其调整为 $\phi'_{\text{data}}=\phi_{\text{data}}+\Phi_0$，之后比较 ϕ'_{data} 与 ϕ_{pilot}，若 $|\phi'_{\text{data}}-\phi_{\text{pilot}}|>\frac{\pi}{2}$，则再将 ϕ'_{data} 加或减 π，之后再将之与 ϕ_{pilot} 按前述方法进行加权。若数据与导频信号积分段长不同（导频积分段时长大于等于数据信号积分段时长），则可将多个数据段鉴相得到的 ϕ_{data} 求均值后，再进行前述调整与合并。

为支持上述合并操作，研究[39,40]给出了对鉴别器输出值进行方差估计的方法，如图 4-11 所示。图中 α、β 均为小于 1 的正数。

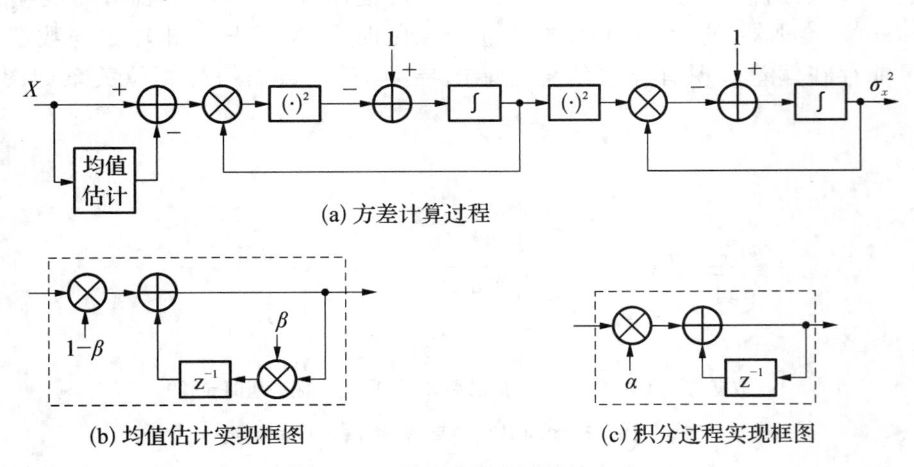

(a) 方差计算过程

(b) 均值估计实现框图

(c) 积分过程实现框图

图 4-11　随机变量方差估计方法

4.2　码跟踪环鉴别器

码跟踪环实际是一种特殊的相位锁定环，从构成要素来看，其主要区别在于鉴别器不同。由于其目标是消除复现码与信号码间的延时 τ，因此通常称为"延时锁定环"（Delay Locked Loop，DLL），其实质则是使复现码与接收信号扩频码时钟的相位保持同步。

DLL 分为两类，分别是相干 DLL 与非相干 DLL[8,14]，两者的区别是相干 DLL 以复现载波与接收信号载波"相干"（同频同相）为前提，或者说要求载波相位锁定，认为信号功率只存在于 I 支路；而非相干 DLL 则不以锁相环锁定为前提，只要求复现载波与信号载波频差足够小（引入较小的信号能量损耗，见 3.2.1 节）。二者相比，相干 DLL 环路中，由于输入信号噪声仅包括 I 支路噪声，而在载波锁定时几乎全部信号功率存在于 I 支路，因此单纯从相关器输出的 SNR 来看，较非相干 DLL 高约 3 dB，其环路噪声较小。然而，非相干 DLL 由于同时使用 I、Q 两支路，无论载波相位是否锁定均可正常工作，因此较相干 DLL 更加顽健，即使在工作过程中载波环出现载波 PLL 短暂失锁或只能实现 FLL 锁定，码环也会继续保持锁定，从而为载波环恢复锁定、进行不间断测量提供了保证。正是由于上述原因，普通的导航接收机中多采用非相干 DLL。图 4-12、图 4-13 给出了两种码环的基本结构框图。

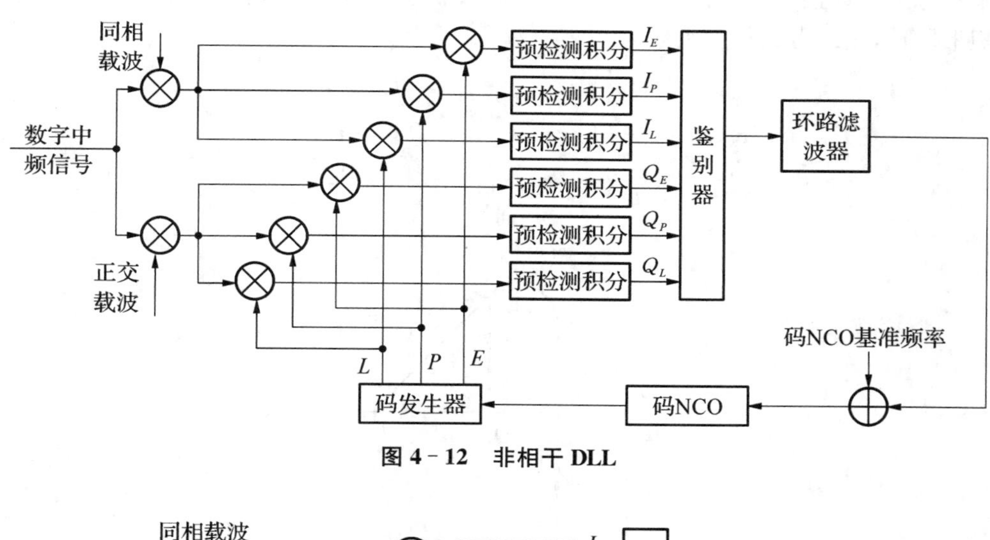

图 4-12　非相干 DLL

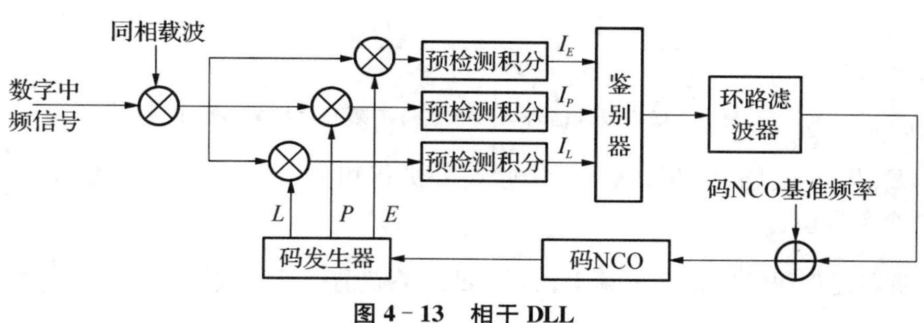

图 4-13　相干 DLL

两者的共同点是，接收机的复现码发生器需要产生 3 个复现码分别与信号进行相关，这三个相位称为“超前”(E-Early)、“即时”(P-Prompt)、“滞后”(L-Late)支路，三者间保持特定的相位关系，一般描述为 E 支路在时间上超前 L 支路 D，而 P 支路相位处于二者中点，即 E 支路在时间上超前 P 支路 $D/2$。采用矩形脉冲码片波形的 E、P、L 相位的复现码相互关系如图 4-14 所示。

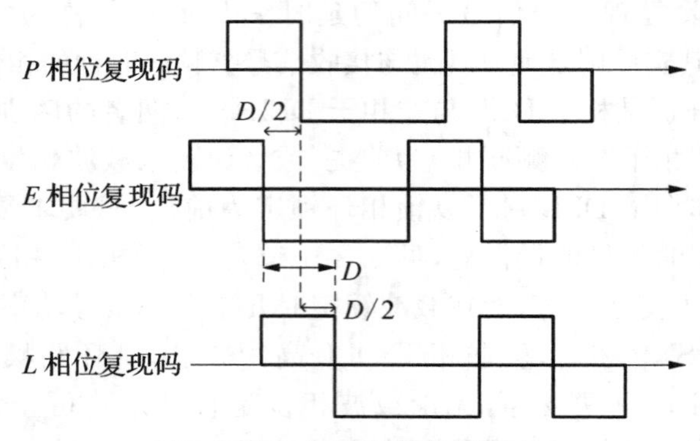

图 4-14　三个相位的复现码

与 PLL、FLL 鉴别器的功能相同，码鉴别器的目的是发现复现码与信号扩频码的相位差。下面从一个无噪声、无限带宽的理想矩形脉冲调制信号的相关函数入手，说明鉴别器算法的基本思路。设接收信号扩频码片波形为无限带宽的理想矩形脉冲，复现信号为与之相同的矩形脉冲，则二者的相关函数为

$$R(\tau)=\begin{cases}A(1+\tau/T_c), & -T_c<\tau\leqslant 0\\ A(1-\tau/T_c), & T_c>\tau>0\\ 0, & 其他\end{cases}\tag{4-50}$$

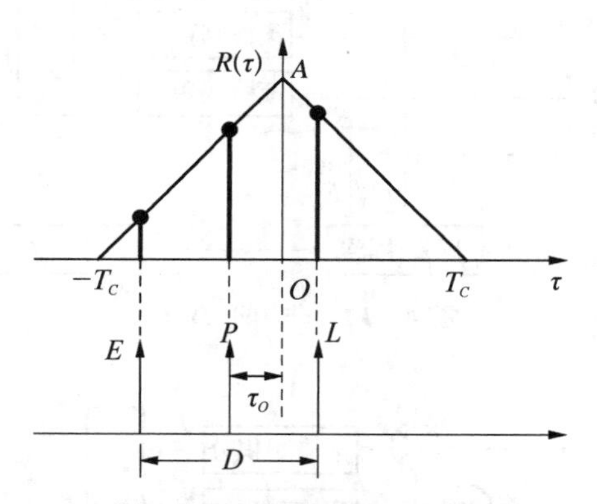

图 4-15　复现信号与接收信号扩频码片相关函数

这样，E、P、L 支路复现码分别与接收信号进行相关运算后，3 个相关器输出正好为 $R(\tau)$ 的 3 个采样值。

设 P 支路复现码超前信号扩频码 τ_0，则 E 支路超前信号扩频码 $\tau_E=\tau_0-\dfrac{D}{2}$，$L$ 支路超前 $\tau_L=\tau_0+\dfrac{D}{2}$。这里采用非相干 DLL(图 4-12)，$E$、$P$、$L$ 与相关器输出的关系为

$$E=\sqrt{I_E^2+Q_E^2},\quad L=\sqrt{I_L^2+Q_L^2},\quad P=\sqrt{I_P^2+Q_P^2} \tag{4-51}$$

当$-\dfrac{D}{2}\leqslant\tau_0<\dfrac{D}{2}$时，超前点$\tau_E$总小于0，而滞后点$\tau_L$总大于0，于是

$$E=R(\tau_E)=R\left(\tau_0-\frac{D}{2}\right)=A\cdot\left(1+\frac{\tau_0-D/2}{T_c}\right) \tag{4-52}$$

$$L=R(\tau_L)=R\left(\tau_0+\frac{D}{2}\right)=A\cdot\left(1-\frac{\tau_0+D/2}{T_c}\right) \tag{4-53}$$

可得$E-L=2A\dfrac{\tau_0}{T_c}$，$E+L=A\cdot\left(2-\dfrac{D}{T_c}\right)$，并可得到以下两式

$$\frac{\tau_0}{T_c}=\frac{1}{A}\frac{E-L}{2} \tag{4-54}$$

$$A=\frac{E+L}{2-\dfrac{D}{T_c}} \tag{4-55}$$

如果可以通过某种方法获得A（例如可以将$P=\sqrt{I_P^2+Q_P^2}$包络作为A，或通过其他方法实现对A的估计），则可利用式(4-54)实现鉴别。也可将式(4-55)代入式(4-54)，得到归一化的鉴别值。

$$\frac{\tau_0}{T_c}=\frac{E-L}{E+L}\cdot\frac{2-\dfrac{D}{T_c}}{2}=\left(1-\frac{D}{2T_c}\right)\frac{E-L}{E+L}=\left(1-\frac{d}{2}\right)\frac{E-L}{E+L} \tag{4-56}$$

式中，$d=\dfrac{D}{T_c}$。例如，当$D=T_c$时，$\dfrac{\tau_0}{T_c}=\dfrac{1}{2}\cdot\dfrac{E-L}{E+L}$，而在$D$较小时，如$\dfrac{T_c}{10}$，则近似为

$$\frac{\tau_0}{T_c}=\frac{E-L}{E+L} \tag{4-57}$$

图4-16画出了上述两种鉴别函数的输入误差与鉴别输出的关系，即鉴别曲线。其中认为E、L已进行归一化，于是第一种方法变为

$$\frac{\tau_0}{T_c}=\frac{E-L}{2} \tag{4-58}$$

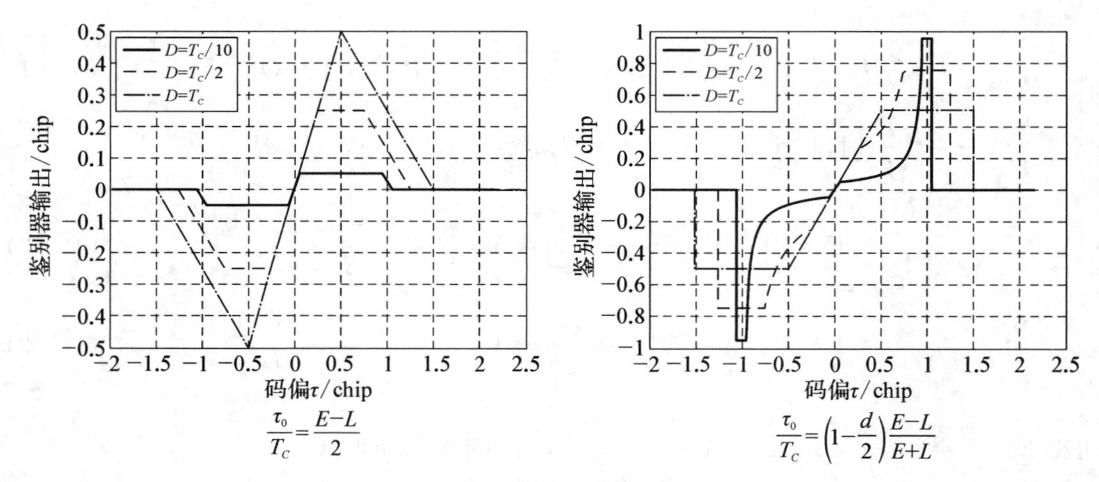

图 4-16　两种包络鉴别器的鉴别函数

两种方法在 $|\tau|\leqslant\dfrac{D}{2}$ 区域内时，均输出真实的码相位偏差，而此区域以外就无法输出真实的偏差，但在 $|\tau|\leqslant 1+\dfrac{D}{2}$ 区域内均有与误差相同符号的输出。

当 $|\tau|>1+\dfrac{D}{2}$ 时，两鉴别器均输出 0，即此时码相位误差已超出鉴别器的鉴别范围。

从 E、L 的计算可见，需要进行开方运算，这会导致较大的计算量，且在硬件中难于实现或需要占用大量处理资源。为此，可以使用 E、L 功率进行码鉴别。

$$E^2-L^2=2A^2\cdot\frac{\tau_0}{T_c}\left[2-\frac{D}{T_c}\right] \tag{4-59}$$

$$E^2+L^2=2A^2\cdot\left[1-\frac{D}{T_c}+\frac{\tau_0^2+D^2/4}{T_c^2}\right] \tag{4-60}$$

于是有

$$\frac{\tau_0}{T_c}=\frac{1}{2}\,\frac{1}{A^2}\,\frac{E^2-L^2}{2-\dfrac{D}{T_c}} \tag{4-61}$$

或

$$\frac{\tau_0}{T_c}=\frac{1-\dfrac{D}{T_c}+\dfrac{\tau_0^2+D^2/4}{T_c^2}}{2-\dfrac{D}{T_c}}\,\frac{E^2-L^2}{E^2+L^2} \tag{4-62}$$

对于第一个表达式，当信号已被归一化，即 $A=1$ 时，有

$$\frac{\tau_0}{T_c}=\frac{1}{2}\frac{E^2-L^2}{2-d} \tag{4-63}$$

式中，$d=\dfrac{D}{T_c}$。在 $d=1$ 时，

$$\frac{\tau_0}{T_c}=\frac{1}{2}(E^2-L^2) \tag{4-64}$$

显然，上述归一化的表达式中存在未知量 τ_0^2，可以令 $\tau_0=0$，得到近似值，于是有

$$\frac{1-\dfrac{D}{T_c}+\dfrac{D^2/4}{T_c^2}}{2-\dfrac{D}{T_c}}=\frac{\left(1-\dfrac{d}{2}\right)^2}{2-d} \tag{4-65}$$

相应地，

$$\frac{\tau_0}{T_c}=\frac{\left(1-\dfrac{d}{2}\right)^2}{2-d}\frac{E^2-L^2}{E^2+L^2} \tag{4-66}$$

上述两种基于能量的鉴别器鉴别曲线如图 4-17 所示。其中归一化鉴别器中，当 $E^2+L^2=0$ 时，强制鉴别器输出 0。

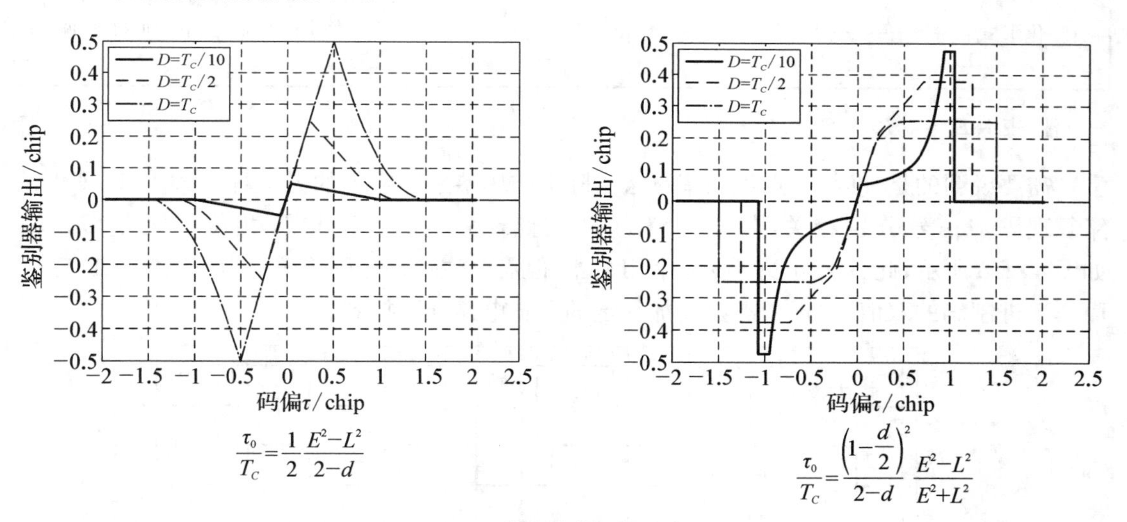

图 4-17　两种能量鉴别器的鉴别函数

《GPS 原理与应用》一书[14]中给出了几种常用的码鉴别器算法（书中 D 均为 T_c），结合前面的基于包络和能量的两类鉴别器的讨论，总结如表 4-5 所示。

表 4-5 几种常用的码鉴别器

鉴别器算法		特性
一般形式	$d=1$	
$\frac{1}{2}(E-L)$ 归一化形式：$\left(1-\frac{d}{2}\right)\cdot\frac{E-L}{E+L}$	$\frac{1}{2}(E-L)$ 归一化： $\frac{1}{2}\cdot\frac{E-L}{E+L}$	超前减滞后包络 运算量大；无噪声时在 $\pm d/2$ 码片范围内产生近真实的跟踪误差
$\frac{1}{2}\frac{E^2-L^2}{2-d}$ 归一化形式：$\frac{\left(1-\frac{d}{2}\right)^2}{2-d}\frac{E^2-L^2}{E^2+L^2}$	$\frac{1}{2}(E^2-L^2)$ 归一化： $\frac{1}{4}\frac{E^2-L^2}{E^2+L^2}$	超前减滞后功率 中等运算量；在 $\pm d/2$ 码片误差范围产生与归一化 $E-L$ 相同的鉴别特性
$\frac{1}{2}[(I_E-I_L)I_P+(Q_E-Q_L)Q_P]$ 归一化形式：$\frac{1}{4}\cdot\left[\frac{I_E-I_L}{I_P}+\frac{Q_E-Q_L}{Q_P}\right]$	与一般形式无差别	准相干点积功率 运算量小；需要 E、P、L 全部相关器输出
$\frac{1}{2}(I_E-I_L)I_P$ 归一化形式：$\frac{1}{4}\cdot\frac{I_E-I_L}{I_P}$	与一般形式无差别	相干点积功率 运算量小；由于只使用 I 支路相关器输出，只能在载波环处于锁定状态时使用，可得到准确的码偏差数据

注：表中 $E=\sqrt{I_E^2+Q_E^2}$，$L=\sqrt{I_L^2+Q_L^2}$。

需要说明的是，准相干点积功率算法实际上与码鉴别器输入的另一种方式等效，即以两路复现码与信号分别相关，其中一路为 P 支路，另一路为 E 与 L 相位码之差 $E-L$，如图 4-18 所示，此方法可以减少一个相关器，但需要注意差分码 $E-L$ 为+1、0、−1 三值，而非二进制码的双值，实现中需要增加一定的逻辑电路加以控制。

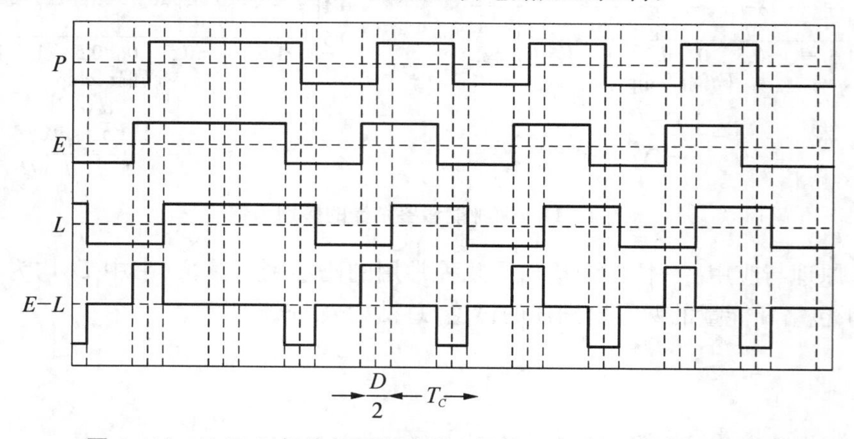

图 4-18 *E*、*P*、*L* 相位复现码以及 *E* 相位-*L* 相位码得到的差分码

差分码与接收信号 I、Q 支路相关后得到

$$I_{E-L}=I_E-I_L=T\cdot A[R(\tau_E)-R(\tau_L)]\cos(2\pi\Delta ft+\phi) \tag{4-67}$$

$$Q_{E-L}=Q_E-Q_L=T\cdot A[R(\tau_E)-R(\tau_L)]\sin(2\pi\Delta ft+\phi) \tag{4-68}$$

同时,P 支路复现码与信号相关得到

$$I_P=T\cdot A\cdot R(\tau_P)\cos(2\pi\Delta ft+\phi) \tag{4-69}$$

$$Q_P=T\cdot A\cdot R(\tau_P)\sin(2\pi\Delta ft+\phi) \tag{4-70}$$

这样,有

$$I_{E-L}I_P=T^2\cdot A^2[R(\tau_E)-R(\tau_L)]R(\tau_P)\cos^2(2\pi\Delta ft+\phi) \tag{4-71}$$

$$Q_{E-L}Q_P=T^2\cdot A^2[R(\tau_E)-R(\tau_L)]R(\tau_P)\sin^2(2\pi\Delta ft+\phi) \tag{4-72}$$

两者之和为 $T^2\cdot A^2[R(\tau_E)-R(\tau_L)]R(\tau_P)$。若通过某种方法对 $T^2\cdot A^2$ 进行估值并消除,且当 $\tau_P\approx 0$ 时,$R(\tau_P)\approx 1$,上式即为 $E-L$,于是可得鉴别输出为

$$\frac{\tau}{T_c}=\frac{1}{2}(I_{E-L}\cdot I_P+Q_{E-L}\cdot Q_P) \tag{4-73}$$

而归一化点积算法下,有

$$I_{E-L}/I_P=\frac{[R(\tau_E)-R(\tau_L)]}{R(\tau_P)} \tag{4-74}$$

$$Q_{E-L}/Q_P=\frac{[R(\tau_E)-R(\tau_L)]}{R(\tau_P)} \tag{4-75}$$

于是有

$$I_{E-L}/I_P+Q_{E-L}/Q_P=2\,\frac{[R(\tau_E)-R(\tau_L)]}{R(\tau_P)} \tag{4-76}$$

当 $\tau_P\approx 0$ 时,$R(\tau_P)\approx 1$,上式的值为 $2(E-L)$,因此有

$$\frac{\tau}{T_c}=\frac{1}{4}(I_{E-L}/I_P+Q_{E-L}/Q_P) \tag{4-77}$$

而对于相干点积分率方法则仅在相干 DLL 中使用,即认为 PLL 环已锁定,信号功率集中于 I 支路,即前面各式中 $\Delta f=0$,$\phi=0$,因此各 Q 支路均为 0,不再参与计算。点积功率鉴别器鉴别曲线如图 4-19 所示。

由于归一化超前减滞后包络鉴别器输出误差在[−0.5,0.5]个码片范围内呈线性,因此在以软件实现的鉴别器中得以广泛应用。其信号包络的计算过程中,需要进行 $\sqrt{I^2+Q^2}$ 计算,埃利奥特等[14]研究中给出了两种运算量较小的近似算法——JPL 近似与 Robertson 近似,描述如下:

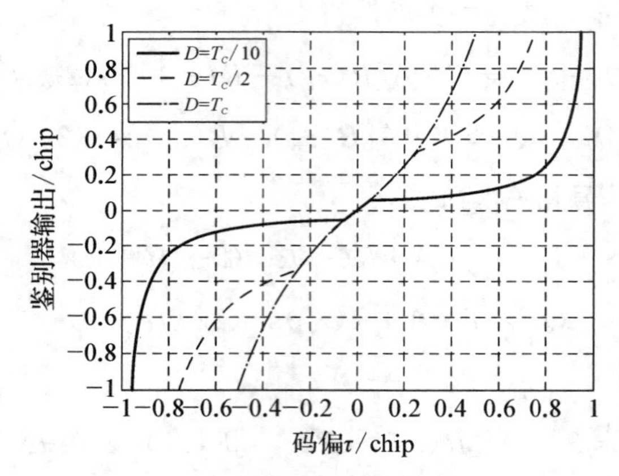

图 4-19　点积功率鉴别器的鉴别曲线

(1) JPL 近似

令 $X=\max(|I|,|Q|), Y=\min(|I|,|Q|)$

$$A_{\text{app}}=\begin{cases}X+\dfrac{Y}{8}, & X\geqslant 3Y\\ \dfrac{7X}{8}+\dfrac{Y}{2}, & X<3Y\end{cases} \tag{4-78}$$

(2) Robertson 近似

$$A_{\text{app}}=\max\left(|I|+\frac{|Q|}{2}, |Q|+\frac{|I|}{2}\right) \tag{4-79}$$

图 4-20 为 I、Q 按不同载波相角情况下，两种近似算法与真值的相对误差，可以看出 JPL 误差较小，算法也相对复杂。但总的来看，对于微处理器计算而言，两者的运算量都是可接受的。

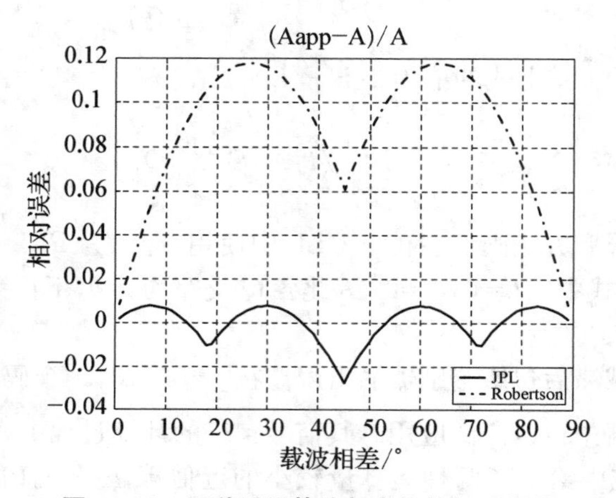

图 4-20　两种近似算法与真值的相对误差

4.3　VCO 与 NCO

压控振荡器(Voltage Controlled Oscillator, VCO),它将在输入电压 $v(t)$控制下产生相应频率 $f(t)=K_o \cdot v(t)$ 的正弦波。对于锁相环路,可认为在时刻 t 其输出的相位为

$$\phi(t)=\int_{-\infty}^{t} f(\tau)\mathrm{d}t=\int_{-\infty}^{t} K_o \cdot v(\tau)\mathrm{d}\tau \tag{4-80}$$

相应地,将等式进行拉普拉斯变换,可得

$$\Phi(s)=\frac{1}{s}K_o \cdot V(s) \tag{4-81}$$

于是可得传输函数

$$H(s)=\frac{\Phi(s)}{V(s)}=K_o \frac{1}{s} \tag{4-82}$$

数字控制振荡器(Numerically Controlled Oscillator, NCO),也称“直接数字频率合成器(DDS)”,虽然称为振荡器,实际上它只是一种数字电路,利用外部输入时钟产生一定频率的周期信号的相位输出,再通过相位－波形映射进一步得到周期波形的样点,其结构如图 4－21 所示。

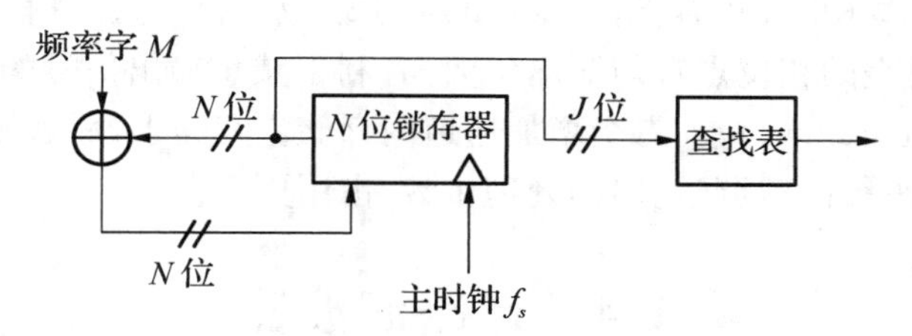

图 4－21　NCO 组成框图

为了清楚地理解 NCO 的原理,首先设 $M=1$。于是,每过一个主时钟,锁存器中的值加 1,图 4－22 为此情况下锁存器数值随时间的变化(图中 $N=3$)。

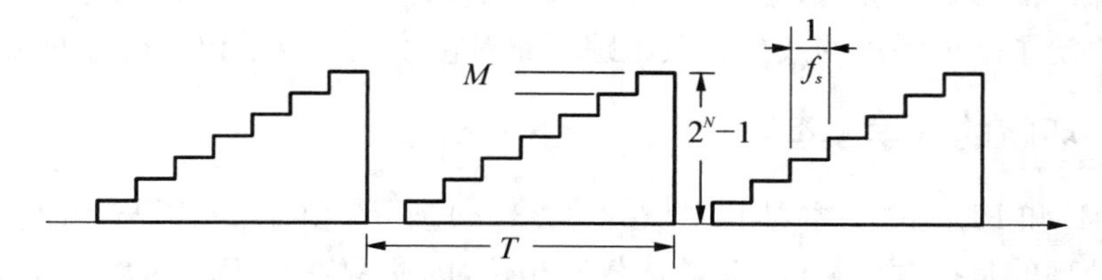

图 4－22　$N=3, M=1$,工作时钟 f_s 下的锁存器输出值随时间的变化

$M=1$ 时,输出周期信号频率为 $f=\frac{1}{T}=\frac{f_s}{2^N}$。由于锁存器只有 N 位,因此在锁存值大于等于 2^N 时,自动取模,这样可以认为锁存器计满 2^N 为一个周期。当 M 不为 1 时,每个主

时钟计数值加 M,从而使周期信号相位前进 $\phi=\frac{M}{2^N}$(周期)。相应地,可得到对应输出频率为

$$f=\frac{\phi}{T_s}=\frac{\phi}{\frac{1}{f_s}}=M\frac{f_s}{2^N} \tag{4-83}$$

令 $R=\frac{f_s}{2^N}$,R 称为 NCO 的"频率分辨率",则式(4-83)变为

$$f=M\cdot R \tag{4-84}$$

此式说明,NCO 产生的频率值是频率字 M 与频率分辨率 R 之积;若在某个时刻 NCO 锁存器的值为 K,则对应相位值为 $\Phi=\frac{K}{2^N}$。对于 $f_s=62$ MHz,位数为 32 位的 NCO,其频率分辨率为 $\frac{62\times10^6}{2^{32}}\approx14.43\times10^{-3}$ Hz,当输入频率字为 1 000 时,NCO 产生 14.43 Hz 的频率。

对于方波输出(码时钟),则图 4-21 中用于进行波形映射的"查找表"可简化为一个简单的逻辑:取锁存器的最高位直接作为输出。对于正弦波输出,则通常选取锁存器最高 J 位(J<N)作为地址,读取 ROM 中存储的 ROM 表,实现数字化正弦波输出。

增大 ROM 映射表的相位点数与输出位数,有利于减小输出信号的幅度误差(正弦波情况)以及相位抖动,但与此同时,前者会增加通道内存储空间需求,后者则会增加后续处理过程(如使用输出数据进行的解调运算)的处理位数,占用更多资源。

4.4 环路滤波器

在本章开始部分,给出了跟踪环路的通用形式,前两节中,主要介绍了载波跟踪环、码跟踪环的环路鉴别器,本节介绍跟踪环路的第二个组成部分——环路滤波器。环路滤波器的作用是降低噪声的影响,同时依据鉴别器对 NCO 进行的控制加以限制。环路滤波器的阶数及噪声带宽决定了降低噪声的效果以及跟踪环路对接收机—卫星相对动态的响应。

4.4.1 环路的数学模型

DLL、FLL 和 PLL 的基本结构如图 4-23(a)所示,由于 DLL 与 PLL 均为相位锁定——前者处理的是扩频码相位,后者是载波相位,因此两者有相同的数学模型(各模块以其拉普拉斯变换域的传递函数表示)如图 4-23(b)所示;FLL 与两者不同,区别主要在于以频率为参数时,VCO 或 NCO 的数学模型与前两者不同,即环路滤波器输出值乘以 K,为 VCO 或 NCO 输出的频率。FLL 数学模型如图 4-23 (c)所示。图中 K_d 为鉴别器的增益,即鉴别器输出与真实的相位、频率差的比值。

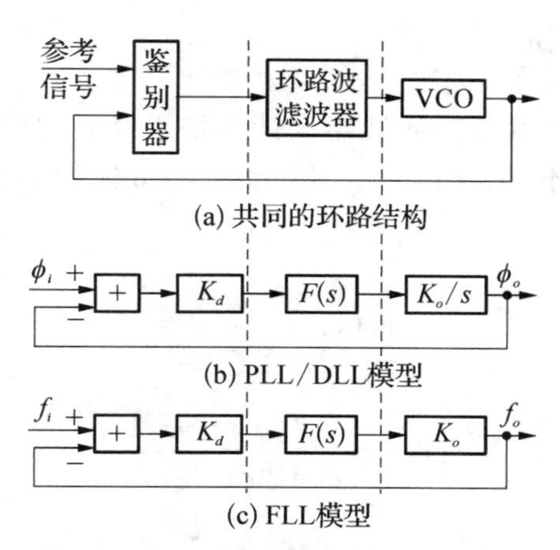

图 4 - 23　三种环路的构成与数学模型

对于 PLL/DLL，可以得到如下表达式

$$(\phi_i - \phi_o) \cdot K_d \cdot F(s) \cdot K_o \cdot \frac{1}{s} = \phi_o \tag{4-85}$$

进而得到环路的传递函数

$$H(s) = \frac{\phi_o}{\phi_i} = \frac{K \cdot F(s)}{s + K \cdot F(s)} \tag{4-86}$$

式中，$K = K_d \cdot K_o$ 为环路增益。K_d 由鉴别器或鉴别算法固有特性引入；K_o 由 NCO、VCO 特性引入，即输出频率与输入电压、控制数值比率。

对于 FLL，有 $(f_i - f_o) \cdot K_d \cdot F(s) \cdot K_o = f_o$，其传递函数为

$$H(s) = \frac{f_o}{f_i} = \frac{K \cdot F(s)}{1 + K \cdot F(s)} \tag{4-87}$$

环路滤波器的一个关键参数为单边噪声带宽，该参数定义为[28]

$$B_n = \int_0^{\infty} |H(j2\pi f)|^2 \mathrm{d}f \quad (\mathrm{Hz}) \tag{4-88}$$

式中，$H(j2\pi f)$ 即为将“s”换为“$j2\pi f$”的表示方式。对于 PLL 环，其输出相位 ϕ_o 的抖动（ϕ_o 与 ϕ_i 之差）方差为 $\sigma_o^2 = n_0 B_n$。 而对于 FLL，则其输出频率的方差为 $\sigma_o^2 = n_0 B_n$。

此外，n_0 为图 4 - 23(b)、(c)中求相位、频率差后(不含 K_d)的噪声单边功率谱密度。

需要说明的是，通常各种环路分为不同的阶数，阶数是指整个环路中积分器($1/s$)算子的个数，而下节所称“n 阶滤波器”是指“n 阶环路中使用的滤波器”，而不是指滤波器本身包含有 n 个积分器。例如 2 阶 PLL，由于环路中 VCO 表现为一个积分器，因此其环路滤波器中只有 1 个积分器。

4.4.2 环路滤波器设计

通常接收机所使用的数字环路滤波器设计是基于经典的模拟锁相环理论进行的，其不同点仅限于实现方式的不同。有研究[9]给出了 1～3 阶模拟锁相环路滤波器的传递函数为

1 阶环路：
$$H(s)=\frac{\omega_n}{s+\omega_n} \tag{4-89}$$

2 阶环路：
$$H(s)=\frac{2\zeta\omega_n s+\omega_n^2}{s^2+2\zeta\omega_n s+\omega_n^2} \tag{4-90}$$

3 阶环路：
$$H(s)=\frac{b\omega_n s^2+a\omega_n^2 s+\omega_n^3}{s^3+b\omega_n s^2+a\omega_n^2 s+\omega_n^3} \tag{4-91}$$

式中，ω_n 为环路滤波器的自然角频率；2 阶环路滤波器中的 ζ 称为“阻尼因子”。

将三者与上节得到的 PLL/DLL 传递函数一般形式 $H(s)=\frac{K\cdot F(s)}{s+K\cdot F(s)}$ 进行比较，可得到滤波器传递函数

1 阶环路：
$$F(s)=\frac{\omega_n}{K} \tag{4-92}$$

2 阶环路：
$$F(s)=\frac{2\zeta\omega_n}{K}+\frac{\omega_n^2}{K}\frac{1}{s} \tag{4-93}$$

3 阶环路：
$$F(s)=\frac{b\omega_n}{K}+\left(\frac{a\omega_n^2}{K}+\frac{\omega_n^3}{K}\frac{1}{s}\right)\frac{1}{s} \tag{4-94}$$

由此可得到模拟环路滤波器结构如图 4-24 所示[1][14]。

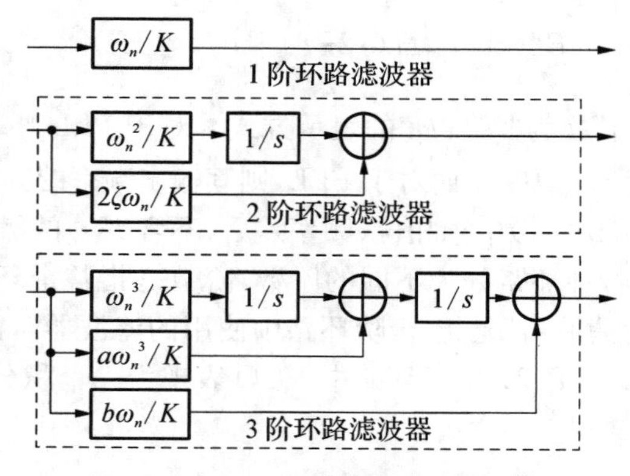

图 4-24 PLL/DLL 环路滤波器结构

定义环路误差传递函数

$$H_e(s)=\frac{\phi_e}{\phi_i}=\frac{\phi_i-\phi_o}{\phi_i}=1-H(s) \tag{4-95}$$

于是各阶环路误差传递函数为

1 阶环路：
$$H_e(s)=\frac{s}{s+\omega_n} \tag{4-96}$$

2 阶环路：
$$H_e(s)=\frac{s^2}{s^2+2\zeta\omega_n s+\omega_n^2} \tag{4-97}$$

3 阶环路：
$$H_e(s)=\frac{s^3}{s^3+b\omega_n s^2+a\omega_n^2 s+\omega_n^3} \tag{4-98}$$

这样，对于输入相位 $\theta_i(s)$，输出误差 $\theta_e(s)=\theta_i(s)H_e(s)$，根据拉氏变换的终值定理，稳态误差为 $\lim\limits_{t\to\infty}\theta_e(t)=\lim\limits_{s\to 0}[s\cdot\theta_e(s)]$。当 $\lim\limits_{t\to\infty}\theta_e(t)$ 为 0 时，认为环路在稳态下不存在噪声以外因素所造成的误差。可能的 $\theta_i(s)$ 包括下表所示的基本形式。

表 4-6　几种基本的相位输入函数

输入信号相位函数	$\theta_i(s)$	对应导航应用中的情况
相位阶跃	$\theta_i(s)=\frac{\phi}{s}$	突然出现的相位跳跃
频率阶跃	$\theta_i(s)=\frac{\omega}{s^2}$	接收机与卫星径向速度从一个值变为另一个值
频率变化率阶跃	$\theta_i(s)=\frac{\dot{\omega}}{s^3}$	接收机与卫星径向加速度从一个值变为另一个值
频变二阶变化率阶跃	$\theta_i(s)=\frac{\ddot{\omega}}{s^4}$	接收机与卫星径向加加速度从一个值变为另一个值

对于 1 阶环路，有

相位阶跃：

$$\lim_{t\to\infty}\theta_e(t)=\lim_{s\to 0}(s\cdot\theta_i(s)H_e(s))=\lim_{s\to 0}\left(s\cdot\frac{\phi}{s}\,\frac{s}{s+\omega_n}\right)=\lim_{s\to 0}\left(\frac{s\phi}{s+\omega_n}\right)=0 \tag{4-99}$$

频率阶跃：

$$\lim_{t\to\infty}\theta_e(t)=\lim_{s\to 0}(s\cdot\theta_i(s)H_e(s))=\lim_{s\to 0}\left(s\cdot\frac{\omega}{s^2}\,\frac{s}{s+\omega_n}\right)=\lim_{s\to 0}\left(\frac{\omega}{s+\omega_n}\right)=\frac{\omega}{\omega_n} \tag{4-100}$$

对于 2 阶环，有

频率阶跃：

$$\lim_{t\to\infty}\theta_e(t)=\lim_{s\to 0}(s\cdot\theta_i(s)H_e(s))=\lim_{s\to 0}\left(s\cdot\frac{\omega}{s^2}\frac{s^2}{s^2+2\zeta\omega_n s+\omega_n^2}\right)=\lim_{s\to 0}\left(\frac{s\omega}{s^2+2\zeta\omega_n s+\omega_n^2}\right)=0 \tag{4-101}$$

频率变化率阶跃：

$$\lim_{t\to\infty}\theta_e(t)=\lim_{s\to 0}(s\cdot\theta_i(s)H_e(s))=\lim_{s\to 0}\left(s\cdot\frac{\dot{\omega}}{s^3}\frac{s^2}{s^2+2\zeta\omega_n s+\omega_n^2}\right)=\lim_{s\to 0}\left(\frac{\dot{\omega}}{s^2+2\zeta\omega_n s+\omega_n^2}\right)=\frac{\dot{\omega}}{\omega_n^2} \tag{4-102}$$

对于 3 阶环路，有

频率变化率阶跃：

$$\begin{aligned}\lim_{t\to\infty}\theta_e(t)&=\lim_{s\to 0}(s\cdot\theta_i(s)H_e(s))=\lim_{s\to 0}\left(s\cdot\frac{\dot{\omega}}{s^3}\frac{s^3}{s^3+b\omega_n s^2+a\omega_n^2 s+\omega_n^3}\right)\\&=\lim_{s\to 0}\left(\frac{s\dot{\omega}}{s^3+b\omega_n s^2+a\omega_n^2 s+\omega_n^3}\right)=0\end{aligned} \tag{4-103}$$

频率二阶变化率阶跃

$$\begin{aligned}\lim_{t\to\infty}\theta_e(t)&=\lim_{s\to 0}(s\cdot\theta_i(s)H_e(s))=\lim_{s\to 0}\left(s\cdot\frac{\ddot{\omega}}{s^4}\frac{s^3}{s^3+b\omega_n s^2+a\omega_n^2 s+\omega_n^3}\right)\\&=\lim_{s\to 0}\left(\frac{\ddot{\omega}}{s^3+b\omega_n s^2+a\omega_n^2 s+\omega_n^3}\right)=\frac{\ddot{\omega}}{\omega_n^3}\end{aligned} \tag{4-104}$$

由以上分析可知，1、2、3 阶环路分别对于频率阶跃、频率变化率阶跃、频率二阶变化率阶跃存在稳态相差。在星—站信号传播这一场景下，相位阶跃对应着星—站径向距离跳变，频率阶跃对应着突然出现的径向距离相对速度突跳，即多普勒 $f_d=-\frac{\mathrm{d}R}{\mathrm{d}t}\cdot\frac{f_0}{c}$；频率变化率则对应着加速率 $\dot{f}_d=-\frac{\mathrm{d}^2R}{\mathrm{d}^2t}\cdot\frac{f_0}{c}$；频率二阶变化率则应着加加速度 $\ddot{f}_d=-\frac{\mathrm{d}^3R}{\mathrm{d}^3t}\cdot\frac{f_0}{c}$。式中 c 为光速，f_0 为信号载频基准频率。

以 1 阶环为例，$\omega_d=2\pi f_d=2\pi\frac{\mathrm{d}R}{\mathrm{d}t}\cdot\frac{f_0}{c}$，于是误差为 $\frac{\omega_d}{\omega_n}=2\pi\frac{\mathrm{d}R}{\mathrm{d}t}\cdot\frac{f_0}{c}\cdot\frac{1}{\omega_n}(\mathrm{rad})$，当转换角度为单位时，有 $\frac{\omega_d}{\omega_n}=2\pi\frac{\mathrm{d}R}{\mathrm{d}t}\cdot\frac{f_0}{c}\cdot\frac{1}{\omega_n}\cdot\frac{360°}{2\pi}=\frac{\mathrm{d}R}{\mathrm{d}t}\cdot\frac{f_0}{c}\cdot\frac{360°}{\omega_n}$。

各阶环路滤波器特性概括如表 4-7 所示[14]。

表 4-7　常用 PLL 特性

环路阶数	噪声带宽 $B_n^{②}$	典型参数	稳态误差(°)①	特性
1	$0.25\omega_n$	—	$\frac{dR}{dt}\cdot\frac{f_0}{c}\cdot\frac{360°}{\omega_n}$	对速度应力敏感，通常用于受辅助的码环，有时也用于受辅助的载波环。在各种噪声带宽下无条件稳定
2	$\frac{\omega_n}{2}\left(\zeta+\frac{1}{4\zeta}\right)$	$\zeta=\frac{\sqrt{2}}{2}$	$\frac{d^2R}{d^2t}\cdot\frac{f_0}{c}\cdot\frac{360°}{\omega_n^2}$	对加速度应力敏感，用于受辅助的或无辅助的载波环。在各种噪声带宽下无条件稳定
3	$\omega_n\frac{ab^2+a^2-b}{4(ab-1)}$	$a=1.1, b=2.4$ [14] 或 $a=2, b=2$ [29]	$\frac{d^3R}{d^3t}\cdot\frac{f_0}{c}\cdot\frac{360°}{\omega_n^3}$	对加加速度（冲激）应力敏感，通常用于无辅助的载波环。在噪声带宽 $B_L\leqslant 18$ Hz 时稳定

注①：R 为卫星与接收机径向（连线方向）距离；

注②：B_n 单位为 Hz，ω_n 为弧度每秒，但在 B_n 与 ω_n 关系式中已包含了单位转换，因此不再需要对 B_n 进行单位转换。例如，1 阶环路，$B_n=18$ Hz，$\omega_n=B_n/0.25=72$(rad/s)。

前述讨论均在模拟域进行。即在目前广泛使用的数字电路中实现各种环路，且其特性可利用已有的模拟环路理论进行分析，要结合数字环路中各元件模型以及上述模拟滤波器的设计进行数字环路滤波器设计。

模拟滤波器中的积分器（模型中的“$1/s$”算子）可以双线性变换[14]转换为数字形式，如图 4-25 所示。

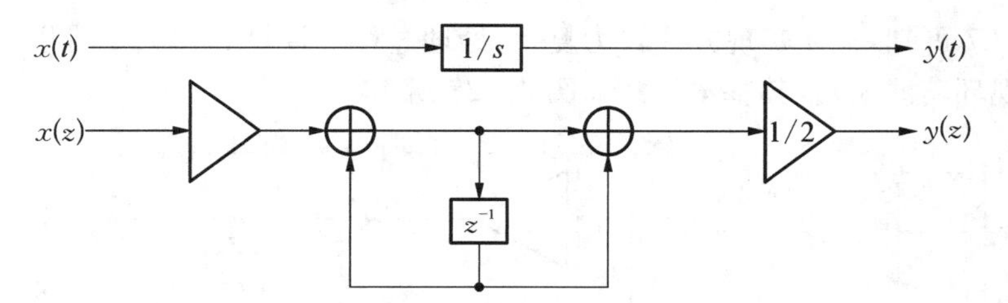

图 4-25　模拟积分器变换为数字积分器

即

$$y(s)=\frac{1}{s}x(s)\Leftrightarrow y(z)=\frac{T}{2}\frac{1+z^{-1}}{1-z^{-1}}x(z) \qquad (4-105)$$

其中，$y(n)$、$x(n)$ 为 $y(t)$、$x(t)$ 的采样序列，$y(z)$、$x(z)$ 为其 z 变换；而 $y(s)$、$x(s)$ 为 $y(t)$、$x(t)$ 的拉氏变换。图 4-26 给出了这种变换方法的说明。

图中点 s 为前、后两样点中间时刻样点值。近似认为 $y(n)\approx y(n-1)+s\cdot T$，而中间样点值 $s\approx\frac{x(n)+x(n-1)}{2}$，有 $y(n-1)+\frac{x(n)+x(n-1)}{2}\cdot$

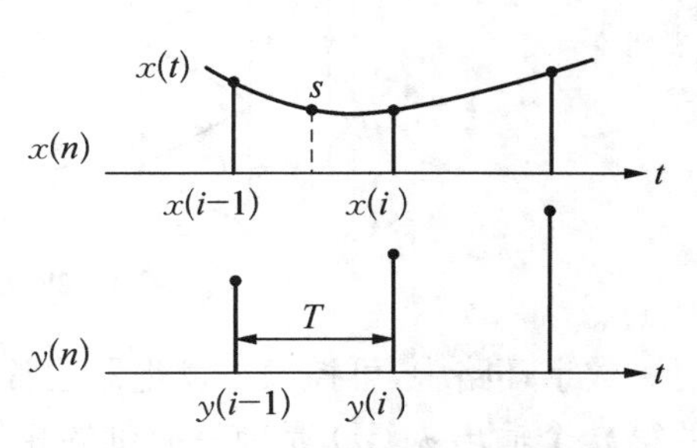

图 4-26　双线性变换方法的说明

T，于是有 $y(z)=y(z)z^{-1}+\frac{x(z)+x(z)z^{-1}}{2}\cdot T$，并进而得到前述变换关系。

直接的转换方式是将图 4 - 24 中的模拟滤波器设计中的"$1/s$"算子以 $\frac{T}{2}\cdot\frac{1+z^{-1}}{1-z^{-1}}$ 硬件结构代替[14]，如图 4 - 27 所示。

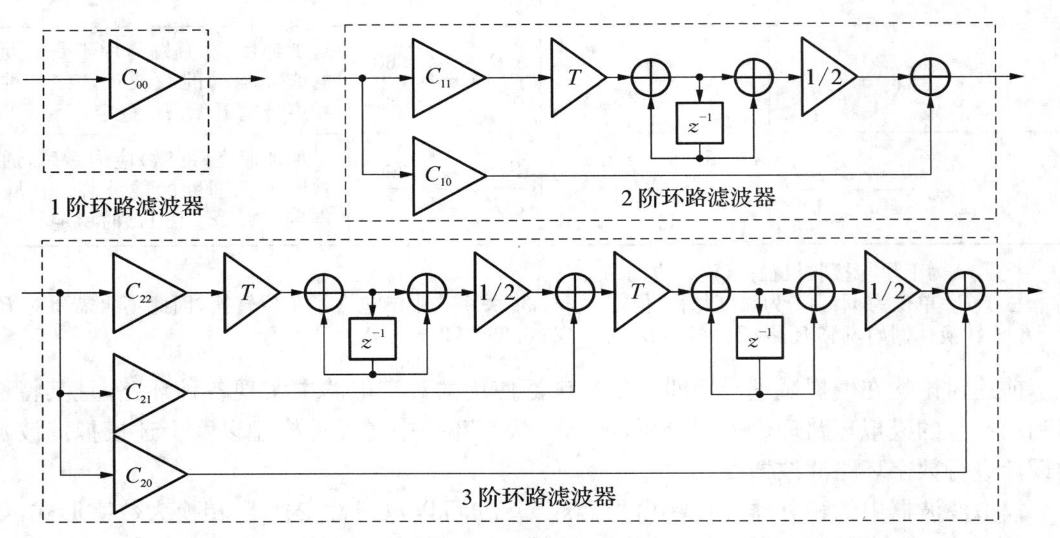

图 4 - 27　直接将模拟积分器替换为数字形式的各阶环路滤波器

由图 4 - 27 可知，上述实现方式较为复杂，处理过程中计算量较大。可以采用进一步的简化结构实现环路滤波器，其基本形式如图 4 - 28 所示。

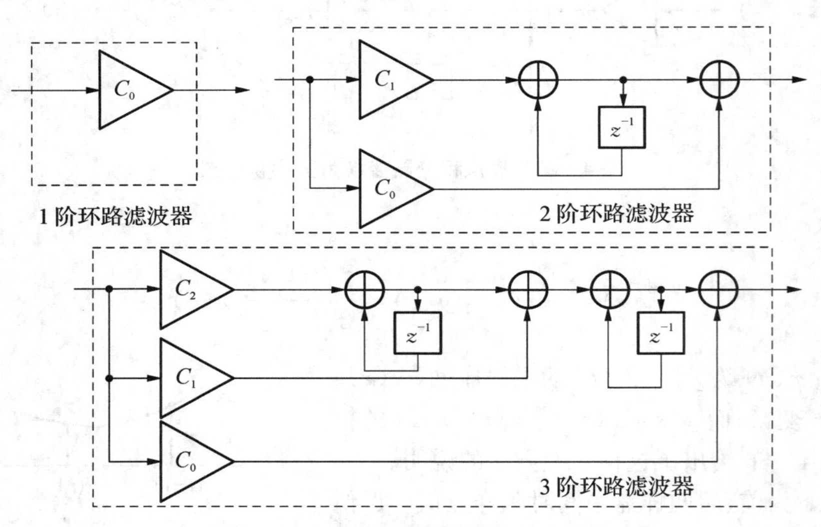

图 4 - 28　各阶滤波器的简化处理结构

数字环路中，可控频率发生器通常采用 NCO（见 4.3 节）。如图 4 - 29 所示，由于 NCO 的第 n 个输出 $\phi_o(n)$ 是前一时刻的相位 $\phi_o(n-1)$ 与$[n-1,n]$时段内的相位增量之和，后者为前一时刻滤波器输出的频率字 $m(n-1)$ 在该时段产生的相位累积量。

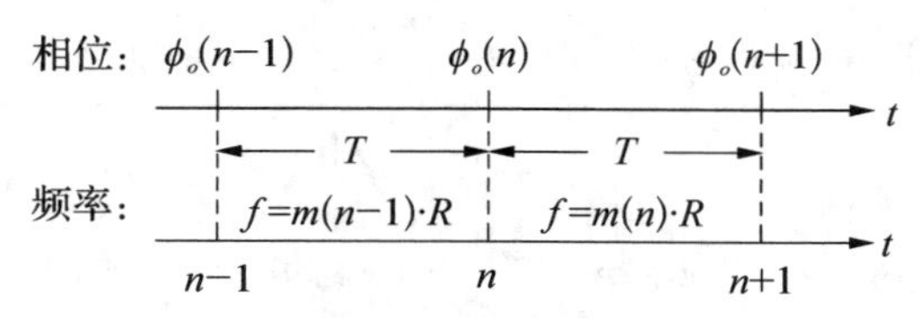

图 4-29　NCO 相位与频率的时间关系

设 NCO 的频率分辨率为 R，相邻两次频率字更新间隔 T，则频率字 $m(n-1)$ 对应的频率值为 $m(n-1)\cdot R$，在时段 T 上的相位累积量为 $m(n-1)\cdot R\cdot T$ 相加，我们可得

$$\phi_o(n)=\phi_o(n-1)+m(n-1)\cdot R\cdot T \tag{4-106}$$

式中，R 为 NCO 频率分辨率。于是经 z 变换，上式变为

$$\Phi_o(z)=\Phi_o(z)z^{-1}+M(z)z^{-1}\cdot T\cdot R\Rightarrow\Phi_o(z)-\Phi_o(z)z^{-1}=M(z)z^{-1}\cdot T\cdot R \tag{4-107}$$

式中，$\Phi_o(z)$、$M(z)$ 分别为 $\phi_o(n)$、$m(n)$ 的 z 变换。进而可得

$$N(z)=\frac{\Phi_o(z)}{M(z)}=\frac{z^{-1}}{1-z^{-1}}\cdot T\cdot R \tag{4-108}$$

令，$K_o=T\cdot R$，NCO 的传递函数为[45]

$$N(z)=K_o\frac{z^{-1}}{1-z^{-1}} \tag{4-109}$$

相应的，NCO 的模型可描述为图 4-30。

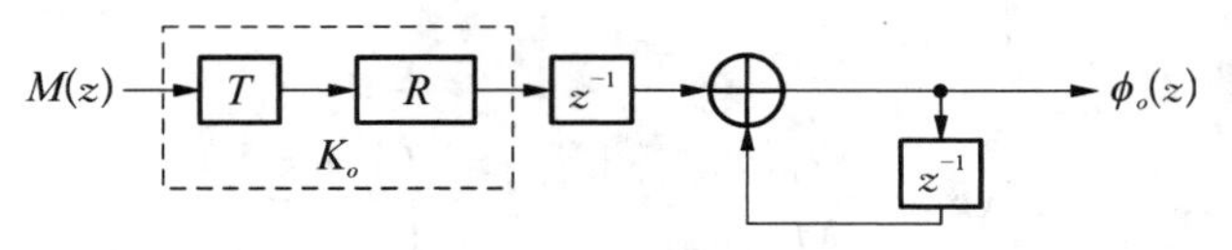

图 4-30　NCO 模型

图中 R 是 NCO 的频率分辨率，T 则为环路更新间隔，通常与预检测积分时长相等。

Kazemi 等[30]研究中指出，在 $B_n\cdot T$ 很大时，应采用 $K_o\dfrac{z^{-1}(1+z^{-1})}{1-z^{-1}}$ 作为 NCO 模型，其中 $K_o=\dfrac{T}{2}\cdot R$。由前面的分析，对相关器输出的相关数据进行鉴相，得到的相位差为预检测积分区间 $[t,t+T]$ 上中心点处 $t+\dfrac{T}{2}$ 时刻信号的相位差，这意味着，对于基于相关器实现的锁相环，有效的相位输出并非 NCO 的相位，而是其在 T 时段上的平均相位。如图 4-31 所示。

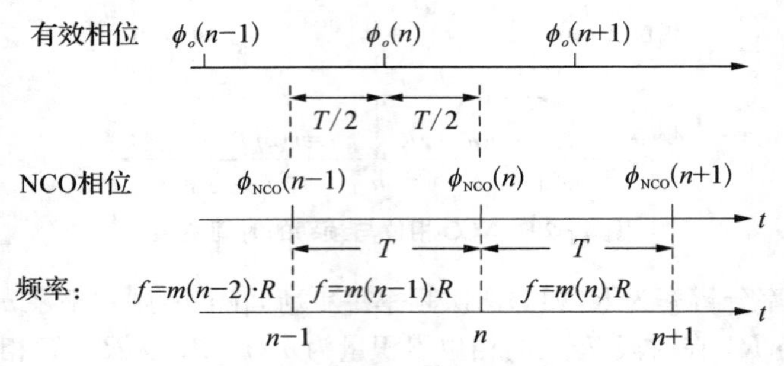

图 4-31　NCO 的相位与有效相位

由图 4-31，有

$$\phi_o(n)=\phi_{NCO}(n-1)+\frac{1}{2}m(n-1)\cdot R\cdot T \tag{4-110}$$

$$\phi_{NCO}(n-1)=\phi_o(n-1)+\frac{1}{2}m(n-2)\cdot R\cdot T \tag{4-111}$$

将后式代入前式，有

$$\phi_o(n)=\phi_o(n-1)+\frac{1}{2}m(n-1)\cdot R\cdot T+\frac{1}{2}m(n-2)\cdot R\cdot T \tag{4-112}$$

进行 z 变换后得到

$$\Phi_o(z)=\Phi_o(z)z^{-1}+\frac{1}{2}M(z)z^{-1}RT+\frac{1}{2}M(z)z^{-2}RT \tag{4-113}$$

进而有传递函数

$$N(z)=\frac{\Phi_o(z)}{M(z)}=\frac{1}{2}K_o\,\frac{z^{-1}(1+z^{-1})}{1-z^{-1}} \tag{4-114}$$

此时 NCO 的模型为

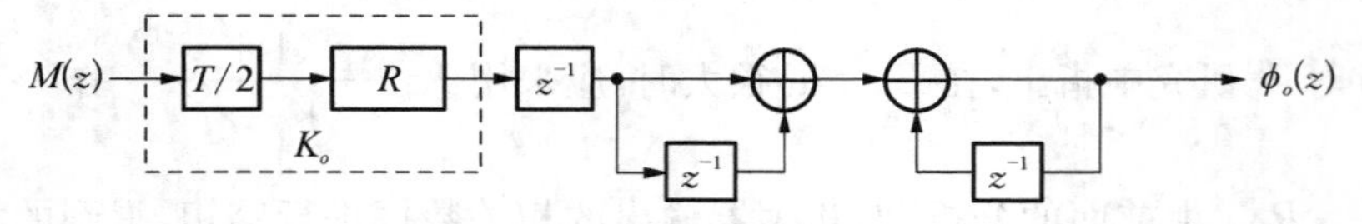

图 4-32　$B_n\cdot T$ 较大时的 NCO 模型

由于常用设计中 $B_n\cdot T$ 远小于 1，因此下面的分析中仍使用 $N(z)=K_o\,\dfrac{z^{-1}}{1-z^{-1}}$。

按照图 4-28 的结构，可得到各阶环路滤波器的传递函数表达式如下

1 阶环路滤波器：
$$F(z)=C_0 \tag{4-115}$$

2 阶环路滤波器：
$$F(z)=\frac{C_0+C_1+C_0z^{-1}}{1-z^{-1}} \tag{4-116}$$

3 阶环路滤波器：$F(z)=\dfrac{(C_0+C_1+C_2)-(C_1+2C_0)z^{-1}+C_0z^{-2}}{1-2z^{-1}+z^{-2}}$ (4-117)

对于数字环路，传递函数为

$$\theta_o=(\theta_i-\theta_o)K_dF(z)N(z)\Rightarrow H_d(z)=\frac{\theta_o}{\theta_i}=\frac{K_dF(z)N(z)}{1+K_dF(z)N(z)} \tag{4-118}$$

这样，对于 1 阶环路，将 $N(z)=K_o\dfrac{z^{-1}}{1-z^{-1}}$ 代入，得到其数字形式环路传递函数为

$$H(z)=\frac{K_dF(z)N(z)}{1+K_dF(z)N(z)}=\frac{K_oK_dC_0z^{-1}}{1+(K_oK_dC_0-1)z^{-1}} \tag{4-119}$$

由模拟滤波器进行双线性变换 $s=\dfrac{2}{T}\cdot\dfrac{1-z^{-1}}{1+z^{-1}}$ 得到的环路传递函数为

$$H(z)=\frac{\omega_n}{s+\omega_n}=\frac{\omega_n\dfrac{1}{s}}{1+\omega_n\dfrac{1}{s}}=\frac{\omega_nT+\omega_nTz^{-1}}{2+\omega_nT+(\omega_nT-2)z^{-1}} \tag{4-120}$$

令两传递函数分母相等(极点相同)，即令

$$K_oK_dC_0-1=\frac{\omega_nT-2}{\omega_nT+2} \tag{4-121}$$

则有

$$C_0=\frac{1}{K_ok_d}\frac{2\omega_nT}{\omega_nT+2} \tag{4-122}$$

当 $\omega_nT\ll 1$ 时，近似为 $C_0=\dfrac{\omega_nT}{K_dK_o}$。

对于 2 阶环路，由数字结构得到的环路传递函数为

$$H(z)=\frac{K_dF(z)N(z)}{1+K_dF(z)N(z)}=\frac{K_oK_d(C_0+C_1)z^{-1}-K_oK_dC_0z^{-2}}{1+[K_oK_d(C_0+C_1)-2]z^{-1}+(1-K_oK_dC_0)z^{-2}} \tag{4-123}$$

而由模拟滤波器传递函数进行双线性变换得到的传递函数为

$$\begin{aligned}H(z)&=\frac{\theta_o}{\theta_i}=\frac{2\zeta\omega_ns+\omega_n^2}{s^2+2\zeta\omega_ns+\omega_n^2}\\&=\frac{(4\zeta\omega_nT+\omega_n^2T^2)+2\omega_n^2T^2z^{-1}+(\omega_n^2T^2-4\zeta\omega_nT)z^{-2}}{(4+4\zeta\omega_nT+\omega_n^2T^2)+(2\omega_n^2T^2-8)z^{-1}+(4-4\zeta\omega_nT+\omega_n^2T^2)z^{-2}}\end{aligned} \tag{4-124}$$

令两者分母相等，即

$$1-K_oK_dC_0=\frac{4-4\zeta\omega_nT+\omega_n^2T^2}{4+4\zeta\omega_nT+\omega_n^2T^2} \tag{4-125}$$

$$K_oK_d(C_0+C_1)-2=\frac{2\omega_n^2T^2-8}{4+4\zeta\omega_nT+\omega_n^2T^2} \tag{4-126}$$

可得

$$C_0=\frac{1}{K_oK_d}\frac{8\zeta\omega_nT}{4+4\zeta\omega_nT+(\omega_nT)^2} \tag{4-127}$$

$$C_1=\frac{1}{K_oK_d}\frac{4(\omega_nT)^2}{4+4\zeta\omega_nT+(\omega_nT)^2} \tag{4-128}$$

对于3阶锁相环，由数字滤波器结构所得环路传递函数为

$$\begin{aligned}H(z)&=\frac{K_dF(z)N(z)}{1+K_dF(z)N(z)}\\&=\frac{K_oK_d[(C_0+C_1+C_2)z^{-1}-(2C_0+C_1)z^{-2}+C_0z^{-3}]}{1+[K_oK_d(C_0+C_1+C_2)-3]z^{-1}+[-K_oK_d(2C_0+C_1)+3]z^{-2}+(K_oK_dC_0-1)z^{-3}}\end{aligned} \tag{4-129}$$

由模拟滤波器经双线性变换得到的环路传递函数为

$$H(z)=\frac{b\omega_ns^2+a\omega_n^2s+\omega_n^3}{s^3+b\omega_ns^2+a\omega_n^2s+\omega_n^3}=\frac{A(z^{-1})}{B(z^{-1})} \tag{4-130}$$

式中，

$$\begin{aligned}A(z^{-1})=&(4b\omega_nT+2a\omega_n^2T^2+\omega_n^3T^3)+(-4b\omega_nT+2a\omega_n^2T^2+3\omega_n^3T^3)z^{-1}\\&+(-4b\omega_nT-2a\omega_n^2T^2+3\omega_n^3T^3)z^{-2}+(4b\omega_nT-2a\omega_n^2T^2+\omega_n^3T^3)z^{-3}\end{aligned} \tag{4-131}$$

$$\begin{aligned}B(z^{-1})=&(8+4b\omega_nT+2a\omega_n^2T^2+\omega_n^3T^3)+(-24-4b\omega_nT+2a\omega_n^2T^2+3\omega_n^3T^3)z^{-1}\\&+(24-4b\omega_nT-2a\omega_n^2T^2+3\omega_n^3T^3)z^{-2}+(-8+4b\omega_nT-2a\omega_n^2T^2+\omega_n^3T^3)z^{-3}\end{aligned} \tag{4-132}$$

令(4-124)、(4-125)分母相等，即

令 $K_oK_dC_0-1=\dfrac{-8+4b\omega_nT-2a\omega_n^2T^2+\omega_n^3T^3}{8+4b\omega_nT+2a\omega_n^2T^2+\omega_n^3T^3}$，可得

$$C_0=\frac{1}{K_oK_d}\frac{8b\omega_nT+2\omega_n^3T^3}{8+4b\omega_nT+2a\omega_n^2T^2+\omega_n^3T^3} \tag{4-133}$$

令 $3-K_oK_d(2C_0+C_1)=\dfrac{24-4b\omega_nT-2a\omega_n^2T^2+3\omega_n^3T^3}{8+4b\omega_nT+2a\omega_n^2T^2+\omega_n^3T^3}$，可得

$$C_1=\frac{1}{K_oK_d}\frac{8a\omega_n^2T^2-4\omega_n^3T^3}{8+4b\omega_nT+2a\omega_n^2T^2+\omega_n^3T^3} \tag{4-134}$$

令 $K_oK_d(C_0+C_1+C_2)-3=\dfrac{-24-4b\omega_nT+2a\omega_n^2T^2+3\omega_n^3T^3}{8+4b\omega_nT+2a\omega_n^2T^2+\omega_n^3T^3}$，可得

$$C_2=\frac{1}{K_oK_d}\frac{8\omega_n^3T^3}{8+4b\omega_nT+2a\omega_n^2T^2+\omega_n^3T^3} \tag{4-135}$$

需要说明的是，只有在 $B_n\cdot T$ 远小于 1 时，按上述方法设计的三种数字滤波器的真实噪声带宽才能达到设计噪声带宽 B_n；当 $B_n\cdot T$ 增大时，真实的噪声带宽趋向于大于 B_n，最终会导致环路不稳定[14]。

对于数字环路中常采用的 atan( )鉴别器、主频为 f_{mclk}、位数为 N 的 NCO 的 PLL，鉴别器增益为 $K_d=1$，NCO 增益为 $K_o=\dfrac{f_{\mathrm{mclk}}}{2^N}\cdot T$，其中 T 即环路更新间隔，通常与预检测积分时间相同。

对于 FLL，我们可由图 4-33(a) PLL 环路结构得到图 4-33(b)的 FLL 环路结构。

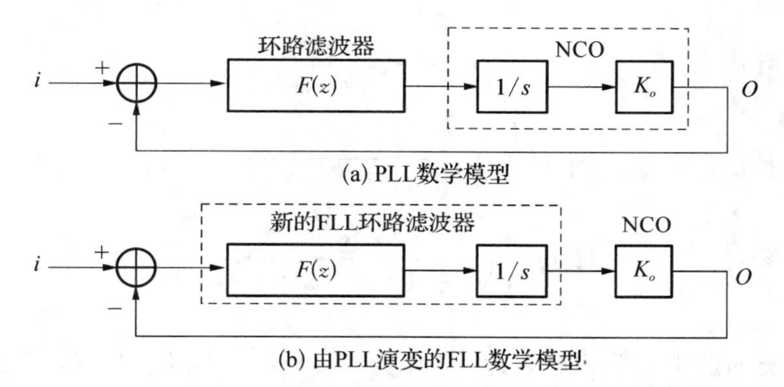

图 4-33　由 PLL 环路滤波器得到的 FLL 环路滤波器结构

可得到 FLL 环路滤波器传递函数为同阶 PLL 环路滤波器传递函数乘以 $1/s$（如图 4-34)，结合图 4-24，有

1 阶环路滤波器：
$$F(s)=\frac{\omega_n}{K}\cdot\frac{1}{s} \tag{4-136}$$

2 阶环路滤波器：
$$F(s)=\left(\frac{2\zeta\omega_n}{K}+\frac{\omega_n^2}{K}\frac{1}{s}\right)\frac{1}{s} \tag{4-137}$$

3 阶环路滤波器：
$$F(s)=\left[\frac{b\omega_n}{K}+\left(\frac{a\omega_n^2}{K}+\frac{\omega_n^3}{K}\frac{1}{s}\right)\frac{1}{s}\right]\frac{1}{s} \tag{4-138}$$

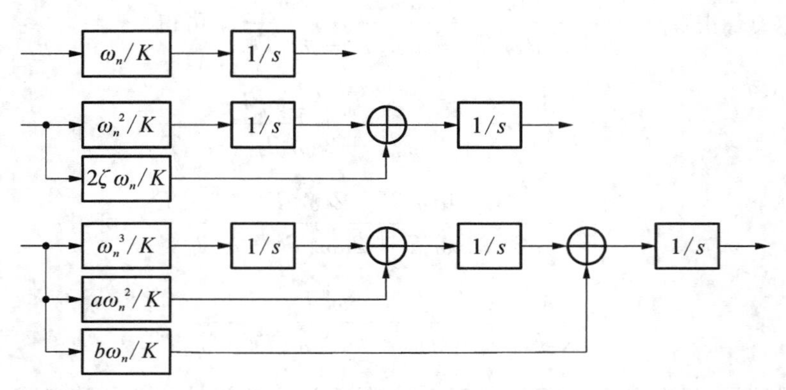

图 4-34 FLL 环路滤波器结构

与 PLL/DLL 下的滤波器传递函数相比，多了一个“$1/s$”算子。这说明，如果在同阶锁相环路滤波器上增加一级积分器构成 FLL 环路滤波器，则 FLL 的输出特性(如噪声特性)在数值上与 PLL/DLL 的相位特性相同。区别仅在于前者传递的是频率，而后者则是相位，也恰恰因为如此，如果相同的特性参数(如相位抖动)进行衡量，按相同参数，FLL 与 PLL 表现出明显的区别。

在采用上述环路滤波器后，对于频率输入，其传递函数与 PLL 表达式相同，因此其误差传递函数也相同。

1 阶 FFL 环：
$$H_e(s)=\frac{s}{s+\omega_n} \tag{4-139}$$

2 阶 FFL 环：
$$H_e(s)=\frac{s^2}{s^2+2\zeta\omega_n s+\omega_n^2} \tag{4-140}$$

3 阶 FFL 环：
$$H_e(s)=\frac{s^3}{s^3+b\omega_n s^2+a\omega_n^2 s+\omega_n^3} \tag{4-141}$$

但值得注意的是，频率阶跃输入此时表示为 $\theta_i(s)=\frac{\omega}{s}$、频率变化率阶跃 $\theta_i(s)=\frac{\dot{\omega}}{s^2}$、频率二阶变化率阶跃 $\theta_i(s)=\frac{\ddot{\omega}}{s^3}$。这样，按照 $\lim\limits_{t\to\infty}\theta_e(t)=\lim\limits_{s\to 0}[s\cdot\theta_e(s)]$ 计算方法，

对于 1 阶 FLL，有

输入频率阶跃：

$$\lim_{t\to\infty}\theta_e(t)=\lim_{s\to 0}[s\cdot\theta_e(s)]=\lim_{s\to 0}\left(s\cdot\frac{\omega}{s}\frac{s}{s+\omega_n}\right)=0 \tag{4-142}$$

输入频率变化率阶跃：

$$\lim_{t\to\infty}\theta_e(t)=\lim_{s\to 0}[s\cdot\theta_e(s)]=\lim_{s\to 0}\left(s\cdot\frac{\dot{\omega}}{s^2}\frac{s}{s+\omega_n}\right)=\frac{\dot{\omega}}{\omega_n} \quad (4-143)$$

对于 2 阶 FLL，有

输入频率变化率阶跃：

$$\lim_{t\to\infty}\theta_e(t)=\lim_{s\to 0}[s\cdot\theta_e(s)]=\lim_{s\to 0}\left(s\cdot\frac{\dot{\omega}}{s^2}\frac{s^2}{s^2+2\zeta\omega_n s+\omega_n^2}\right)=0 \quad (4-144)$$

输入频率二阶变化率阶跃：

$$\lim_{t\to\infty}\theta_e(t)=\lim_{s\to 0}[s\cdot\theta_e(s)]=\lim_{s\to 0}\left(s\cdot\frac{\ddot{\omega}}{s^3}\frac{s^2}{s^2+2\zeta\omega_n s+\omega_n^2}\right)=\frac{\ddot{\omega}}{\omega_n^2} \quad (4-145)$$

3 阶 FLL 在实际导航接收机设计中很少使用，因此不再分析。

常用的 1、2 阶 FLL 的特性如表 4－8 所示。

表 4－8　常用 FLL 特性

环路阶数	噪声带宽 B_n	典型参数	稳态误差(Hz)	特性
1	$0.25\omega_n$	—	$\frac{d^2R}{d^2t}\cdot\frac{1}{\omega_n}\cdot\frac{f_0}{c}$	对加速度应力敏感
2	$\frac{\omega_n}{2}\left(\zeta+\frac{1}{4\zeta}\right)$	$\zeta=\frac{\sqrt{2}}{2}$	$\frac{d^3R}{d^3t}\cdot\frac{1}{\omega_n^2}\cdot\frac{f_0}{c}$	对加加速度应力敏感

注：(1) R 为卫星与接收机径向(连线方向)距离；(2) B_n 单位为 Hz，ω_n 为弧度每秒，但在 B_n 与 ω_n 关系式中已包含了单位转换，因此不再需要对 B_n 进行单位转换。

4.4.3　FLL 与 PLL 的组合

《GPS 原理与应用》[14]一书指出，在信号捕获完毕转入跟踪阶段时，复现载波与信号载波频率偏差较大，需要快速压缩这一频偏，从而转入误差更小的精细跟踪。一种典型的接收机载波环路工作过程是首先以纯 FLL 的形式闭合，然后以 FLL 与 PLL 联合工作，一直到相位锁定为止，之后转换为 PLL 并一直保持工作。图 4－35 为两种常用的 FLL、PLL 组合应用方式。

在两种环路中，若将输入的鉴相数据强制为零，则环路成为纯 FLL；若将鉴频数据强制为零，则环路成为纯 PLL；而如果两者均正常输入，则环路工作为 FLL 辅助的 PLL。

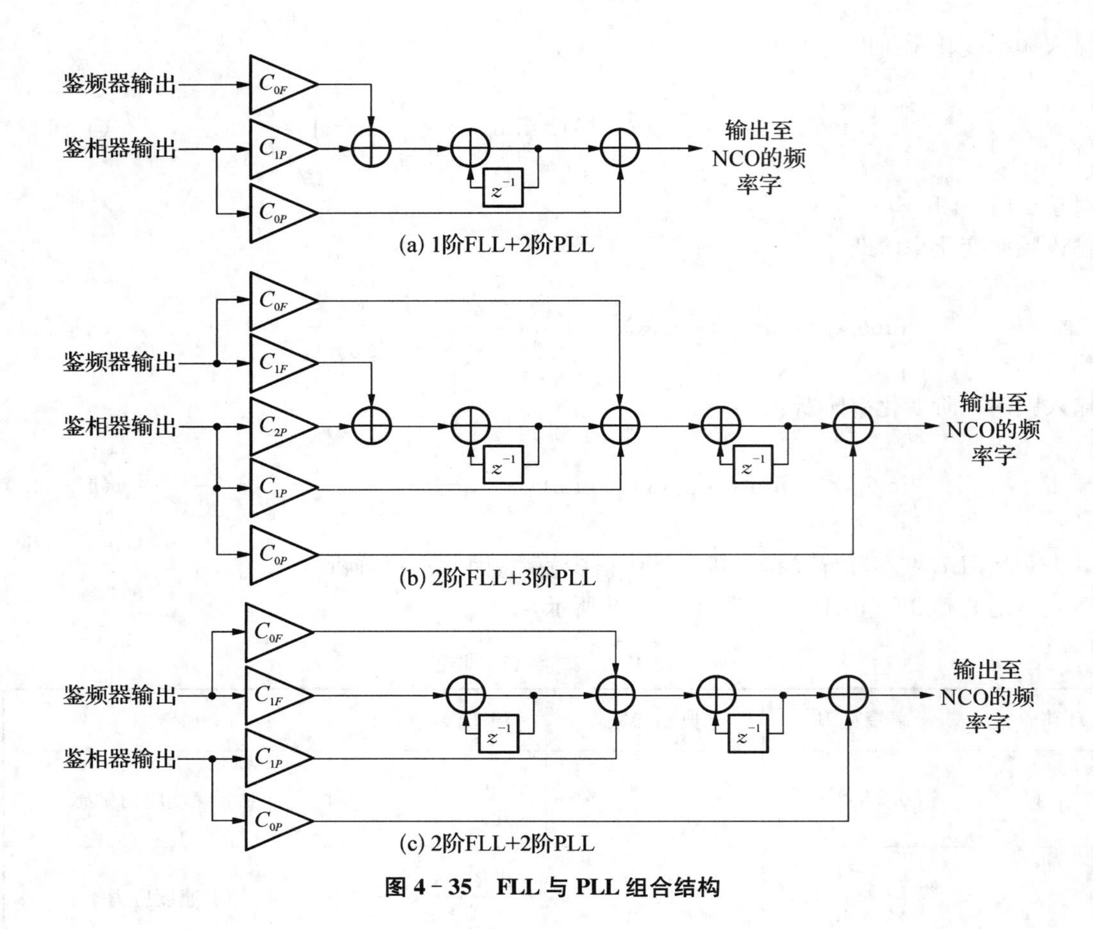

图 4-35　FLL 与 PLL 组合结构

4.5　载波环对码环的辅助

导航接收机中同时存在码跟踪环与载波跟踪环，而信号载波频率与码速率会产生由于伪距变化率（星—站径向运动与接收机时钟漂移的合成）引起的频偏。

$$\frac{\Delta R_c}{R_c}=-\frac{\dot{\rho}}{c} \tag{4-146}$$

$$\frac{\Delta f_c}{f_c}=-\frac{\dot{\rho}}{c} \tag{4-147}$$

并有

$$\frac{\Delta R_c}{R_c}=\frac{\Delta f_c}{f_c}\Rightarrow\frac{\Delta R_c}{\Delta f_c}=\frac{R_c}{f_c} \tag{4-148}$$

令 $N=\dfrac{R_c}{f_c}$，则有

$$\Delta R_c = N\Delta f_c \tag{4-149}$$

基于此，通常的接收机设计中会采用一种“载波环辅助码环”的方法，即载波环滤波器输出的频率偏移乘以比例系数 N 后，可得到接收信号扩频码速率的偏移。如果作为辅助量加到码环滤波器输出端，如图 4-36 所示[14]，则码环部分所要消除的仅仅是剩余的较小的偏差（这一偏差由电离层误差对码相位与载波相位的作用差异引起）。比例系数 N 与信号的扩频码速率、载波频率有关，例如对于 GPS L1 C/A 码，该比例因子为 $N=\frac{R_c}{f_c}=\frac{1.023\times10^6}{1\,575.42\times10^6}=\frac{1}{1\,540}$。

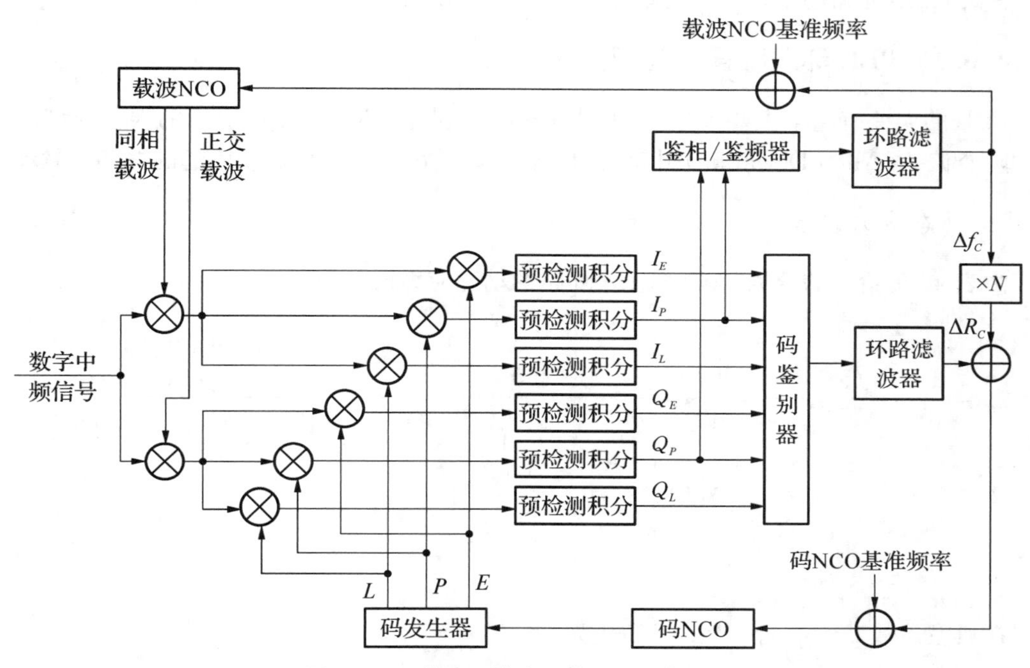

图 4-36　载波环辅助下的码环完整结构

在整个跟踪过程中，载波环对码环的辅助应持续进行，在 PLL 锁定情况下，载波环频率抖动在几个 Hz 以下，经比例因子调整后，辅助量的频率抖动远小于码环自身的抖动。另一方面，由于载波环的辅助去掉了码环独立跟踪中所必须面对的径向动态，因此码环滤波器阶数可做得较低，带宽可以更窄，从而最终降低码环抖动、改善码测量精度。事实上，码环只需跟踪电离层延迟的变化及噪声。

在接收机工作期间，保持对载波和码的跟踪是实现 PVT 的必要条件，通过 4.6 节的分析可以发现，载波跟踪环是较为脆弱的环节，即使不进行载波器对码环的辅助，当 C/n_0 降低时，通常先是载波环失锁，而后才是码环失锁，因此对于无外部辅助的独立式导航接收机，利用载波器辅助码环，在跟踪性能上不会带来任何损失。

那么是否可以使用码环进行载波环辅助以提高载波环的顽健性呢？答案是否定的[14]。我们还是以 GPS C/A 码信号为例，设码环锁定后，频率抖动为 $\sigma_{\mathrm{DLL}}=1$ Hz，以 DLL 的 ΔR_c

频率辅助载波环时，$N=\frac{f_c}{R_c}=1\,540$，可知辅助频率方差 $\sigma_A=1\,540\ \text{Hz}$，显然，这是一个非常“巨大”的抖动。

4.6 测量噪声与跟踪门限

在接收信号的过程中，观测是对复现信号进行的，如果复现信号与接收信号完全同步，则观测过程将不存在误差。但事实上，复现信号与接收信号间存在着“跟踪误差”，这样，“跟踪误差”就表现为“观测误差”；而在另一方面，当跟踪误差超过一定容限后，跟踪环路将失锁。由此可见，环路的跟踪误差与跟踪门限是密切相关的。

4.6.1 PLL 环跟踪误差与门限

PLL 的误差有 4 个主要来源，分别是动态应力误差、环路热噪声引入的误差、接收机本振的阿仑偏差(Allen Deviation)引起的相位抖动以及由载体机械振动引起的振荡器颤动。

1. *动态应力误差*

由表 4-7 给出的数据，2 阶 PLL・环路的动态应力误差为

$$\theta_{e2}=\frac{\mathrm{d}^2R}{\mathrm{d}^2t}\cdot\frac{f_0}{c}\cdot\frac{360}{\omega_n^2}=\frac{\mathrm{d}^2R}{\mathrm{d}^2t}\cdot\frac{f_0}{c}\frac{360}{\left(\frac{2}{\zeta+\frac{1}{4\zeta}}\right)^2B_n^2}=\frac{\mathrm{d}^2R}{\mathrm{d}^2t}\cdot\frac{f_0}{c}\frac{\left(\zeta+\frac{1}{4\zeta}\right)^2360}{4}\cdot\frac{1}{B_n^2}(^\circ) \tag{4-150}$$

在典型参数 $\zeta=\frac{\sqrt{2}}{2}$ 下，上式可简化为

$$\theta_{e2}=\frac{\mathrm{d}^2R}{\mathrm{d}^2t}\cdot\frac{f_0}{c}\cdot\frac{101.25}{B_n^2}(^\circ) \tag{4-151}$$

对于 3 阶锁相环，动态应力误差为 $\theta_{e3}=\frac{\mathrm{d}^3R}{\mathrm{d}^3t}\cdot\frac{f_0}{c}\cdot\frac{360}{\omega_n^3}$。由 $B_n=\omega_n\frac{ab^2+a^2-b}{4(ab-1)}$，有 $\omega_n=B_n\frac{4(ab-1)}{ab^2+a^2-b}$，并在典型参数 $a=1.1,b=2.4$ 时，有 $\omega_n\approx\frac{B_n}{0.784\,5}$。这样，可得到动态应力误差为

$$\theta_{e3}=\frac{\mathrm{d}^3R}{\mathrm{d}^3t}\cdot\frac{f_0}{c}\cdot\frac{360}{\left(\frac{B_n}{0.784\,5}\right)^3}=\frac{\mathrm{d}^3R}{\mathrm{d}^3t}\cdot\frac{f_0}{c}\cdot\frac{0.482\,8\times360}{B_n^3}=\frac{\mathrm{d}^3R}{\mathrm{d}^3t}\cdot\frac{f_0}{c}\cdot\frac{173.808}{B_n^3}(^\circ) \tag{4-152}$$

当取典型参数 $a=2, b=2$ 时，

$$\theta_{e3}=\frac{\mathrm{d}^3 R}{\mathrm{d}^3 t}\cdot\frac{f_0}{c}\cdot\frac{208.333}{B_n^3}(^\circ) \tag{4-153}$$

对于GPS L1频点信号，$f_0=1\,575.42$ MHz。一个 $B_n=20$ Hz的2阶PLL环，在最大径向加速度 $\frac{\mathrm{d}^2 R}{\mathrm{d}^2 t}=1\ \mathrm{g}=9.8\ \mathrm{m/s^2}$ 时，动态应力误差为 $\theta_{e2}=9.8\cdot\frac{1\,575.42\times10^6}{3\times10^8}\cdot\frac{101.25}{20^2}=13.03(^\circ)$；对于一个 $B_n=18$ Hz的3阶PLL环，在径向加速度最大值为 $\frac{\mathrm{d}^3 R}{\mathrm{d}^3 t}=10\ \mathrm{g}=98\ \mathrm{m/s^2}$ 时，动态应力误差为（对于 $a=1.1, b=2.4$）$\theta_{e3}=98\cdot\frac{1\,575.42\times10^6}{3\times10^8}\cdot\frac{173.808}{18^3}=15.34(^\circ)$。

需要说明的是，上述“动态应力误差”，是针对可能出现的“最大”动态参数（加速度、加加速度）计算得到的，是一种 3σ 误差[14]。

2. 热噪声

基于反正切鉴相器的PLL环，热噪声相位抖动方差为[14]

$$\sigma_{\mathrm{PLL}t}=\frac{360}{2\pi}\sqrt{\frac{B_n}{\frac{C}{n_0}}\left(1+\frac{1}{2T\cdot\frac{C}{n_0}}\right)}(^\circ) \tag{4-154}$$

$$\sigma_{\mathrm{PLL}t}=\frac{1}{2\pi}\sqrt{\frac{B_n}{\frac{C}{n_0}}\left(1+\frac{1}{2T\cdot\frac{C}{n_0}}\right)}(\text{周期}) \tag{4-155}$$

式中，T 为预检测积分时间；B_n 为环路滤波器带宽。图4-37为按上式得到的不同参数下的PLL热噪声。

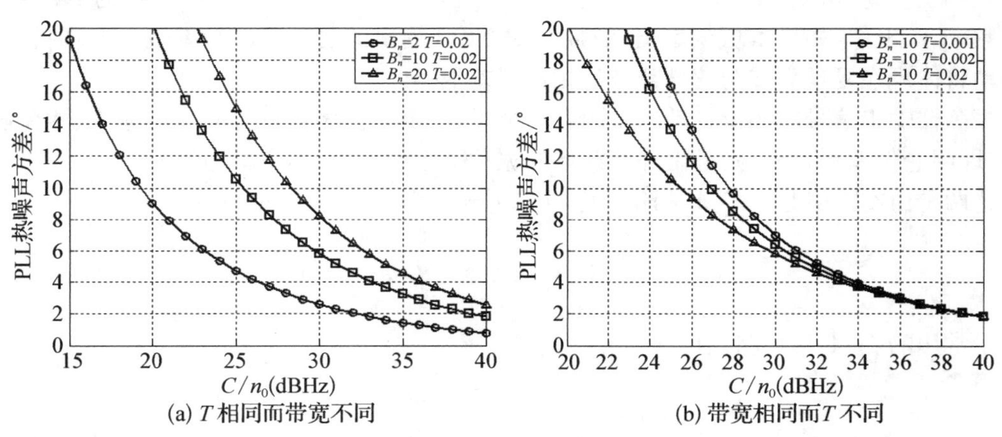

图4-37　PLL热噪声方差

下面给出上述方差的简要推导。Gernot 等[31]研究指出，atan()鉴相器输出的噪声方差为

$$\sigma_{\phi}^{2}=\frac{1}{4\pi^{2}}(\sigma_{N}^{2}+\sigma_{N}^{4}) \tag{4-156}$$

其中，$\sigma_{N}^{2}=\dfrac{1}{2\dfrac{C}{N_{0}}T}$，为 I、Q 任意一个支路相关器输出的噪声方差。

由于鉴相器输出频率为 $1/T$，且前后输出噪声不相关，则可以认为相位噪声是带宽 $B=\dfrac{1}{2T}$ 的白噪声。由此可得其功率谱密度为

$$N_{0\phi}=\frac{\sigma_{\phi}^{2}}{B}=\frac{\dfrac{1}{4\pi^{2}}(\sigma_{N}^{2}+\sigma_{N}^{4})}{\dfrac{1}{2T}} \tag{4-157}$$

对于噪声带宽为 B_n 的环路，有

$$\sigma_{\mathrm{PLL}t}^{2}=n_{0\phi}\cdot B_{n}=\frac{\dfrac{1}{4\pi^{2}}(\sigma_{N}^{2}+\sigma_{N}^{4})}{\dfrac{1}{2T}}\cdot B_{n}=\frac{1}{4\pi^{2}}\frac{B_{n}}{\dfrac{C}{n_{0}}}\left(1+\frac{1}{2T\dfrac{C}{n_{0}}}\right) \tag{4-158}$$

$$\sigma_{\mathrm{PLL}t}=\frac{1}{2\pi}\sqrt{\frac{B_{n}}{\dfrac{C}{n_{0}}}\left(1+\frac{1}{2T\dfrac{C}{n_{0}}}\right)}\ (\text{周期}) \tag{4-159}$$

3. 振荡器阿仑偏差引起的相位噪声

接收机的跟踪过程基于本地振荡器(简称“本振”)实现。如果振荡器本身输出的频率信号存在相位抖动，可知 PLL 的性能一定会有所下降。以 PLL 模型为例，环路的 NCO 基于本振频率 f_s 工作，如果本振频率出现抖动，则 NCO 输出的复现载波频率也会出现抖动，这一抖动将体现在复现载波与信号载波的相位误差上。

振荡器输出信号的相位抖动的来源有两个[9]，一个是振荡器自身固有的频率、相位随机抖动，即阿仑偏差；另一个则是由外部载体的振动引起的相位、频率抖动。

这两种由本振引起的 PLL 相位误差方差可表示为[9]

$$\sigma_{\phi}^{2}=\frac{1}{2\pi}\int_{0}^{\infty}G_{\phi}(\omega)\mid 1-H(\omega)\mid^{2}\mathrm{d}\omega \tag{4-160}$$

而对于常用的 1～3 阶环路，有

$$\mid 1-H(\omega)\mid^{2}=\frac{\omega^{2n}}{\omega_{n}^{2n}+\omega^{2n}} \tag{4-161}$$

式中，n 为 PLL 环路阶数；f_{ch} 为环路的自然角频率。

阿仑偏差是由于振荡器在工作过程中出现相位、频率的(微小的)随机变化现象。在接收机中，阿仑偏差将向 PLL 环路引入相位噪声。

接收机时钟功率谱输出的信号功率密度可表示为[32]

$$S_y(f)=h_0+\frac{h_{-1}}{f}+\frac{h_{-2}}{f^2} \tag{4-162}$$

则不同阶数 PLL 环，将 $S_y(f)$ 代入式(4－136)和(4－137)可得到由振荡器阿仑偏差引起的相位抖动如下。

1 阶环：

$$\sigma_A^2=2\pi^2 f_0^2\left(\frac{h_0}{4\omega_L}\right)(\text{rad}^2) \tag{4-163}$$

2 阶环：

$$\sigma_A^2=2\pi^2 f_0^2\left(\frac{\pi^2 h_{-2}}{\sqrt{2}\omega_L^3}+\frac{\pi h_{-1}}{4\omega_L^2}+\frac{h_0}{4\sqrt{2}\omega_L}\right)(\text{rad}^2) \tag{4-164}$$

3 阶环：

$$\sigma_A^2=2\pi^2 f_0^2\left(\frac{\pi^2 h_{-2}}{3\omega_L^3}+\frac{\pi h_{-1}}{3\sqrt{3}\omega_L^2}+\frac{h_0}{6\omega_L}\right)(\text{rad}^2) \tag{4-165}$$

式中，ω_L 为 PLL 环路滤波器自然角频率；f_0 为跟踪的频率值，对于载波环则为载频。在 2、3 阶环路滤波器典型参数下(参考 4.3 节)，有

2 阶：

$$\omega_n\approx 1.887B_n \tag{4-166}$$

3 阶：

$$\omega_n\approx 1.27B_n \tag{4-167}$$

表 4－9 给出了典型振荡器的参数[32]。

表 4－9　典型振荡器参数

振荡器种类	参数	h_0	h_{-1}	h_{-2}
	量纲	s	—	$1/s$
TCXO		1.00×10^{-21}	1.00×10^{-20}	2.00×10^{-20}
OCXO		2.51×10^{-26}	2.51×10^{-23}	2.51×10^{-22}
铷原子钟		1.00×10^{-23}	1.00×10^{-22}	1.30×10^{-26}
铯原子钟		2.00×10^{-20}	7.00×10^{-23}	4.00×10^{-29}

图 4－38 为按上表所示的典型参数计算的相位抖动的方差。

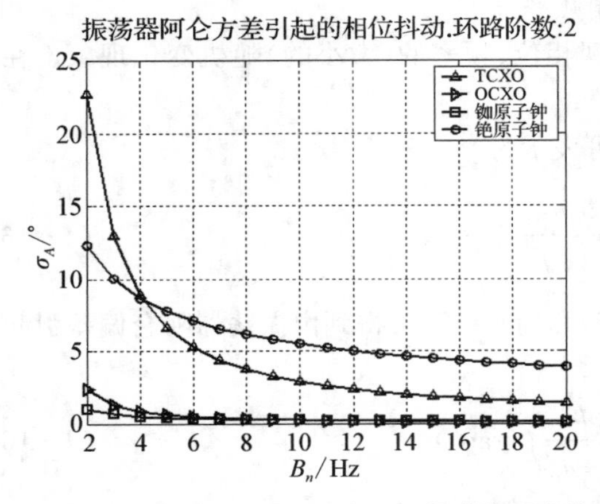

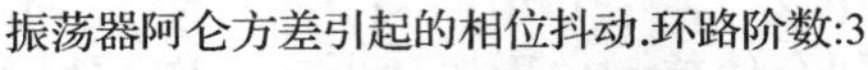

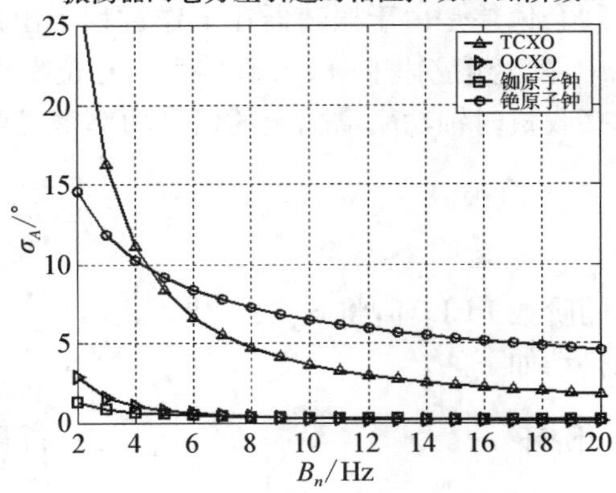

图 4－38　2、3 阶 PLL 振荡器阿仑偏差引起的相位抖动与环路带宽的关系

由图 4－38 中可知，无论对于哪种振荡器，随着环路噪声带宽 B_n 的减小，由振荡器阿仑偏差所造成的环路误差呈增大趋势，对于不同种类的振荡器，增大的情况存在差异。需要注意的是，大多数通用的导航接收机使用的是 TCXO，而从上图中可清楚地看出，当 B_n 减小至几个 Hz 时，以 TCXO 为振荡器的 PLL 环路噪声迅速增大。

振荡器的频率稳定度通常以阿仑方差(Allen Variance)进行描述，其测量方法参照埃利奥特[14]。振荡器的阿仑方差为 $\sigma_y^2=\dfrac{h_0}{2T}+2\cdot\ln 2\cdot h_{-1}+\dfrac{2\pi^2\cdot T\cdot h_{-2}}{3}$，$T$ 为平均时间(观测间隔)。按表 4－9 中参数，可计算得到下表中不同 T 下的 σ_y (表 4－10)。

表 4－10　几种振荡器不同测量间隔下得到的阿仑方差 σ_y

振荡器种类	T=1 ms	T=2 s	T=10 ms	T=20 ms	T=1 s
TCXO	7.2×10^{-10}	5.1×10^{-10}	2.6×10^{-10}	2.0×10^{-10}	3.8×10^{-10}
OCXO	7.0×10^{-12}	6.7×10^{-12}	7.3×10^{-12}	8.2×10^{-12}	4.1×10^{-11}
铷原子钟	7.2×10^{-11}	5.1×10^{-11}	2.6×10^{-11}	2.0×10^{-11}	1.2×10^{-11}
铯原子钟	3.2×10^{-9}	2.2×10^{-9}	1.0×10^{-9}	7.1×10^{-10}	1.0×10^{-10}

在《GPS 原理与应用》中，给出了一种较为简单的方法，通过阿仑方差直接实现对所引起的 PLL 相位抖动的估算。

对于 2 阶 PLL，有

$$\sigma_y=2.5\frac{\sigma_A}{\omega_c\tau} \tag{4-168}$$

式中，ω_c 为载波角频率，即 $\omega_c=2\pi\cdot f_L$；τ 为观测阿仑方差 σ_y 的闸门间隔，这里认为 $\tau=\dfrac{1}{B_n}$，即环路滤波器的倒数。由此可得振荡器本身抖动所造成的 PLL 环相位抖动方差为

$$\sigma_A=\frac{\sigma_y\omega_c\tau}{2.5}=\frac{\sigma_y\cdot 2\pi f_L}{2.5B_n}(\text{rad})=144\frac{\sigma_y f_L}{B_n}(^\circ) \tag{4-169}$$

对于 3 阶环，相应地

$$\sigma_A = 160\frac{\sigma_y f_L}{B_n}(°) \tag{4-170}$$

与前述计算方法相比，这种简单方法在阿仑方差较小（$<10^{-10}$）时，偏差较小；而在较大的阿仑方差下，结果与前面方法存在较大偏差。

4. 振荡器加速度应力误差

振荡器的加速度应力误差是指由于载体的加速度而使振荡器输出的时钟出现相位抖动，在某些振动非常剧烈的应用中，为了使这一影响不致使接收机无法工作，必须使用振动隔离器将接收机与载体隔离[14]。

由载体振动加速度的功率谱密度（Power Spectral Density，PSD）$G_g(\omega)$，有如图 4-39 所示的两种基本情况。

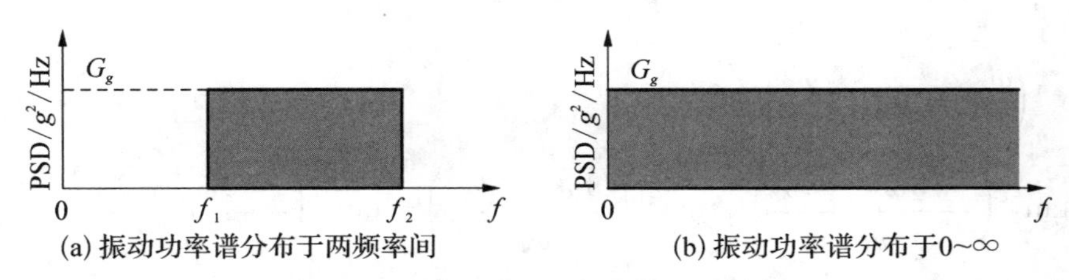

图 4-39　两种载体加速度的功率谱密度

$G_g(\omega)$ 与式(4-155)中的 $G_\phi(\omega)$ 有如下转换关系[9]

$$G_\phi(\omega) = (2\pi f_0)^2 k_g^2 \frac{G_g(\omega)}{\omega^2} \tag{4-171}$$

式中，k_g 为 g -敏感度，即每个 g（9.8 m/s^2）的加速度所造成的相对频移（相对频移 $=\frac{\Delta f}{f_0}$）。由(4-160)和(4-161)并结合(4-171)，可得图 4-39 中的两种谱引起的 PLL 环路误差方差[32]。

1 阶 PLL，谱分布于 $[0,\infty]$：

$$\sigma_v^2 = \frac{\pi^2 f_0^2 k_g^2 G_g}{\omega_L}(\mathrm{rad}) \tag{4-172}$$

1 阶 PLL，谱分布于 $[\omega_1,\omega_2]$：

$$\sigma_v^2 = \frac{2\pi f_0^2 k_g^2 G_g}{\omega_L}\left[\tan^{-1}\left(\frac{\omega_2}{\omega_L}\right) - \tan^{-1}\left(\frac{\omega_1}{\omega_L}\right)\right] \tag{4-173}$$

2 阶 PLL，谱分布于 $[0,\infty]$：

$$\sigma_v^2 = \frac{\pi^2 f_0^2 k_g^2 G_g}{\sqrt{2}\,\omega_L}(\mathrm{rad}) \tag{4-174}$$

2 阶 PLL，谱分布于$[\omega_1, \omega_2]$：

$$\sigma_v^2 = \frac{\pi f_0^2 k_g^2 G_g}{\sqrt{2}\omega_L}\left[\begin{aligned}&\tan^{-1}\left(\frac{\omega_2\sqrt{2}}{\omega_L}+1\right)+\tan^{-1}\left(\frac{\omega_2\sqrt{2}}{\omega_L}-1\right)-\tan^{-1}\left(\frac{\omega_2\sqrt{2}}{\omega_L}+1\right)-\tan^{-1}\left(\frac{\omega_2\sqrt{2}}{\omega_L}-1\right)\\&+\frac{1}{2}\ln\left[\frac{(\omega_1^2+\omega_L\omega_1\sqrt{2}+\omega_L^2)(\omega_2^2-\omega_L\omega_2\sqrt{2}+\omega_L^2)}{(\omega_1^2-\omega_L\omega_1\sqrt{2}+\omega_L^2)(\omega_2^2+\omega_L\omega_2\sqrt{2}+\omega_L^2)}\right]\end{aligned}\right](\text{rad}) \tag{4-175}$$

3 阶 PLL，谱分布于$[0, \infty]$：

$$\sigma_v^2 = \frac{2\pi f_0^2 k_g^2 G_g}{3\omega_L}(\text{rad}) \tag{4-176}$$

3 阶 PLL，谱分布于$[\omega_1, \omega_2]$：

$$\sigma_v^2 = \frac{2\pi f_0^2 k_g^2 G_g}{\omega_L}\cdot$$

$$\left\{\begin{aligned}&\frac{1}{3}\left[\tan^{-1}\left(\frac{\omega_2}{\omega_L}\right)-\tan^{-1}\left(\frac{\omega_1}{\omega_L}\right)\right]\\&+\frac{1}{6}\left[\tan^{-1}\left(\frac{-\sqrt{3}\omega_L+2\omega_2}{\omega_L}\right)+\tan^{-1}\left(\frac{\sqrt{3}\omega_L+2\omega_2}{\omega_L}\right)-\tan^{-1}\left(\frac{-\sqrt{3}\omega_L+2\omega_1}{\omega_L}\right)-\right.\\&\left.\tan^{-1}\left(\frac{\sqrt{3}\omega_L+2\omega_1}{\omega_L}\right)\right]+\frac{1}{4\sqrt{3}}\ln\left[\frac{(\omega_1^2+\omega_L\omega_1\sqrt{3}+\omega_L^2)(\omega_2^2-\omega_L\omega_2\sqrt{3}+\omega_L^2)}{(\omega_1^2-\omega_L\omega_1\sqrt{3}+\omega_L^2)(\omega_2^2+\omega_L\omega_2\sqrt{3}+\omega_L^2)}\right]\end{aligned}\right\}(\text{rad}^2) \tag{4-177}$$

图 4-40 为$G_g=0.05\ \text{g}^2/\text{Hz}$，$k_g=[3\times10^{-10}, 1\times10^{-9}]/\text{g}$[24]下振动引起的 2 阶、3 阶环路抖动。

很明显，除了 g-敏感度（k_g）减小会使振动引起的环路抖动减小外，如果振荡器的振动加速度的低频成分减小或被完全抑制（即加速度的 PSD 分布于$[f_1, f_2]$上），则环路抖动也会大大减小。此外，若加速度的低频成分足够小，则振动引起的环路抖动与阶数无关，与环路带宽无关。

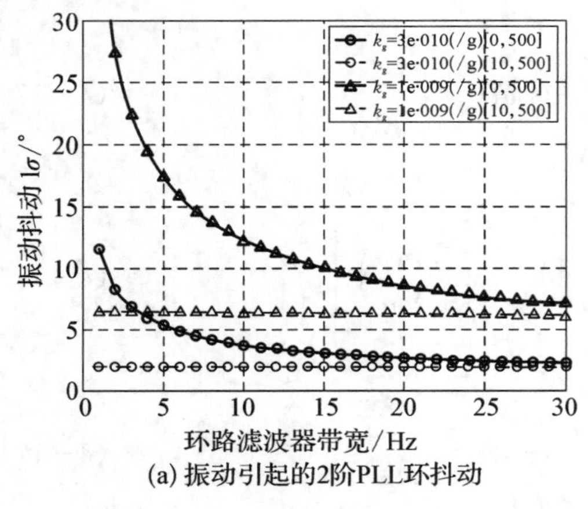

(a) 振动引起的2阶PLL环抖动

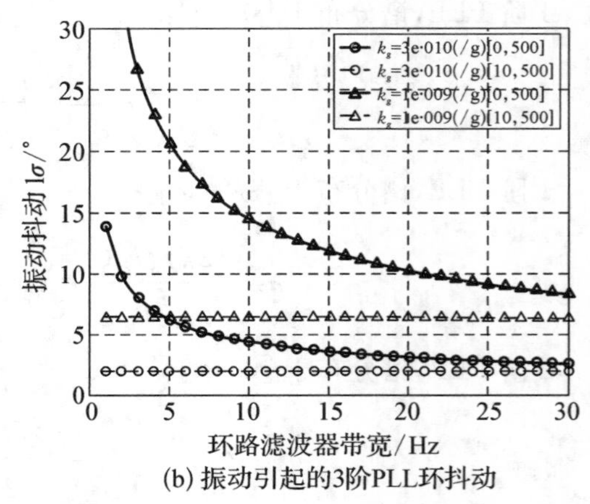

(b) 振动引起的3阶PLL环抖动

图 4-40　振动引起的环路抖动 PLL

5. PLL 跟踪门限

前面四部分讨论了载波 PLL 环路 4 种跟踪误差：环路动态误差、环路热噪声、接收机基准振荡器阿仑偏差和加速度应力误差。一种在设计中广泛采用的“保守的跟踪门限经验值”是[14]：跟踪误差的 3σ 抖动不能超过鉴相器相位牵引范围的 1/4。所谓牵引范围即鉴相器的“鉴别范围”，如 atan( )鉴别器可鉴别 $-90°\sim+90°$ 的相角，其牵引范围为 180°；而 atan2()鉴别器可鉴别 $-180°\sim+180°$ 的相角，其牵引范围为 360°。

这里对 3σ 进行说明，对于 PLL 环路，σ 是指相位抖动的方差，而 3σ 就是方差的 3 倍。通常假设这些抖动是 0 均值正态分布的，可以得到对于某个门限 v_t，相位抖动幅度不超过 v_t 的概率为

$$P(|x|<v_t)=\int_{\mu-v_t}^{\mu+v_t}p_{\mathrm{norm}}(x,\mu,\sigma)\mathrm{d}x=C_{\mathrm{norm}}(\mu+v_t,\mu,\sigma)-C_{\mathrm{norm}}(\mu-v_t,\mu,\sigma) \tag{4-178}$$

式中，$p_{\mathrm{norm}}(x,\mu,\sigma)=\dfrac{1}{\sigma\sqrt{2\pi}}\mathrm{e}^{\frac{-(x-\mu)^2}{2\sigma^2}}$，即以数字期望为 μ、方差为 σ 的正态分布的概率密度函数，而 $C_{\mathrm{norm}}(y,\mu,\sigma)=\int_{-\infty}^{y}p_{\mathrm{norm}}(x,\mu,\sigma)\mathrm{d}x$，为其累积概率密度函数。

可以计算得到 $v_t=1\sigma$、$v_t=2\sigma$、$v_t=3\sigma$ 时的概率分别为 68.27%、95.45%与 99.73%。因此要求“3σ 抖动”不超过 V，即要求“抖动幅度超过 V 的概率小于 99.73%”。

基于上述经验值的跟踪门限表达式[14]为

有数据调制信号，使用 atan()鉴别器：$3\sigma_{\mathrm{PLL}}=3\sqrt{\sigma_t^2+\sigma_A^2+\sigma_v^2}+\theta_e\leqslant 45°$　　(4-179)

或

无数据调制的导引信号，使用 atan2()鉴别器：$3\sigma_{\mathrm{PLL}}=3\sqrt{\sigma_t^2+\sigma_A^2+\sigma_v^2}+\theta_e\leqslant 90°$

(4-180)

式中，σ_t、σ_A、σ_v 分别为热噪声、阿仑方差和机械振动引起的抖动方差；θ_e 为动态应力误差(已说明过 θ_e 本身即为 3σ 项)。

图 4-41 为采用 TCXO、OCXO 作为本振源时环路相位抖动与环路带宽的关系。计算过程中，信号载波频率为 $f_0=1\,575.42$ MHz，振动谱密度 $G_g=0.05\ \mathrm{g}^2/\mathrm{Hz}$，分布于[200，2 000 Hz]；振动灵敏度 $k_g=1\times10^{-9}/\mathrm{g}$。

从图中可以看出，对于 $B_n=12$、18 Hz 这种较宽的环路带宽，使用 TCXO 与 OCXO 本振时总的环路抖动差别并不大，相应的，跟踪门限也几乎相同；而对于 $B_n=5$ Hz 的环路，以两种振荡器作为本振的环路出现了明显差异——基于 TCXO 环路抖动明显大于 OCXO 环路，相应地，跟踪门限也从 $C/n_0=20$ dBHz 恶化了约 1 dB；另一方面，在较高的 C/n_0 下，如图中 $C/n_0=30\sim35$ dBHz 区域、$B_n=5$ Hz 时，环路抖动反而大于带宽较宽的 12 Hz、18 Hz 情况。造成上述现象的原因是振荡器的阿仑偏差(参见图 4-38)。

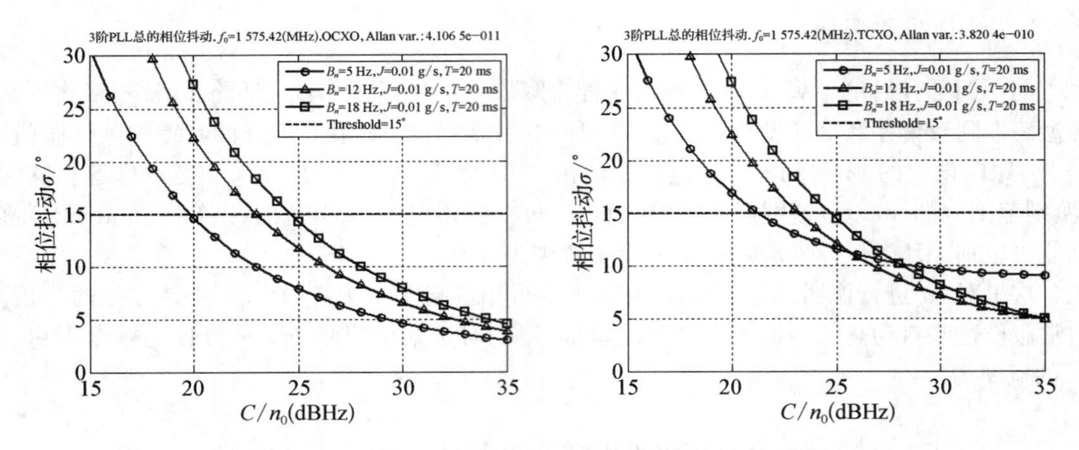

图 4 - 41　采用 OCXO 与 TCXO 作为本振的 PLL 环路抖动

图 4 - 42 画出了以 TCXO 为本振的 2、3 阶 PLL 在没有动态影响时的几种环路噪声带宽下的环路抖动情况。可以看到，在带宽较宽时(B_n=12，18 Hz)，环路抖动与环路阶数没有可观察的差别；而在带宽较窄时，如图中的 B_n=5 Hz，2 阶 PLL 的环路抖动明显优于 3 阶环——前者跟踪门限更低，而在可跟踪区段，相同 C/n_0 下的方差更小。

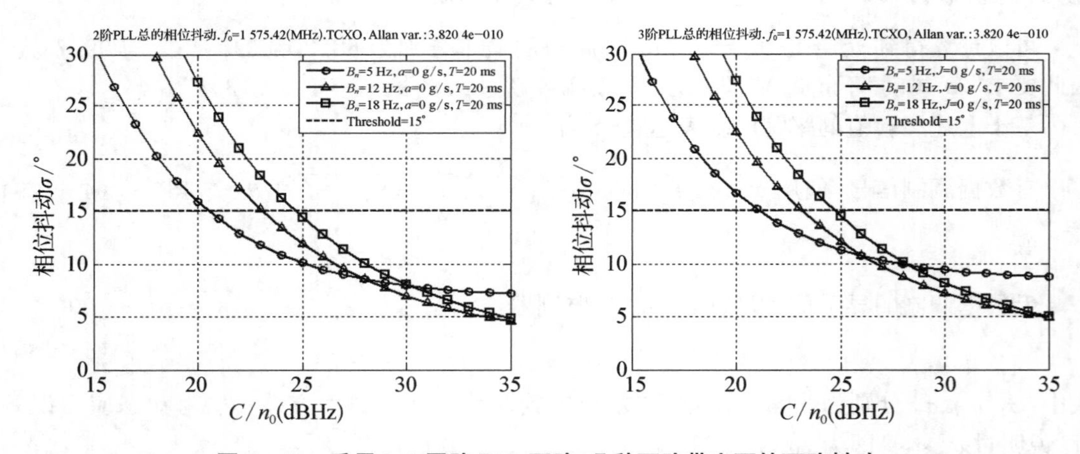

图 4 - 42　采用 2、3 同阶 PLL 环路，几种环路带宽下的环路抖动

将环路跟踪门限计算式进行变换后，可得到特定参数的 PLL 环路在不同 C/n_0 下所能容忍的最大动态，即动态应力门限，$\theta_{e-\mathrm{TH}} = 45° - 3\sqrt{\sigma_t^2 + \sigma_A^2 + \sigma_v^2}$。图 4 - 43 为 3 阶 PLL 在不同环路带宽及 C/n_0 下的加加速度动态应力门限，时钟特性采用前述 TCXO 典型参数。

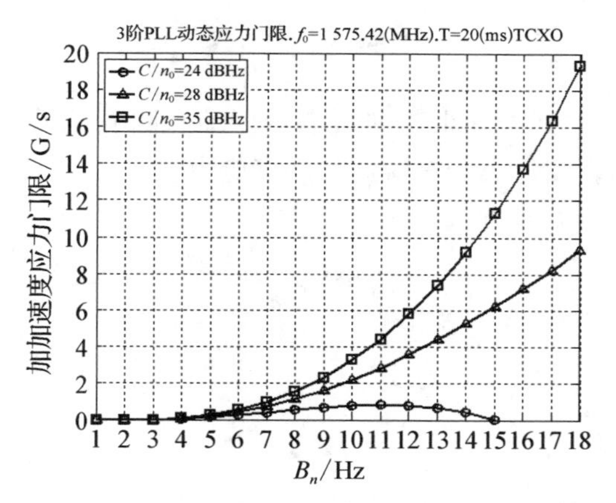

图 4－43　对于 3 阶 PLL 的冲激应力门限

从图中可以看出，PLL 环的动态应力门限不仅与设计的环路带宽有关，还与信号的 C/n_0 有关，更大的 C/n_0 对应着更小的环路热噪声抖动，因此可容忍更大的动态。

卫星导航信号采用导频信号和数据信号，载波跟踪环差跟踪门限将有所改善。导频信号的载波上仅调制有接收机确知的扩频码及次级码，当两者均被成功剥离后，积分器之前的信号成分表现为一个固定电平的直流信号而不像有信息调制时的二进制序列，这样，接收机在只对导频进行跟踪时，可以使用 atan2()鉴别器，从而使环路跟踪门限从 $3\sigma < 45°$ 提高至 $3\sigma < 90°$。

以图 4－41 中的 PLL 环路抖动数据进行分析，在 1σ 门限从 15°增大到 30°(即 $3\sigma < 45°$ 提高至 $3\sigma < 90°$) 时，C/n_0 门限下降了约 5 dB，如果信号设计中导频信号仅占用信号总功率的 1/2，则

$$\left[\frac{C}{n_0}\right]_{\text{pilot}} = \left[\frac{C}{n_0}\right] - 3\ \text{dB} \tag{4-181}$$

图中，若 $\left[\frac{C}{n_0}\right]=23$ dBHz，则 $\left[\frac{C}{n_0}\right]_{\text{pilot}}=20$ dB。从图中可以看出，只跟踪导频时，跟踪门限约为 18 dBHz，仍有约 2 dB 的余量；而对于占用全部信号功率但有数据调制的信号，$\left[\frac{C}{n_0}\right]=23$ dBHz 下的环路抖动已接近跟踪门限。

然而也应注意到，以 atan2( )鉴别器代替 atan( )鉴别器并不能使环路抖动本身有所改善。

4.6.2　FLL 环跟踪误差与门限

FLL 环频率误差的主要来源只有热噪声和动态应力误差，经验方法是频率误差的 3σ，不超过 FLL 鉴别器牵引范围的 1/4。当使用 atan2( )鉴别器时，由于牵引范围为 $1/T$，因此

$$3\sigma_{\text{FLL}} = 3\sigma_{t\text{FLL}} + f_e \leqslant \frac{1}{4T} \tag{4-182}$$

与 PLL 比较可见，表达式中缺少基准振荡器振动和阿仑偏差引起的频率颤动两项，这是因为这两者对 FLL 的影响远小于热噪声和动态应力误差。

由热噪声引入的 FLL 误差方差为[14]

$$\sigma_{t\text{FLL}} = \frac{1}{2\pi T}\sqrt{\frac{4FB_n}{\frac{C}{n_0}}\left[1+\frac{1}{T\cdot\frac{C}{n_0}}\right]}\ (\text{Hz}) \tag{4-183}$$

式中，$F=\begin{cases}1, & \text{高 } C/n_0 \text{ 时}\\ 2, & C/n_0 \text{ 接近门限时。}\end{cases}$

图 4 - 44 为几种 FLL 设计的热噪声抖动与 C/n_0 的关系曲线，图中也标明了相应的跟踪。

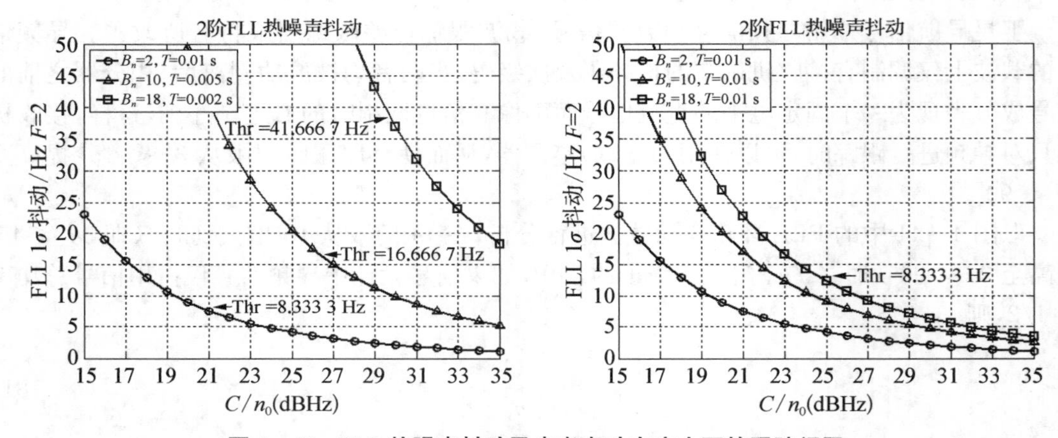

图 4 - 44　FLL 热噪声抖动及未考虑动态应力下的跟踪门限

由 FLL 跟踪门限可以得到在特定环路设计下的动态应力门限，即

$$f_e \leqslant \frac{1}{4T} - 3\sigma_{t\text{FLL}} \tag{4-184}$$

对于 2 阶 FLL 环，有 $\omega_n = \dfrac{2B_n}{\zeta + \dfrac{1}{4\zeta}}$，$f_e = \dfrac{\mathrm{d}^3 R}{\mathrm{d}^3 t}\cdot\dfrac{1}{\omega_n^2}\cdot\dfrac{f_0}{c}$。图 4 - 45(a)为 $\zeta = \dfrac{\sqrt{2}}{2}$，预检测积分时间 $T=5$ ms 情况下，L1 频点上不同 C/n_0 下 2 阶 FLL 可承受的加加速度门限。图 4 - 45(b)为便于观察而进行的局部放大。

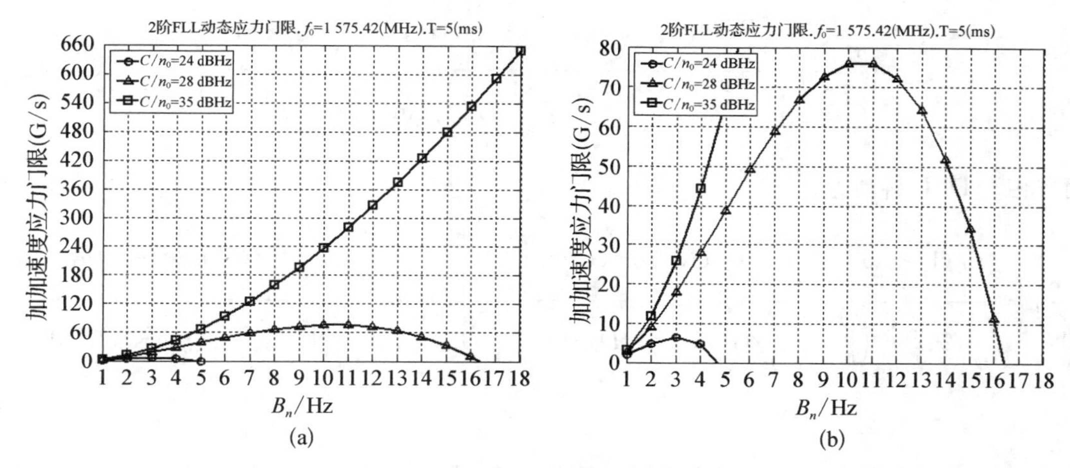

图 4-45　2 阶 FLL 的加加速度应力门限

将图 4-45 与图 4-43 给出的 3 阶 PLL 环的动态应力门限相比较可知，对于较高 C/n_0 情况，2 阶 FLL 动态应力门限远高于 3 阶 PLL；而在低 C/n_0 情况下（如图中的 $C/n_0=$ 24 dBHz），由于热噪热抖动随带宽迅速增加，使 FLL 只能在较低带宽下工作，但在可工作区域内的大部分（图中 1～4.5 Hz），其加加速度门限仍比 3 阶 PLL 高得多。这就是 4.4.3 节所讨论的采用 FLL 与 PLL 组合实现载波跟踪的意义所在——在较高动态下，PLL 失锁时，FLL 可有效地保持环路锁定。

4.6.3　DLL 环跟踪误差与门限

在 4.6.1 节对阿仑偏差以及振荡器的振动加速度应力引入的环路抖动的分析可知，该方差与环路所跟踪的频率值的平方成正比。由于导航信号所采用的扩频码速率低于载波频率 2～3 个数量级，因此接收机振荡器上述两项引入的环路抖动可忽略。这样，DLL 环路抖动的主要来源就只有热噪声与动态应力误差两项。

1. 热噪声

当接收机载波与信号载波完全同频、同相（即相干）时，信号仅出现在同相支路（I 支路）上，此时 DLL 鉴别器仅使用 I 支路幅值进行鉴别，这种 DLL 称为“相干 DLL”；若 PLL 未锁定或只有 FLL 锁定，则信号能量将同时出现在 I、Q 支路上，DLL 鉴别器需要以 $\sqrt{I^2+Q^2}$ 这样的开方运算计算信号幅值，这时的 DLL 称为“非相干 DLL”（参见 4.2 节）。

相干 DLL 仅依靠 I 支路数据进行码鉴别，因此要求接收机载波相位锁定，如果跟踪过程中发生相位失锁，会导致码环失锁；而当载波环使用频率跟踪时或在信号跟踪过程的初始阶段 PLL 入锁阶段，无法使用相干 DLL。

这样，通常的接收机为增加接收机的稳定性，一般采用的是非相干 DLL。相干 DLL 抖动为[33]

$$\left(\frac{\sigma_{e\_CO}^2}{T_c^2}\right)=\frac{B_L(1-0.5B_LT)\int_{-b/2}^{b/2}\frac{1}{T_c}G(f)\sin^2(\pi fD)\mathrm{d}f}{(2\pi)^2\frac{C}{n_0}\left(\int_{-b/2}^{b/2}f\frac{1}{T_c}G(f)\sin(\pi fD)\mathrm{d}f\right)^2} \tag{4-185}$$

而非相干 DLL 抖动为

$$\left(\frac{\sigma_{e\_NC}^2}{T_c^2}\right)=\frac{B_L(1-0.5B_LT)\int_{-b/2}^{b/2}\frac{1}{T_c}G(f)\sin^2(\pi fD)\mathrm{d}f}{(2\pi)^2\frac{C}{n_0}\left(\int_{-b/2}^{b/2}f\frac{1}{T_c}G(f)\sin(\pi fD)\mathrm{d}f\right)^2}\cdot\left[1+\frac{\int_{-b/2}^{b/2}\frac{1}{T_c}G(f)\cos^2(\pi fD)\mathrm{d}f}{T\cdot\frac{C}{n_0}\left(\int_{-b/2}^{b/2}\frac{1}{T_c}G(f)\cos(\pi fD)\mathrm{d}f\right)^2}\right] \tag{4-186}$$

其中，$G(f)$ 为信号归一化功率谱，b 为以码速率 R_c 归一化的前端带宽，$b=B_{fe}T_c=\frac{B_{fe}}{R_c}$，$B_{fe}$ 为接收机前端带宽；式中 f 为对码片速率 R_c 归一化频率；D 为 E 与 L 相关器间隔；T 为预检测积分时间，B_L 为 DLL 环路带宽。

由式(4-186)，在 $\left[\frac{C}{n_0}\right]=30$ dBHz，$T=0.02$ s，$B_L=1$ Hz 情况下，对 BPSK 信号与 BOC(1,1)信号 DLL 环误差方差的计算结果如图 4-46、图 4-47 所示。由于 BOC(1,1)下并非所有 D 均是有效的，因此图中对 BOC 信号的 D 取值限制在[0,0.35]码片区间上。

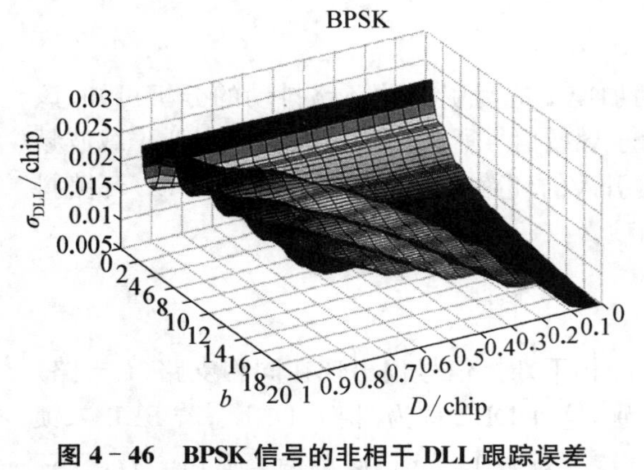

图 4-46　BPSK 信号的非相干 DLL 跟踪误差

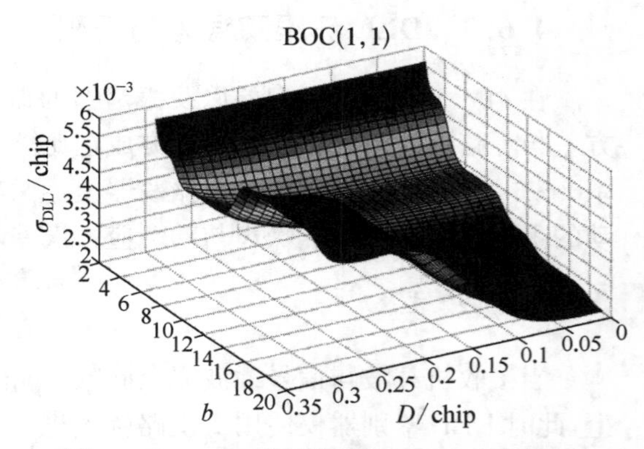

图 4-47　BOC 信号的非相干 DLL 跟踪误差

观察两图可发现，当前端带宽 b 足够大，减小 D 时，环路跟踪误差也会相应地减小；而当 b 较小时，即使减小 D，对环路误差的影响也减小，直至完全没有影响。

由此可知，若想通过减小相关器间隔达到减小环路跟踪误差的目的，接收机前端带宽也应采用较宽的带宽。

一个有参考意义的结果是，在接收机前端带宽无限的情况下，相干、非相干 DLL 方差可由式(4-185)、(4-186)变为如下形式[34]：

$$\left(\frac{\sigma_{e\_CO}}{T_c}\right)^2=\frac{B_L d(1-0.5B_L T)}{2\alpha\frac{C_s}{n_0}} \tag{4-187}$$

$$\left(\frac{\sigma_{e\_NC}}{T_c}\right)^2=\frac{B_L d(1-0.5B_L T)}{2\alpha\frac{C_s}{n_0}}\left[1+\frac{2}{(2-\alpha d)\frac{C_s}{n_0}T}\right] \tag{4-188}$$

式中，d 为对 T_c 归一化的 $E-L$ 间隔，$d=D/T_c$；α 为相关函数在 E、L 相关器处的斜率。

由这一组表达式可知，相关峰越尖利，其斜率越大，而将 E、L 两相位点置于这一区域中，会得到更小的环路误差。

当 $D\rightarrow 0$ 时，式(4-185)、(4-186)中的 $\sin(\pi fD)$ 可以用其一阶泰勒级数代替，即 $\sin(\pi fD)\approx\pi fD$。而式(4-186)中的 $\cos(\pi fD)=1$，这样式(4-185)与(4-186)可变化为

$$\begin{aligned}\left(\frac{\sigma_{e\_CO}^2}{T_c^2}\right)&=\frac{B_L(1-0.5B_L T)\int_{-b/2}^{b/2}\frac{1}{T_c}G(f)(\pi fD)^2\mathrm{d}f}{(2\pi)^2\frac{C}{n_0}\left(\int_{-b/2}^{b/2}f\frac{1}{T_c}G(f)\pi fD\mathrm{d}f\right)^2}=\frac{B_L(1-0.5B_L T)\int_{-b/2}^{b/2}f^2\frac{1}{T_c}G(f)\mathrm{d}f}{(2\pi)^2\frac{C}{n_0}\left(\int_{-b/2}^{b/2}f^2\frac{1}{T_c}G(f)\mathrm{d}f\right)^2}\\&=\frac{B_L(1-0.5B_L T)}{(2\pi)^2\frac{C}{n_0}\int_{-b/2}^{b/2}f^2\frac{1}{T_c}G(f)\mathrm{d}f}\end{aligned} \tag{4-189}$$

$$\begin{aligned}\left(\frac{\sigma_{e\_NC}^2}{T_c^2}\right)&=\frac{B_L(1-0.5B_L T)\int_{-b/2}^{b/2}\frac{1}{T_c}G(f)(\pi fD)^2\mathrm{d}f}{(2\pi)^2\frac{C}{n_0}\left(\int_{-b/2}^{b/2}f\frac{1}{T_c}G(f)\pi fD\mathrm{d}f\right)^2}\cdot\left[1+\frac{\int_{-b/2}^{b/2}\frac{1}{T_c}G(f)\mathrm{d}f}{T\cdot\frac{C}{n_0}\left(\int_{-b/2}^{b/2}\frac{1}{T_c}G(f)\mathrm{d}f\right)^2}\right]\\&=\frac{B_L(1-0.5B_L T)\int_{-b/2}^{b/2}\frac{1}{T_c}f^2G(f)\mathrm{d}f}{(2\pi)^2\frac{C}{n_0}\left(\int_{-b/2}^{b/2}f^2\frac{1}{T_c}G(f)\mathrm{d}f\right)^2}\cdot\left[1+\frac{\int_{-b/2}^{b/2}\frac{1}{T_c}G(f)\mathrm{d}f}{T\cdot\frac{C}{n_0}\left(\int_{-b/2}^{b/2}\frac{1}{T_c}G(f)\mathrm{d}f\right)^2}\right]\\&=\frac{B_L(1-0.5B_L T)}{(2\pi)^2\frac{C}{n_0}\left(\int_{-b/2}^{b/2}f^2\frac{1}{T_c}G(f)\mathrm{d}f\right)}\cdot\left[1+\frac{\int_{-b/2}^{b/2}\frac{1}{T_c}G(f)\mathrm{d}f}{T\cdot\frac{C}{n_0}\left(\int_{-b/2}^{b/2}\frac{1}{T_c}G(f)\mathrm{d}f\right)^2}\right]\end{aligned} \tag{4-190}$$

以上两式中，$\int_{-b/2}^{b/2}\frac{1}{T_c}G(f)\mathrm{d}f$ 是通过接收机前端滤波器的归一化信号功率，当前端带宽 b 足够宽时，可以认为其近似为 1。这样，另一个公共项 $\int_{-b/2}^{b/2}f^2\frac{1}{T_c}G(f)\mathrm{d}f$ 由信号频谱决

定，在 B_L、T、b 确定后，就成为决定 DLL 跟踪误差的关键，通常将 $B_{RMS}=\sqrt{\int_{-b/2}^{b/2} f^2 \frac{1}{T_c} G(f) \mathrm{d}f}$ 定义为 RMS 带宽，也称 Gabor 带宽。图 4-48 为 $\left[\frac{C}{n_0}\right]=30$ dBHz，$T=0.02$ s，$B_L=1$ Hz 情况下，计算得到的 $D=0$ 时的 BPSK 与 BOC(1,1)信号的非相干 DLL 环路跟踪误差。

从图中可以看出，对于特定 b，若码片速率一致，BOC(1,1)信号的跟踪误差总小于 BPSK 信号。在 5.3 节我们将对这一现象及观测精度与 RMS 带宽的关系进行进一步的讨论。

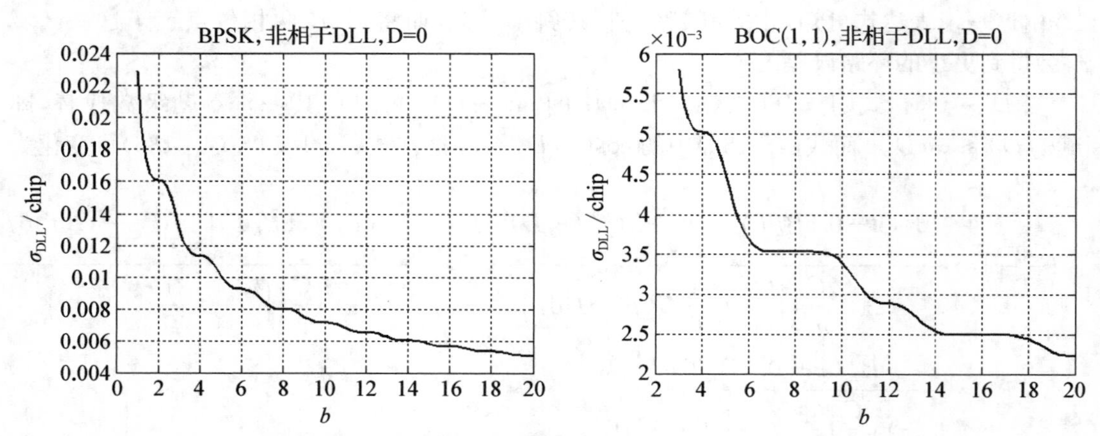

图 4-48　$D\to0$ 时两种信号环路抖动与归一化前端带宽的关系

在前端带宽有限、BPSK 调制的导航信号 $G(f)=T_c \sin c^2(\pi f T_c)$，当 f 对 R_c 归一化，即令 $f=\frac{f}{R_c}=fT_c$ 时，相干与非相干 DLL 抖动为[33]

$$\left(\frac{\sigma_{\mathrm{e\_CO}}^2}{T_c^2}\right)=\frac{B_L(1-0.5B_LT)\int_{-b/2}^{b/2}\sin c^2(\pi f)\sin^2(\pi f D)\mathrm{d}f}{(2\pi)^2\frac{C}{n_0}\left(\int_{-b/2}^{b/2} f\sin c^2(\pi f)\sin(\pi f D)\mathrm{d}f\right)^2} \tag{4-191}$$

$$\left(\frac{\sigma_{\mathrm{e\_NC}}^2}{T_c^2}\right)=\frac{B_L(1-0.5B_LT)\int_{-b/2}^{b/2}\sin c^2(\pi f)\sin^2(\pi f D)\mathrm{d}f}{(2\pi)^2\frac{C}{n_0}\left(\int_{-b/2}^{b/2} f\sin c^2(\pi f)\sin(\pi f D)\mathrm{d}f\right)^2}\cdot\left[1+\frac{\int_{-b/2}^{b/2}\sin c^2(\pi f)\cos^2(\pi f D)\mathrm{d}f}{T\cdot\frac{C}{n_0}\left(\int_{-b/2}^{b/2}\sin c^2(\pi f)\cos(\pi f D)\mathrm{d}f\right)^2}\right] \tag{4-192}$$

为便于计算，可使用以下近似表达式，式中 $d=D/T_c$，为归一化的 E、L 间隔。

对于有限前端带宽，相干 DLL 跟踪抖动为

$$\left(\frac{\sigma_{e\_CO}}{T_c}\right)^2=\begin{cases}\dfrac{B_L(1-0.5B_LT)}{2\dfrac{C_s}{n_0}}\cdot d, & \pi\leqslant db\\ \dfrac{B_L(1-0.5B_LT)}{2\dfrac{C_s}{n_0}}\left[\dfrac{1}{b}+\dfrac{b}{\pi-1}\left(d-\dfrac{1}{b}\right)^2\right], & 1<db<\pi\\ \dfrac{B_L(1-0.5B_LT)}{2\dfrac{C_s}{n_0}}\cdot\dfrac{1}{b}, & db\leqslant 1\end{cases} \tag{4-193}$$

非相干 DLL 跟踪抖动为

$$\left(\frac{\sigma_{e\_NC}}{T_c}\right)^2=\begin{cases}\dfrac{B_L(1-0.5B_LT)}{2\dfrac{C_s}{n_0}}\cdot d\cdot\left[1+\dfrac{2}{T\dfrac{C_s}{n_0}(2-d)}\right], & \pi\leqslant db\\ \dfrac{B_L(1-0.5B_LT)}{2\dfrac{C_s}{n_0}}\left[\dfrac{1}{b}+\dfrac{b}{\pi-1}\left(d-\dfrac{1}{b}\right)^2\right]\left[1+\dfrac{2}{T\dfrac{C_s}{n_0}(2-d)}\right], & 1<db<\pi\\ \dfrac{B_L(1-0.5B_LT)}{2\dfrac{C_s}{n_0}}\cdot\dfrac{1}{b}\left[1+\dfrac{1}{T\dfrac{C_s}{n_0}}\right], & db\leqslant 1\end{cases} \tag{4-194}$$

图 4-49 为 $\dfrac{C_s}{n_0}=30$ dBHz 时以非相干 DLL 近似式(4-194)得到的环路抖动计算结果及其与式(4-192)计算结果的差。

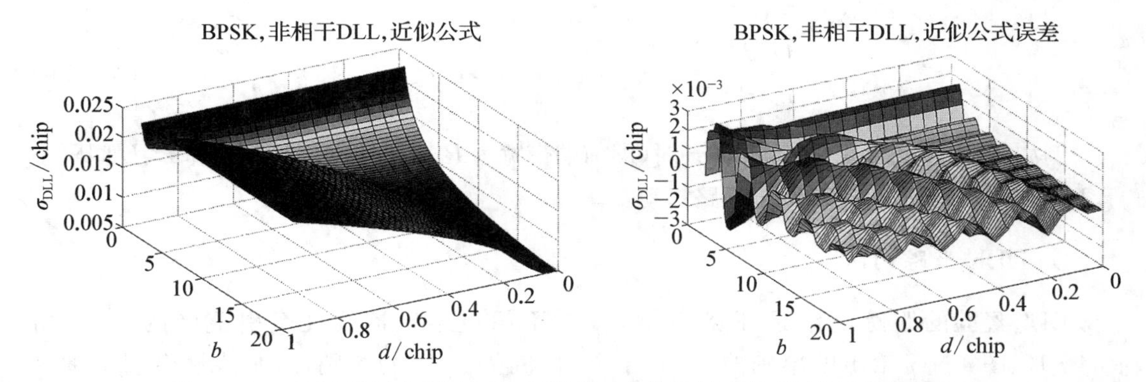

图 4-49　BPSK 信号非相干 DLL 环路抖动方差近似计算式及其引入计算误差

观察图中的计算误差不难发现,其计算误差比精确计算值约小一个量级,其计算精度可以接受。

为更好地进行观察，图 4－50 给出了特定 D、b 下的近似计算和精确计算的方差与 b、D 关系。

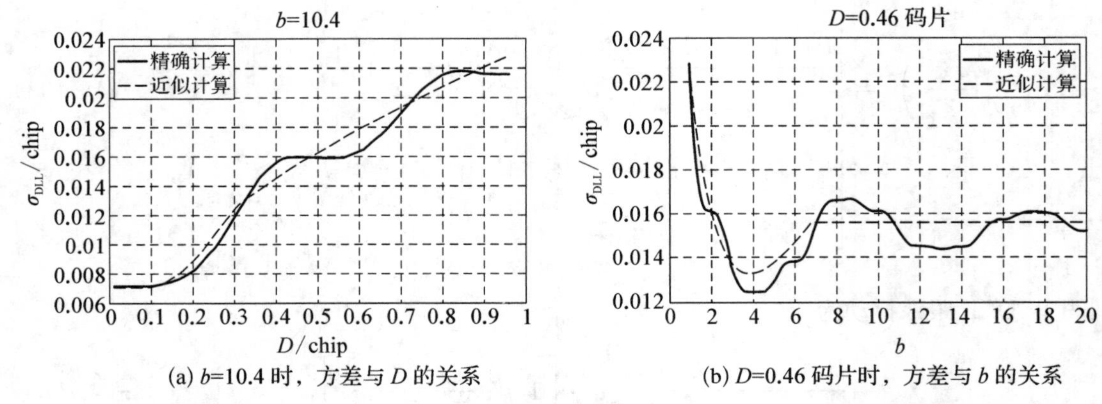

(a) b=10.4 时，方差与 D 的关系　(b) D=0.46 码片时，方差与 b 的关系

图 4－50　特定 D、b 下精确表达式与近似式计算的环路抖动与 b、D 的关系

无论按照精确计算还是近似计算，从图 4－50(a)可看出，给定 b，环路抖动总的趋势是随 D 的减小而减小，但会呈现一定程度的波动(精确计算曲线)；图 4－50(b)中，给定 D，当在 b 较小时，抖动会随 b 的增加而减小，而当 b 增加至一定值后(如图中 $b>6$ 时)，抖动仅随着 b 的变化呈现一定程度的波动(精确计算曲线)，而总的趋势不再减小。

波动出现的主要原因是，对于不同带宽的前端滤波器，信号频谱的不同成分进入接收机，导致相关函数斜率出现不同的波动，从而引起鉴别曲线发生变化，最终导致环路跟踪误差变化。

由式(4－193)、(4－194)可知，当 $db<1$ 时，环路抖动方差的表达式已经与 D 无关，这意味着进一步减小 D 无助于改善环路跟踪误差性能。此时

$$d<\frac{1}{b} \tag{4-195}$$

$$\frac{D}{T_c}\frac{B_{fe}}{R_c}<1 \Rightarrow D\cdot B_{fe}<1 \Rightarrow D<\frac{1}{B_{fe}} \tag{4-196}$$

例如，对于 BPSK 信号，当 b 为 5 时(即前端带宽为 R_c 的 5 倍)，$d<1/5$(即 E、L 间隔小于 1/5 码片)已无法进一步减小环路抖动。

2. DLL 跟踪门限

DLL 经验的跟踪门限是环路的 3σ，抖动不超过鉴别器线性牵引范围的 1/2。由图 4－16、图 4－17 给出的鉴别曲线，对于 E、L 间隔为 D 的鉴别器，其线性牵引范围为 $D/2$，例如，对于 $D=T_c$，该范围为－0.5～0.5 码片，宽度为 T_c。这样，可得到 DLL 环路跟踪的基本要求是

$$3\sigma_{DLL}\leqslant\frac{D}{2} \tag{4-197}$$

在本节开头部分已说明，DLL 环路仅应考虑热噪声方差与动态应力误差，于是上式中的 $3\sigma_{\mathrm{DLL}} = 3\sigma_{t\mathrm{DLL}} + R_e$，$R_e$ 为 DLL 环路动态应力误差（码片为单位）。这样上式可进一步写为

$$3\sigma_{t\mathrm{DLL}} + R_e \leqslant \frac{D}{2} \tag{4-198}$$

我们知道，DLL 实际上是一种相位锁定环路，只是其锁定目标不是载波，而是扩频码时钟。这样，由表 4-7 中的 PLL 环路稳态误差可知，在相同的动态参数下，该误差与频率成正比，而目前的导航信号，扩频码速率均比载波频率低 2 个数量级以上，因此在 DLL 环中，动态应力误差非常小。以 4.6.1 节得到的二阶环为例，动态应力误差为

$$\theta_{e2} = \frac{\mathrm{d}^2 R}{\mathrm{d}^2 t} \cdot \frac{f_0}{c} \frac{101.25}{B_n^2}(°) \tag{4-199}$$

对于 GPS C/A 码信号，$f_0 = 1.023$ MHz，对于 $B_n = 20$ Hz 的 2 阶 PLL 环，在最大径向加速度 $\frac{\mathrm{d}^2 R}{\mathrm{d}^2 t} = 1\ \mathrm{g} = 9.8\ \mathrm{m/s^2}$ 时，动态应力误差为

$$\theta_{e2} = 9.8 \cdot \frac{1.023 \times 10^6}{3 \times 10^8} \frac{101.25}{20^2} = 0.0085(°) = 2.3 \times 10^5(\text{周期}) \tag{4-200}$$

即对于径向加速度 10 g 的情况，采用 $B_n = 1.5$ Hz 时，

$$\theta_{e2} = 98 \cdot \frac{1.023 \times 10^6}{3 \times 10^8} \frac{101.25}{1.5^2} = 15.04(°) = 0.04(\text{周期}) \tag{4-201}$$

若 E、L 间隔为 1 个码片（即 1 个码时钟周期），则环路抖动门限值为 0.5，即使采用 0.5 Hz 的 B_n，由动态应力所造成的误差也比门限小一个量级以上。而在接收机通常采用的载波环辅助码环时，由于动态应力已由载波环消除，可忽略 R_e，于是可以将 $\sigma_{t\mathrm{DLL}} \leqslant \frac{D}{6}$ 作为 DLL 环路跟踪门限。图 4-51 给出了忽略动态应力误差下，按式（4-187）计算得到的环路抖动方差与 C/n_0 的关系曲线，同时图中标明了相应的检测门限。

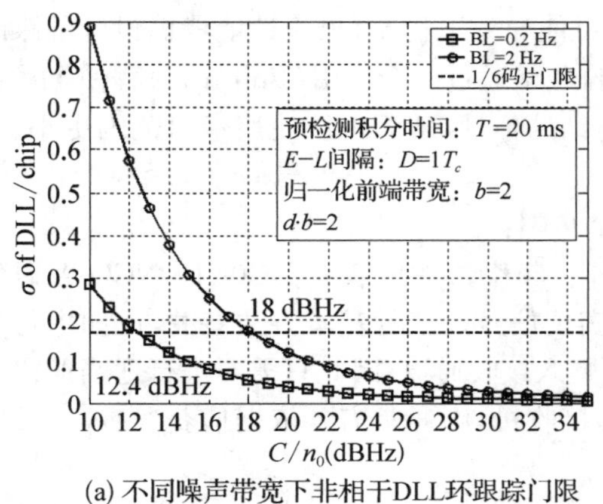

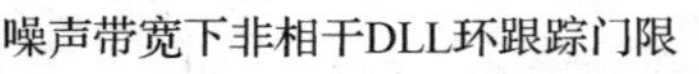
(a) 不同噪声带宽下非相干DLL环跟踪门限

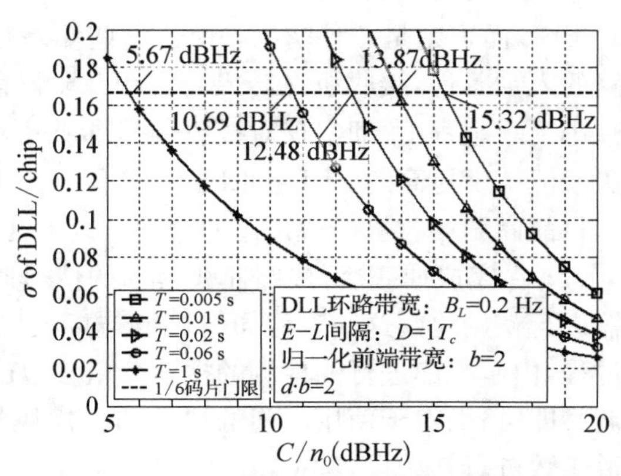

(b) 不同预检测积分时间下非相干DLL环跟踪门限

图 4-51　不同环路参数下环路抖动与 C/n_0 的关系曲线

进一步计算得到预检测积分时间 T 的变化与跟踪门限的变化结果如表 4-11 所示。

表 4-11　预检测积分时长与 DLL 跟踪门限的关系

T(ms)	5	10	20	40	80	160	320	640
跟踪门限(dBHz)	15.32	13.87	12.48	11.10	9.80	8.57	7.41	6.33
跟踪门限相对改善量①	—	1.45	1.39	1.38	1.30	1.23	1.16	1.08

注①:跟踪门限相对于前一表项的改善量,如 $T=10$ ms 对应的就是相对于 $T=5$ ms 的改善量,而 $T=20$ ms 对应的就是相对于 $T=10$ ms 的改善量。

由表中数据可得出以下结论:

(1) 在同样环路带宽下,使用更长的预检测积分时间 T 的 DLL 环路,跟踪性能总优于使用较短 T 的环路;

(2) 随着 T 的增加,DLL 跟踪门限改善量在逐渐减小。表中 T 的后一项均为前一项的 2 倍,这使得单次积分输出的 SNR 增量为 3 dB,而后一项对应的跟踪门限改善量未达到 3 dB,且随着 T 的不断增大,改善量越来越小。

4.7　其他基带处理功能

在导航接收机中,除了上述信号捕获、信号跟踪这两个基本的信号处理过程外,还需要处理一些细节问题,比如信号捕获完毕后如何快速消除复现信号的残留频偏与时偏、在信号跟踪过程中如何进行信噪比评估、如何根据评估结果进行一定的后续处理、如何确定载波环状态等。本节主要讨论这些必要的处理过程。

4.7.1　牵引过程

在完成信号的捕获后,根据捕获结果估计的复现信号参数与接收信号仍有一定的偏差,通常的接收机设计中,复现码与信号扩频码误差在 ±1/4 码片,而载波频率误差则在数百 Hz。

另一方面,为了使跟踪环路有更小的抖动,通常会采用满足要求但环路带宽更窄的设计。捕获过程完成后的残留时间偏差对 DLL 而言是一种初始相位误差,而载波频率残留误差对 PLL 而言则是一种初始频差。这些偏差有可能导致不稳定,出于性能考虑设计的跟踪环路的入锁条件,接收机在转入稳定跟踪阶段前,通常通过一个牵引(Pull-in)过程使上述偏差减小到一定程度,即实现对接收信号参数更精细的估计,从而可以使用牵引范围更小、带宽更窄但精度更高的 PLL、DLL。

目前商用接收机一般采用的做法分以下几个步骤:

(1) 在完成捕获后,按照捕获得到的信号时间、频率参数对载波 NCO、码 NCO 及码发生器进行初始化。这一过程如何执行与接收机实现信号捕获的基本方法有关,比如串行搜索过程,由于当前进行的检测的搜索分格参数已置入接收通道,因此只需要进行适当的码相位调整即可;而对于使用专门的快速捕获模块的接收机,则通常需要依据捕获参数,对接收通道参数进行初始设置。

(2) 启动接收通道,闭合各环路,并依据工作状态进行环路参数调整。接收通道开始工作是指相关器开始输出相关数据，在第一阶段，接收机通常先启动一个宽带 DLL 和一个 FLL，两环路基本稳定后，再启动 PLL，并以 FLL＋PLL 组合工作一段时间后，同时监视 PLL 锁定状态，再停止 FLL，转入纯 PLL 工作；在载波环 PLL 锁定后，开启对 DLL 的辅助，并将宽带 DLL 改为窄带 DLL 工作。

某些接收机在第 2 阶段也会利用一些估计算法实现开环方式的更精确的参数估值，以实现减小时间、频率偏差的目标。例如在软件接收机中，以多个相关器输出对复现码偏差进行估计[35]，以 FFT 对载波频率偏差进行估计等。

4.7.2　信噪比估计

在每个接收机跟踪通道中，载噪比估计是关系接收机工作模式、质量控制的重要工作。例如，接收机可以根据载噪比，针对强、弱信号采用不同的处理策略，或确定测量数据的精度，或对信号是否被正确跟踪进行判别(例如以 C/n_0 的估计来判定 DLL 的锁定判别)。目前采用对 $\dfrac{C}{N}$ 或 $\dfrac{C}{n_0}$ 的估计算法有以下三种。

(1) 窄—宽带功率法(NWPR)[9][36]

此方法首先由 M 段相关输出计算两个功率值

$$WBP_k=\left[\sum_{i=1}^{M}(I_i^2+Q_i^2)\right] \tag{4-202}$$

$$NBP_k=\left(\sum_{i=1}^{M}|I_i|\right)^2+\left(\sum_{i=1}^{M}|Q_i|\right)^2 \tag{4-203}$$

令 $NP_k=\dfrac{NBP_k}{WBP_k}$，并对 K 组 NP_k 取均值，得到 $\hat{\mu}_{\mathrm{NP}}=\dfrac{1}{K}\sum\limits_{k=1}^{K}NP_k$，则可得每一预检测积分段的 SNR，则

$$\frac{C}{N}=\frac{\hat{\mu}_{\mathrm{NP}}-1}{M-\hat{\mu}_{\mathrm{NP}}} \tag{4-204}$$

而由预检测积分时间 T_{int} 可计算得到

$$\frac{C}{n_0}=\frac{1}{T_{\mathrm{int}}}\cdot\frac{\hat{\mu}_{\mathrm{NP}}-1}{M-\hat{\mu}_{\mathrm{NP}}} \tag{4-205}$$

该方式典型参数为 $M=20$，$K=50$，需要 1 秒时间进行估计，在较低的 C/n_0 下(20～30 dBHz)，误差将增大，需要更大的 K 值。

(2) 信号比噪声方差平方估计(SNV)[36][37]

此方法取 M 段相关输出，计算

$$P_d=\left(\frac{1}{N}\sum_{i=1}^{M}|I_i|\right)^2+\left(\frac{1}{N}\sum_{i=1}^{M}|Q_i|\right)^2 \tag{4-206}$$

$$\hat{P}_{\mathrm{tot}}=\frac{1}{N}\sum_{i=1}^{N}(I_i^2+Q_i^2) \tag{4-207}$$

进而得到每个预检测积分段的 SNR 为

$$\frac{C}{N}=\frac{P_d}{P_{\text{tot}}-P_d} \tag{4-208}$$

(3) 基于二、四阶矩的算法(MM)[36,37]

此方法以 N 个预检测积分段的输出,计算二阶、四阶累量

$$\hat{M}_2=\frac{1}{N}\sum_{i=1}^{N}(I_i^2+Q_i^2) \tag{4-209}$$

$$\hat{M}_4=\frac{1}{N}\sum_{i=1}^{N}(I_i^2+Q_i^2)^2 \tag{4-210}$$

再由关系式

$$\frac{C}{N+C}=\frac{\sqrt{2\hat{M}_2^2-\hat{M}_4}}{\hat{M}_2} \tag{4-211}$$

设 $z=\frac{\sqrt{2\hat{M}_2^2-\hat{M}_4}}{\hat{M}_2}$,则由 $\frac{C}{N+C}=z$ 可得

$$\frac{C}{N}=\frac{z}{1-z} \tag{4-212}$$

从算法的实现上看,前两种方法的计算量较小,MM 算法较大。图 4-52 为上述 3 种方法的性能仿真结果,图中 NWPR、SNV 在高 SNR 时出现平层,这主要是来自载波环的稳态相位抖动[36]。MM 算法在高、低 SNR 下均不会出现明显的偏差。

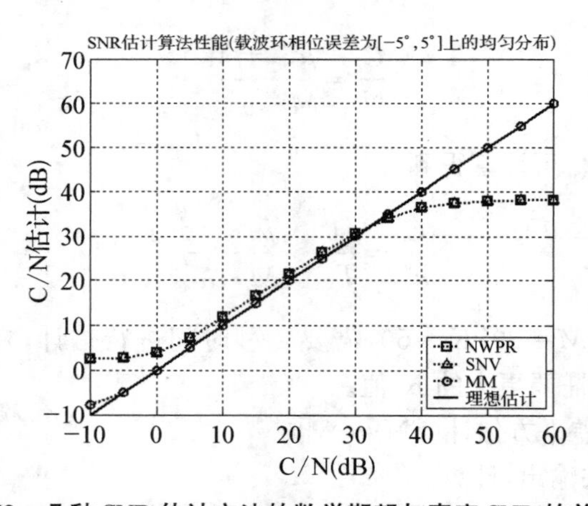

图 4-52 几种 SNR 估计方法的数学期望与真实 SNR 的关系曲线

4.7.3 环路状态判别

开始跟踪后,各环路相继闭合,只有在各环路锁定后,才能进行后续的信息解调及观测解算工作。此外,在接收机工作的整个过程中,由于可能存在信号遮蔽、卫星在视野中的自然升降、外部干扰等原因,接收机跟踪环路会出现失锁、重锁的现象。接收机必须能够实时地了解跟踪环路的状态,以判断信号的观测数据是否能用于 PVT 解算,是否需要进行信号重捕。

一种 PLL 锁定判别器如《GPS 原理与应用》[14] 所述,图 4－53 给出了处理流程。

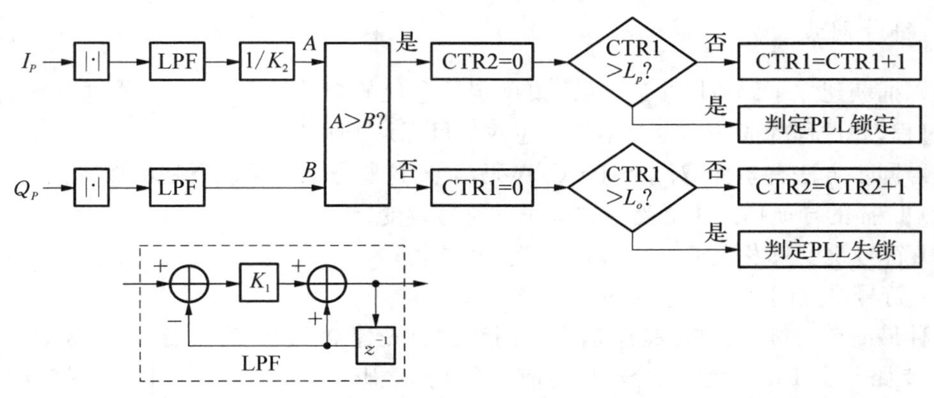

图 4－53　采用乐观和悲观判决的相位锁定检测器

环路初始状态为"未锁定"。相关器输出的 I、Q 支路信号(下标 P 表示使用的是 Prompt 相关支路)先以低通滤波器处理,之后 I 支路除以一个大于 1 的系数 K_2 得到 A,再与 Q 支路滤波输出 B 进行比较。只有当连续 L_p 次 $A>B$ 后,判定 PLL 锁定;类似的,在环路被判定为"锁定"后,在连续 L_o 次 $A\leqslant B$ 后,判定环路失锁。

预检测积分时间 $T=20$ ms 时,典型参数为 $K_1=0.0247$,$K_2=1.5$,$L_p=50$,$L_o=240$[14]。

对于通常仅工作于 PLL 状态下的接收机,可依据 PLL 是否锁定判定接收机锁定状态。而对于一些弱信号接收机,由于在弱信号情况下通常载波跟踪转为某种方法下的频率跟踪,因此需要通过 DLL 锁定与否进行环路锁定判别。DLL 环状态判别可通过 $\frac{C}{N}$ 或 $\frac{C}{n_0}$ 估计值进行,首先采用上节所给出的估计算法估计当前 $\frac{C}{N}$ 或 $\frac{C}{n_0}$,并将其与设定门限比较,大于门限时认为 DLL 锁定。

也可以采用与 PLL 状态类似的方法,如图 4－54 所示,分别对 P 支路与 E 或 L 支路进行平滑,再对平滑结果中 P 与 E 或 L 支路的能量关系进行判别。

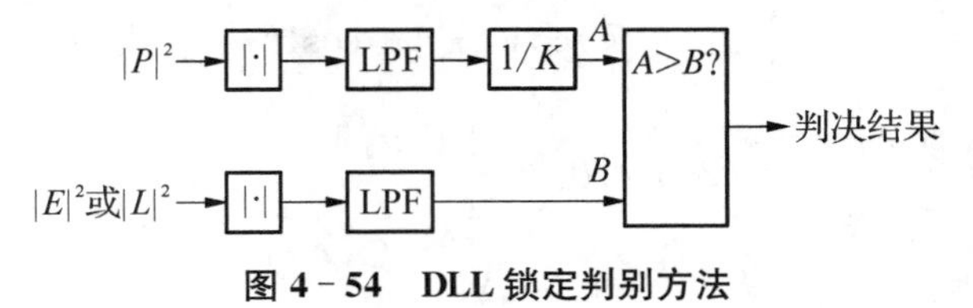

图 4－54　DLL 锁定判别方法

4.7.4 符号同步、帧同步与信息解调

独立式导航接收机通过对导航信号的接收，需要达到伪距观测及导航信息解调两个基本目标，这二者也是成功实现导航解算的基本条件。对于 GPS C/A 码信号，每个信息比特持续 20 ms，其中有 20 个周期重复的 C/A 码段，通过基本的捕获过程，只能建立码段的同步。后续还需要建立符号同步与帧同步，这样才能一方面获得信号的完整时间信号，另一方面正确地获得导航电文中的各参数。

1. 符号同步

在以捕获建立了码段同步后，还需要确定信息位的起始位置，这一过程通常称为“符号同步”过程，此过程的成功与否关系到上述两个目标是否可以实现。

符号同步方法有多种，对于 GPS C/A 码信号，这些方法基于以下基本事实：

(1) 广播的导航信息中必然存在大量的符号跳变；

(2) 符号跳变只发生于 1 ms 码段的起/止位置；

(3) 符号跳变间隔为 20 ms 的整数倍。

一种最简单、常用的方法是所谓直方图法。首先建立 20 个计数器，在 PLL、DLL 环锁定后，I 支路某个 1 ms 相关积分输出与前一个 1 ms 积分符号不同时，则与它对应的计数器加 1，经过一段时间的统计，或者经过总跳变数达到一个门限后，对应计数值最大的位置就是符号起始位置。在无噪声情况下，只可能有一个计数器非零，而在有噪声情况下，特别是信号较弱时，可能有多个计数器非零，但有一个为最大，取这个最大者为跳变点。上述方法中的关键步骤是码段跳变点的检测。

出现一个码段跳变的误判(即无跳变错判为有跳变或反之)在两种情况下发生，一是前一码段符号判别错误而本符号判别正确；二是前一码段符号判别正确而本符号判别错误。则跳变误判概率可表示为

$$P_{\text{esc}} = 2P_e(1-P_e) \tag{4-213}$$

其中对 1 个码段(或者预检测积分 $T=1$ ms 时的积分输出判别的差错率)符号判别错误的概率为 P_e。按照 3.2.2 节的方法，I 支路相关器输出的噪声方差为

$$\begin{aligned}
\sigma_I^2 &= E\left[\int_t^{t+T} n(\tau)\cos(2\pi f_c\tau)\mathrm{d}\tau \cdot \int_t^{t+T} n(k)\cos(2\pi f_c k)\mathrm{d}k\right] \\
&= \int_t^{t+T}\int_t^{t+T} E[n(\tau)n(k)]\cos(2\pi f_c\tau)\cos(2\pi f_c k)\mathrm{d}\tau\mathrm{d}k \\
&= \int_t^{t+T}\int_t^{t+T} R(\tau-k)\cos(2\pi f_c\tau)\cos(2\pi f_c k)\mathrm{d}\tau\mathrm{d}k \\
&= \int_t^{t+T}\int_t^{t+T} \frac{n_0}{2}\delta(\tau-k)\cos(2\pi f_c\tau)\cos(2\pi f_c k)\mathrm{d}\tau\mathrm{d}k \\
&= \int_t^{t+T} \frac{n_0}{2}\cos^2(2\pi f_c\tau)\mathrm{d}\tau = \frac{1}{2}\cdot\frac{n_0}{2}T
\end{aligned} \tag{4-214}$$

而 Q 支路相关器噪声方差为

$$\sigma_Q^2 = \frac{1}{2} \cdot \frac{n_0}{2} T \tag{4-215}$$

对于信号成分，设接收信号 $s(t) = A \cdot D(t)c(t) \cdot \cos(2\pi f_c t + \phi)$，则在进行解调、相关处理后，设复现载波已经与信号同步、同相，此时信号成分集中于 I 支路，且 I 支路相关器输出的信号成分幅度为 $\mu = \frac{1}{2}AT \cdot D(t)$。此时 I 支路相关器输出服从一个以 μ 为均值、$\sigma_I^2 = \frac{1}{2} \cdot \frac{n_0}{2} T$ 为方差的正态分布。在 $D(t) = +1$、$D(t) = -1$ 时均值分别为 $\mu_+ = \frac{1}{2}AT$、$\mu_- = -\frac{1}{2}AT$，相应的概率密度分布如图 4-55 所示。

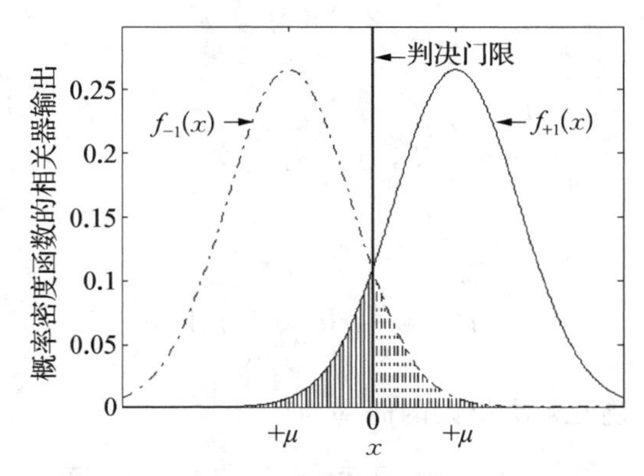

图 4-55　*I* 支路相关器输出数据的概率分布

如果对 I 支路相关器以"0"作为判决门限，即大于 0 判为 $+1$，小于 0 判为 -1。则图中两个阴影部分会产生误判，这样，相关器输出符号判决错误概率为

$$P_e = P_{-1} \cdot \int_0^{\infty} f_{-1}(t)\mathrm{d}t + P_{+1} \cdot \int_{-\infty}^{0} f_{+1}(t)\mathrm{d}t \tag{4-216}$$

式中，$f_{-1}(t) = \frac{1}{\sqrt{2\pi}\sigma_I} \mathrm{e}^{-\frac{(t-\mu_{-1})^2}{2\sigma_I^2}}$，$f_{+1}(t) = \frac{1}{\sqrt{2\pi}\sigma_I} \mathrm{e}^{-\frac{(t-\mu_{+1})^2}{2\sigma_I^2}}$，并设 $+1$、-1 等概率出现，即 $P_{+1} = P_{-1} = \frac{1}{2}$，则单个相关值的符号错判概率为

$$\begin{aligned}
P_e &= \frac{1}{2}\int_0^{\infty} \frac{1}{\sqrt{2\pi}\sigma_I} \mathrm{e}^{-\frac{(t-\mu_{-1})^2}{2\sigma_I^2}} \mathrm{d}t + \frac{1}{2}\int_{-\infty}^{0} \frac{1}{\sqrt{2\pi}\sigma_I} \mathrm{e}^{-\frac{(t-\mu_{+1})^2}{2\sigma_I^2}} \mathrm{d}t \\
&= \frac{1}{2}\int_0^{\infty} \frac{1}{\sqrt{2\pi}\sigma_I} \mathrm{e}^{-\frac{(t-\mu_{-1})^2}{2\sigma_I^2}} \mathrm{d}t + \frac{1}{2}\int_{-\infty}^{0} \frac{1}{\sqrt{2\pi}\sigma_I} \mathrm{e}^{-\frac{(t+\mu_{-1})^2}{2\sigma_I^2}} \mathrm{d}t \\
&= \int_0^{\infty} \frac{1}{\sqrt{2\pi}\sigma_I} \mathrm{e}^{-\frac{(t-\mu_{-1})^2}{2\sigma_I^2}} \mathrm{d}t = \frac{1}{\sqrt{\pi}}\int_0^{\infty} \mathrm{e}^{-\frac{(t-\mu_{-1})^2}{2\sigma_I^2}} \mathrm{d}\,\frac{t-\mu_{-1}}{\sqrt{2}\sigma_I}
\end{aligned}$$

$$=\frac{1}{\sqrt{\pi}}\int_{\frac{-\mu_{-1}}{\sqrt{2}\sigma_I}}^{\infty}\mathrm{e}^{-y^2}\mathrm{d}y=\frac{1}{2}\mathrm{erfc}\left(\frac{-\mu_{-1}}{\sqrt{2}\sigma_I}\right)$$

$$=\frac{1}{2}\mathrm{erfc}\left(\sqrt{\frac{\mu^2}{2\sigma_I^2}}\right) \tag{4-217}$$

式中，$\mathrm{erfc}(x)=\frac{2}{\sqrt{\pi}}\int_x^{\infty}\mathrm{e}^{-t^2}\mathrm{d}t$，为互补误差函数。注意到式中 σ_I^2 为 I 支路噪声方差，而 Q 支路噪声方差与其相等，因此两支路相关器总的噪声方差为 $\sigma^2=2\sigma_I^2=\frac{n_0}{2}T$。于是上式变为

$$P_e=\frac{1}{2}\mathrm{erfc}\left(\sqrt{\frac{\mu^2}{\sigma^2}}\right) \tag{4-218}$$

而式中 $\frac{\mu^2}{\sigma^2}=\frac{\frac{1}{4}A^2T^2}{\frac{n_0}{2}T}=\frac{\frac{1}{2}A^2T}{n_0}=\frac{C}{n_0}T$，于是有

$$P_e=\frac{1}{2}\mathrm{erfc}\left(\sqrt{\frac{C}{n_0}T}\right) \tag{4-219}$$

这样，对于某个位置单次跳变判决错误的概率为

$$P_{\mathrm{esc}}=2\cdot\frac{1}{2}\mathrm{erfc}\left(\sqrt{\frac{CT}{n_0}}\right)\left(1-\frac{1}{2}\mathrm{erfc}\left(\sqrt{\frac{CT}{n_0}}\right)\right) \tag{4-220}$$

而对于某个可能的跳变点位置进行 N 次检测，发生 n 次跳变误判的概率服从二项分布，则

$$P_E(n)=\binom{N}{n}P_{\mathrm{esc}}^n(1-P_{\mathrm{esc}})^{N-n} \tag{4-221}$$

N 也可理解为总共参与跳变检测的积分符号数（对于 GPS C/A 码信号，N 个符号对应着 $20N$ 个码段，这样，每个位置需要进行 N 次跳变检测）。

设整个判别过程使用时长为 T_{bs} 的信号进行，并假设信息中 0、1 概率相等，这样，在 T_{bs} 时间内，共包含 $N=T_{\mathrm{bs}}\cdot R_b$ 个数据位，位跳变真实发生次数的均值为 $\frac{1}{2}T_{\mathrm{bs}}\cdot R_b$ 次，即 $\frac{N}{2}$ 次。这样，按照二项分布的特性可知，对于非跳变点，检测得到跳变次数的均值为 $\mu_{\mathrm{NR}}=N\cdot P_{\mathrm{esc}}$，方差为 $\sigma_{\mathrm{NR}}=\sqrt{N\cdot P_{\mathrm{esc}}(1-P_{\mathrm{esc}})}$。在 N 较大时，该分布与均值、方差相同的正态分布非常相近，如图 4-56(a)所示，为 $N=60$，$\sigma_{\mathrm{NR}}=\sqrt{N\cdot P_{\mathrm{esc}}(1-P_{\mathrm{esc}})}$ 情况下二项分布概率与正态分布 PDF 的对比，可见二者偏差很小。

对于真实的跳变点位置，分两种情况讨论，首先观察 $\frac{N}{2}$ 个发生了跳变的符号起始位置，此时的误判将导致计数值减小，即 k 次误判，计数器值从 $\frac{N}{2}$ 变为 $\frac{N}{2}-k$，相应概率为

$$P_E\left(\frac{N}{2}-k\right)=\binom{\frac{N}{2}}{k}P_{\mathrm{esc}}^{k}(1-P_{\mathrm{esc}})^{\frac{N}{2}-k} \tag{4-222}$$

令 $m=\frac{N}{2}-k$，则有

$$P_E(m)=\binom{\frac{N}{2}}{\frac{N}{2}-m}(1-P_{\mathrm{esc}})^{m}P_{\mathrm{esc}}^{\frac{N}{2}-m}=\binom{\frac{N}{2}}{m}(1-P_{\mathrm{esc}})^{m}P_{\mathrm{esc}}^{\frac{N}{2}-m} \tag{4-223}$$

显然其均值为 $\mu_0=\frac{N}{2}(1-P_{\mathrm{esc}})$，方差为 $\sigma_0=\sqrt{\frac{N}{2}\cdot P_{\mathrm{esc}}(1-P_{\mathrm{esc}})}$；再观察 $\frac{N}{2}$ 个跳变未发生的情况，对于 k 次误判，计数器值从 0 变为 k，$P_E(k)=\binom{\frac{N}{2}}{k}P_{\mathrm{esc}}^{k}(1-P_{\mathrm{esc}})^{\frac{N}{2}-k}$，其均值为 $\mu_1=\frac{N}{2}\cdot P_{\mathrm{esc}}$，方差为 $\sigma_1=\sqrt{\frac{N}{2}\cdot P_{\mathrm{esc}}(1-P_{\mathrm{esc}})}$。最终的计数值为二者加权和，由于两者互相独立且同分布，于是计数值是均值为 $\mu_R=\frac{N}{2}$、方差为 $\sigma_R=\sqrt{\sigma_0^2+\sigma_1^2}=\sqrt{N\cdot P_{\mathrm{esc}}(1-P_{\mathrm{esc}})}$ 的二项分布，近似于相同均值、相同方差的正态分布。

以近似的正态分布表示的跳变点与各个非跳变点（对于 GPS C/A 码信号有 19 个）计数值概率如图 4-56(b)所示。

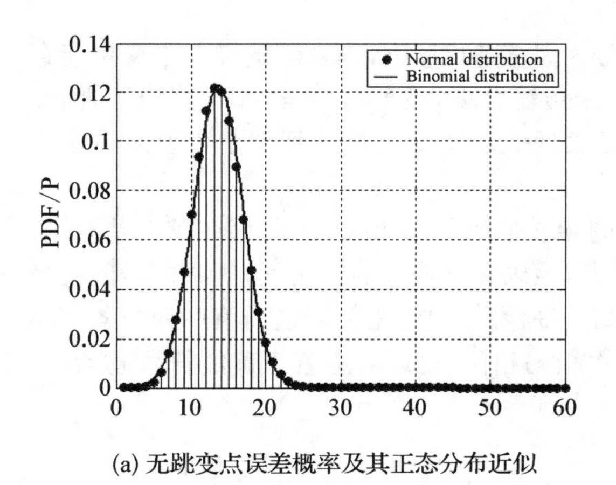

(a) 无跳变点误差概率及其正态分布近似

C/n_0=28 dBHz, N=60

非跳变点计数值
跳变点计数值
PDF
计数值

(b) 有、无跳变点计数值的正态分布近似

图 4-56　跳变计数值的分布

采用最大值原则，即在 N 个符号统计完毕后，取最大值对应的位置为符号跳变点，则得到正确结果时，跳变点检测的跳变计数值应是所有 M 个计数值（M 为每个符号内的码段数）中最大的，其概率为

$$P_c = \int_0^N C_{\mathrm{NORM}}(y, \mu_{\mathrm{NR}}, \sigma_{\mathrm{NR}})^{M-1} p_{\mathrm{NORM}}(y, \mu_R, \sigma_R)\mathrm{d}y \tag{4-224}$$

为便于计算,可进一步表示为

$$P_c = \sum_{k=0}^{N} \{[C_{\mathrm{NORM}}(k-1, \mu_{\mathrm{NR}}, \sigma_{\mathrm{NR}})]^{M-1} \cdot P(ctr_R = k)\} \tag{4-225}$$

图 4-57 为采用 50 个符号、100 个符号进行符号检测时,按上述近似方法计算得到的正确检测概率以及按蒙特卡洛方法进行仿真所得到的结果。预检测积分时长为一个码段。

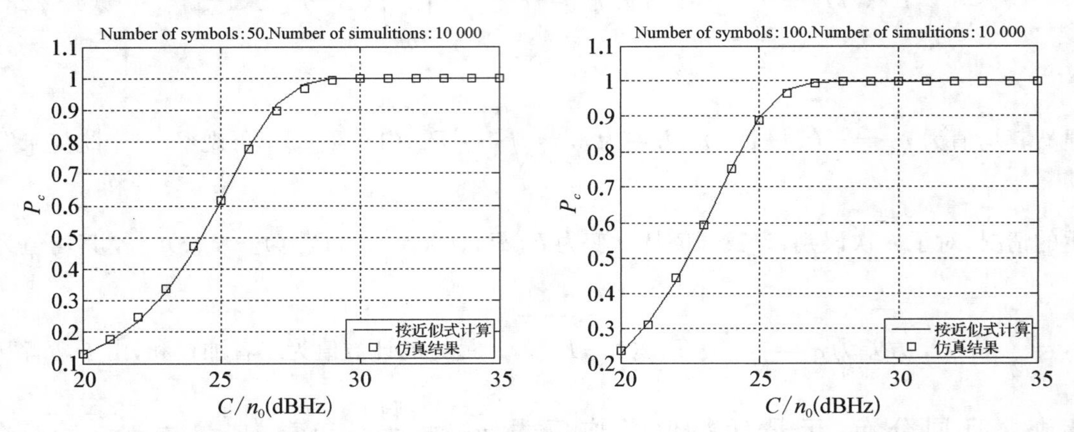

图 4-57　近似方法计算得到的两个符号跳变点正确检测概率与 C/n_0 的关系

从图中可以看出,采用更多的符号进行检测,在相同的 C/n_0 时正确检测概率更高,但这需要更长的时间。例如 GPS C/A 码信号每符号时长为 20 ms,50 个符号需要 1 秒,而 100 个符号则需要 2 秒。因此符号数量应依据接收机实际的 C/n_0 进行选择,例如依据跟踪过程中的 SNR 评估结果或者在捕获过程中粗略估计的 SNR。

需要说明的是,上述计算与仿真均假设符号为完全随机序列,而实际的导航电文可能存在大量连续的"0"与连续的"1"(某些电文保留、未传输数据,被填写为全"0"或全"1"),因此在检测过程中,通常加入另一个限制条件,即已发现的总跳变点数达到某个数值时再进行判决。

在 GPS C/A 码之后各个导航系统所设计的导航信号与 GPS C/A 码存在较大差异,通常在每个符号中的各个码段上增加了次级码调制,该码具有较好的相关性,这些信号的符号同步方法不再使用上述跳变点检测,而代之以相关峰检测,即将相关器输出值序列与各个相位的次级码进行相关,相关值最大者为正确的次级码相位,也即对应着正确的符号起始点。限于篇幅关系,这里不再进行相关讨论。

2. 导航电文信息的比特差错率

在正确地检测到位同步后,需要进行导航信息的解调。目前已经或即将播发的导航信号,无论采用的是何种码片波形,在解扩后信息符号调制方式均为 BPSK 调制信号,其误比特率为

$$P_e = \frac{1}{2}\mathrm{erfc}\left(\sqrt{\frac{C}{n_0} \cdot T_b}\right) = \frac{1}{2}\mathrm{erfc}\left(\sqrt{\frac{E_b}{n_0}}\right) \tag{4-226}$$

其中，T_b 为比特时长；E_b 则为比特能量；$\mathrm{erfc}(x)=\frac{2}{\sqrt{\pi}}\int_x^{\infty}\mathrm{e}^{-t^2}\mathrm{d}t$。图4-58为按此式计算得到的 P_e 与 E_b/n_0 的关系曲线。通常要求的导航电文接收误比特率BER为 $P_e=10^{-5}$，由图中可知，此时要求的 $E_b/n_0=9.6$ dB。

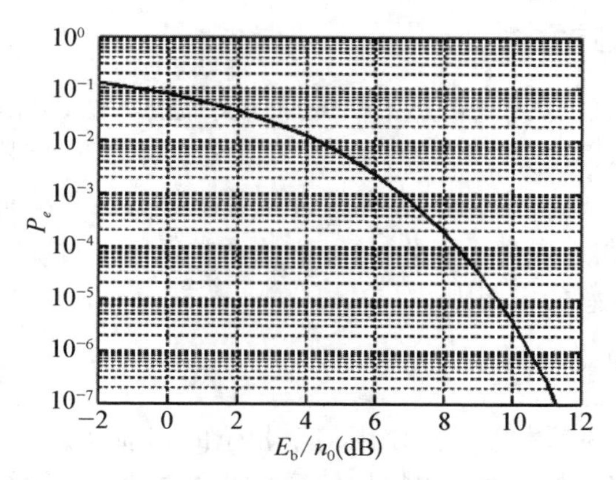

图4-58　BPSK信号的误比特率

差错控制编码会显著降低比特差错率。对于采用了较为强大的差错控制编码(也称“信道编码”)的信号，如Galileo系统的信号均采用1/2码率的卷积码，而一些新提出的如GPS L1C信号则采用了更加强大的LDPC码。差错控制编码的性能通常以“编码增益”描述，其定义为，达到某一BER时，不使用编码时所要求的 E_b/n_0 与使用编码后要求的 E_b/n_0 的差。以一些导航信号中采用的1/2码率卷积码为例，在 $P_e=10^{-5}$ 要求下，在不使用卷积码时，其对应的 E_b/n_0 为9.6 dB，而使用编码后，其对应的 E_b/n_0 下降到4.5 dB，于是编码增益为 $G_{\mathrm{code}}(\mathrm{BER}=10^{-5})=9.6-4.5=5.1$ dB。

3. 帧同步

符号同步之后，需要进一步建立帧同步，进而实现信息内容的解析。有研究[9]给出了GPS C/A码信号的以下同步方法：

(1) 在解调比特流中搜索帧头，即位于每帧开头的8比特同步码“10001011”。由于复现载波与信号载波间存在相位模糊，因此在解调比特流中，这一同步码可能是“10001011”，也可能是“01110100”，需要同时搜索这两个码字。

(2) 搜索到上述同步码后，对包含有该同步码的30比特“字”进行校验。

(3) 其他合法性验证。这包括验证从信息帧中提取的周内秒计数、帧号是否为合法值，前后两帧的周内秒计数之差是否正确等。

在GPS及Galileo系统的新信号中，每帧长度固定，且以24位CRC码进行校验，这使得帧同步的验证(即上述过程中的第2步)更为可靠——通过进行CRC校验即可实现，对同步差错的漏检概率很低，在 $2^{-24}=5.96\times10^{-8}$ 量级。

4.8 BOC 信号的码跟踪

到目前为止，已提出了以下几种 BOC 信号的跟踪、鉴别算法[24,38]。

4.8.1 单边带跟踪方法

单边带跟踪方法(SSB)采用与单边带信号捕获类似的方法，对信号上、下边带分别滤波(或者只处理一个边带)，再按 BPSK 信号处理，可以实现对 BOC 信号的码跟踪。这样，跟踪精度由码片速率决定，而 BOC 信号更尖利的自相关函数特性并没有得到充分利用，事实上这完全可以使跟踪精度得以提高。因此，这一方法通常仅用于对跟踪精度要求不高，但对实现的复杂度、功耗较为敏感的应用中。

4.8.2 多门鉴别器

多门鉴别器(MGD)的基本思想是使用多个相位的超前、滞后相关器，并为每个相关器设置一定的加权系数，将各相关器输出按加权系数求和再计算鉴别结果，以得到特定形状的鉴别曲线[38,46]。

以 BOC(2,1)信号为例，其副载波子码片(即半个副载波周期)时长 T_s。以间隔为 0.525T_s 设置 4 对 E、L 相关器，每对先求 $E-L$ 的模，再按加权系数 1、1.25、1.5、1.75 求和(“1”为对应距离最近的一对 $E-L$ 相关器，“1.75”为对应距离最远的一对，下同)，可得到一种“Smoothy”鉴别曲线；而按间隔 0.2T_s 设置 4 对 E、L 相关器，每对先求 $E-L$ 的模，再按加权系数 1、1.125、1.25、1.375 求和，则可得到“Bumpy”鉴别曲线。信号为无限带宽下两种鉴别曲线如图 4-59 所示。

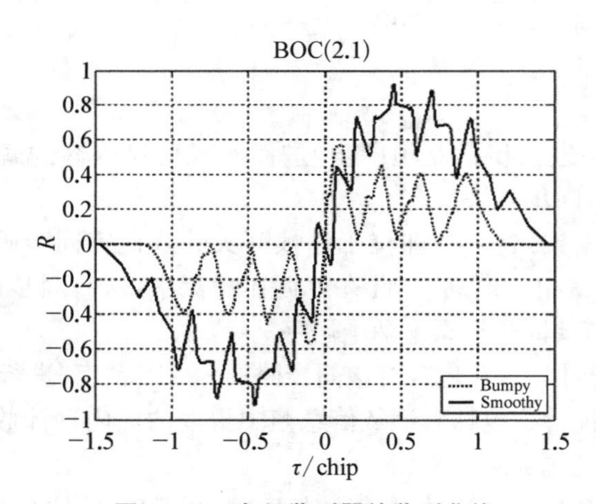

图 4-59 多门鉴别器的鉴别曲线

显然，“Smoothy”型的曲线更有利于实现信号的捕获与粗同步，而“Bumpy”型鉴别曲线则有利于实现更精密的跟踪。可以依据需要实现两类鉴别曲线的切换。

4.8.3 颠簸—跳跃算法

颠簸—跳跃算法(Bump-Jumping Algorithm, BJ)由 Tran 等[47]提出,通过5个相关器实现对 BOC 信号的锁定。这5个相关器分别使用5个不同相位的复现码与接收信号进行相关运算,输出分别记为 E、P、L 和 VE、VL。以 BOC(2,1)为例,几个相关器相位关系如图4-60(a)所示,图中 T_s 为1/2副载波周期。其中,E、L 用于锁定副载波引起的多个相关峰值中的某一个;VE、VL 则用于判定是否锁定于中心相关峰,两支路复现码与 P 相差1个子码片,即1/2个副载波周期;P 的作用与 PSK 码跨环相同,既可用于 DLL,也可用于载波环。

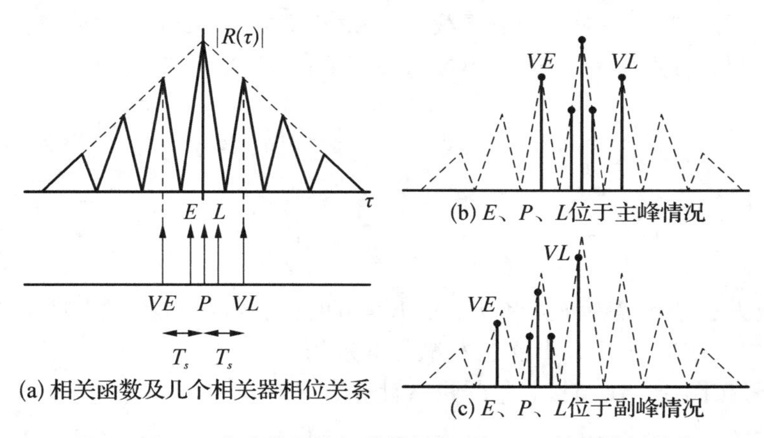

(a) 相关函数及几个相关器相位关系　(b) E、P、L位于主峰情况　(c) E、P、L位于副峰情况

图4-60　BJ 方法使用的相关器相位以及不同情况的相关值

从图中可以看出,对于 $|R(\tau)|$ 的每个主、副峰,只要使 E、L 相关器输出相等,仅以 E、L 进行鉴别时 DLL 均会锁定,而只有在主峰值上,E、L 相等时 VE、VL 才会相等(如图4-60b、c)。BJ 算法正是利用了这一特点实现 DLL 锁定于主峰。其基本方法 $|R(\tau)|$ 为

(1) 以 E、L 相关值进行码偏鉴别,实现 BPSK 波形时与 DLL 相同的跟踪。

(2) 将 P、VE、VL 相关器输出进行比较,其结果用于驱动两个计数器 CTR_{VE}、CTR_{VL}:

$$\begin{cases} CTR_{VE}=CTR_{VE}+1; \quad CTR_{VL}=CTR_{VL}-1, \quad VE=\mathrm{MAX}(P,VE,VL) \\ CTR_{VL}=CTR_{VL}+1; \quad CTR_{VE}=CTR_{VE}-1, \quad VL=\mathrm{MAX}(P,VE,VL) \\ CTR_{VL}=CTR_{VL}-1; \quad CTR_{VE}=CTR_{VE}-1, \quad P=\mathrm{MAX}(P,VE,VL) \end{cases} \tag{4-227}$$

当三者中 VE 幅度或能量最大时,CTR_{VE} 加1,而 CTR_{VL} 减1;当 VL 幅度或能量最大时,CTR_{VL} 加1,而 CTR_{VE} 减1;当 P 幅度或能量最大时,两计数器均减1。每个计数器达到0时,不再进一步减小。

(3) 当 CTR_{VE} 或 CTR_{VL} 计数值超过某一门限时,5个复现信号均向前(CTR_{VE} 达到门限)或向后(CTR_{VL} 达到门限)调整 T_s 时间。

由于捕获的精度在 $\frac{T_c}{2}$ 以内,因此在锁定于主峰之前,通常需要进行多次跳跃,而每次跳跃均需要一定时间,这样,对于副载波频率与码速率之比较高的副载波,例如 BOC(14,2)、BOC(6,1),相关函数有较多峰值点,同时相关主、副峰间的幅度差别也很小,需要较长时间

环路才能锁定于主峰。

4.8.4 双估计器

双估计器(Double Estimator, DE)由 Blunt 等[24]提出。有别于传统 PSK 信号跟踪中使用的 PLL/DLL 双环路结构,此方法下使用载波、副载波与码的三环跟踪方式,即 PLL/SLL/DLL。

设 τ_c、τ_s 分别为接收信号码片时延、副载波时延,则 $\tau_c=\tau_s+n\cdot T_s$,T_s 为矩形副载波的子码片时长。相应的,接收机对 τ_c,τ_s 的估计为 $\hat{\tau}_c$,$\hat{\tau}_s$。结合对中频相位的估计 $\hat{\phi}$(设中频频率不存在偏差),可以产生一对正交复现载波、一对正交复现副载波以及一对正交的复现码。其中副载波、扩频码分别为 $s(t-\hat{\tau}_s)$、$c(t-\hat{\tau}_c)$,其正交分量定义为

$$\tilde{s}(t-\hat{\tau}_s)=s\left(t-\tau_s+\frac{T_{Ds}}{2}\right)-s\left(t-\tau_s-\frac{T_{Ds}}{2}\right) \tag{4-228}$$

$$\tilde{c}(t-\hat{\tau}_c)=c\left(t-\tau_c+\frac{T_{Dc}}{2}\right)-c\left(t-\tau_c-\frac{T_{Dc}}{2}\right) \tag{4-229}$$

实际上,此方法是间隔为 T_{Ds} 和 T_{Dc} 的 E、L 两支路复现副载波、扩频码之差,该复现信号与接收信号相关结果与 E、L 相关再相减是等效的。

各复现信号按图 4-61 与接收信号进行计算。

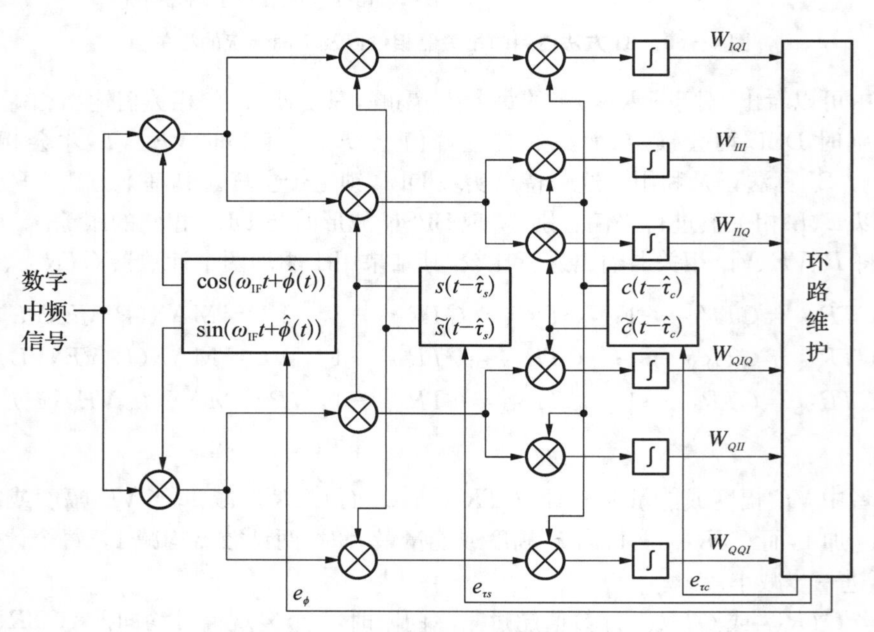

图 4-61 DE 方法信号处理框图

图中,各积分器输出为

$$w_{III}=A\cdot d\cdot\cos(\phi-\hat{\phi})\cdot R_s(\hat{\tau}_s-\tau)\cdot R_c(\hat{\tau}_c-\tau) \tag{4-230}$$

$$w_{QII}=A\cdot d\cdot\sin(\phi-\hat{\phi})\cdot R_s(\hat{\tau}_s-\tau)\cdot R_c(\hat{\tau}_c-\tau) \tag{4-231}$$

$$w_{IQI} = A \cdot d \cdot \cos(\phi - \hat{\phi}) \cdot \left[R_s\left(\hat{\tau}_s - \frac{T_{Ds}}{2} - \tau\right) - R_s\left(\hat{\tau}_s + \frac{T_{Ds}}{2} - \tau\right)\right] \cdot R_c(\hat{\tau}_c - \tau) \tag{4-232}$$

$$w_{QQI} = A \cdot d \cdot \sin(\phi - \hat{\phi}) \cdot \left[R_s\left(\hat{\tau}_s - \frac{T_{Ds}}{2} - \tau\right) - R_s\left(\hat{\tau}_s + \frac{T_{Ds}}{2} - \tau\right)\right] \cdot R_c(\hat{\tau}_c - \tau) \tag{4-233}$$

$$w_{IIQ} = A \cdot d \cdot \cos(\phi - \hat{\phi}) \cdot R_s(\hat{\tau}_s - \tau) \cdot \left[R_c\left(\hat{\tau}_c - \frac{T_{Dc}}{2} - \tau\right) - R_c\left(\hat{\tau}_c + \frac{T_{Dc}}{2} - \tau\right)\right] \tag{4-234}$$

$$w_{QIQ} = A \cdot d \cdot \sin(\phi - \hat{\phi}) \cdot R_s(\hat{\tau}_s - \tau) \cdot \left[R_c\left(\hat{\tau}_c - \frac{T_{Dc}}{2} - \tau\right) - R_c\left(\hat{\tau}_c + \frac{T_{Dc}}{2} - \tau\right)\right] \tag{4-235}$$

不难看出，w_{III}、w_{QII} 两项对应着传统 PSK 信号中 I、Q 支路的 P 分支。w_{IQI}、w_{QQI} 构成副载波误差项；w_{IIQ}、w_{QIQ} 构成扩频码误差项。当扩频码与副载波完全同步后，w_{IQI}、w_{QQI} 与 w_{IIQ}、w_{QIQ} 近于 0，而 w_{III}、w_{QII} 则达到最大，可用于信息解调及载波环鉴相。

$$\frac{w_{IQI}}{w_{III}} = \frac{R_s\left(\hat{\tau}_s - \frac{T_{Ds}}{2} - \tau\right) - R_s\left(\hat{\tau}_s + \frac{T_{Ds}}{2} - \tau\right)}{R_s(\hat{\tau}_s - \tau)} \tag{4-236}$$

$$\frac{w_{QQI}}{w_{QII}} = \frac{R_s\left(\hat{\tau}_s - \frac{T_{Ds}}{2} - \tau\right) - R_s\left(\hat{\tau}_s + \frac{T_{Ds}}{2} - \tau\right)}{R_s(\hat{\tau}_s - \tau)} \tag{4-237}$$

与基本的码鉴别器相比较可知，两者均体现了副载波的相位差，而两者噪声不相关，且反映的信息相同，可将两者相加作为副载波偏差鉴别结果。

$$\frac{w_{IIQ}}{w_{III}} = \frac{R_c\left(\hat{\tau}_c - \frac{T_{Dc}}{2} - \tau\right) - R_c\left(\hat{\tau}_c + \frac{T_{Dc}}{2} - \tau\right)}{R_c(\hat{\tau}_c - \tau)} \tag{4-238}$$

$$\frac{w_{QIQ}}{w_{QII}} = \frac{R_c\left(\hat{\tau}_c - \frac{T_{Dc}}{2} - \tau\right) - R_c\left(\hat{\tau}_c + \frac{T_{Dc}}{2} - \tau\right)}{R_c(\hat{\tau}_c - \tau)} \tag{4-239}$$

两者均体现了码相位偏差，将两者相加可得到码相位鉴别结果。Blunt 等[24]文章中给出的 SLL 与 DLL 鉴别算法为非归一化形式，即

$$e_{\tau s} = w_{IQI} \cdot sign(w_{III}) + w_{QQI} \cdot sign(w_{QII}) \tag{4-240}$$

$$e_{\tau c} = w_{IIQ} \cdot sign(w_{III}) + w_{QIQ} \cdot sign(w_{QII}) \tag{4-241}$$

由正交副载波与正交码的表达式可知，上述处理框图采用的正交副载波与正交码为三

电平信号。而为了计算简便,接收通常采用双电平信号,因此图 4 - 61 中的处理过程可以用另一种常用方式实现,如图 4 - 62 所示。

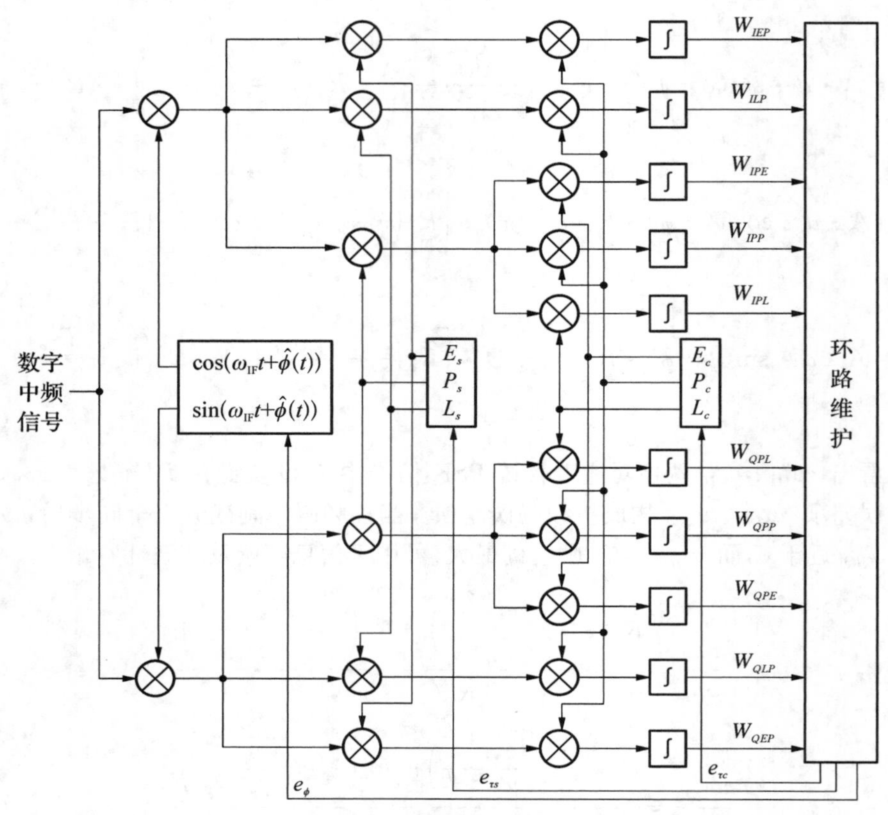

图 4 - 62　DE 法信号处理的另一种实现形式

图 4 - 60 BJ 方法使用的相关器相位,以及不同情况的相关值中各相关器输出项与图 4 - 61 DE 方法信号处理框图中各输出项的对应关系为

$$w_{IQI}=w_{IEP}-w_{ILP},w_{III}=w_{IPP},w_{IIQ}=w_{IPE}-w_{IPL} \tag{4-242}$$

$$w_{QIQ}=w_{QPE}-w_{QPL},w_{QII}=w_{QPP},w_{QQI}=w_{QEP}-w_{QLP} \tag{4-243}$$

第 5 章
信号测量

空间参考点与接收机之间通过无线电信号进行距离测量的单向测距法如图 5-1 所示。

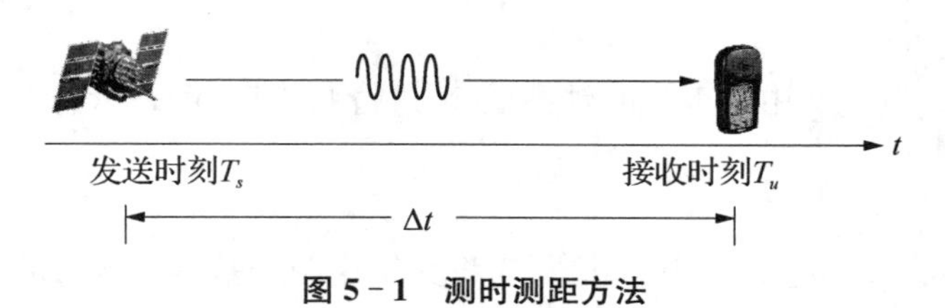

图 5-1　测时测距方法

如图,某个信号从卫星发出的时刻为 T_s,该段信号的起始点到达接收机时,正好是时刻 T_u,T_s 与 T_u 均以系统时进行标度。由此可以得到信号的传播时延差 $\Delta t = T_u - T_s$。那么在已知电磁波传播速率 c 的情况下,接收机与卫星之间距离可表示为

$$r = c\Delta t = c(T_u - T_s) \tag{5-1}$$

本章首先简单回顾一下伪距的定义,并基于这一定义,给出另一个与解算有关的观测量"伪距率"的定义,之后介绍在接收机中如何获得上述两个基本观测量。在本章的最后,给出了对观测精度极限,即"界"的分析。

5.1　伪距与伪距率

设导航卫星在发送信号时的钟面时为 $T'_s = T_s + \delta t$,用户在接收时刻的钟面时为 $T'_u = T_u + t_u$。δt、t_u 分别为卫星、用户接收机时钟与系统时钟的误差,称为"钟差"(Clock Offset 或 Time Bias),即(某系统时时刻)某一时钟读数(即"钟面时")与系统时之间的偏差。

这样,接收机通过接收及发送时间差所测得的伪距表示为

$$\rho_R = r + c \cdot (t_u - \delta t) \tag{5-2}$$

导航应用中,导航卫星钟差可以由导航系统进行测量,将其参数化,并在导航电文中播发,接收机可以利用接收到的钟差参数对 δt 进行计算加以消除,将已经消除了卫星钟差影响的伪距 ρ 作为解算的输入观测量。于是,最终得到伪距的另一种常用形式为

$$\rho = r + c \cdot t_u \tag{5-3}$$

需要说明的是,钟差是一个随时间变化的量,将单位时间内钟差的增量称为"钟差变化率",即钟差对时间的一阶导数,一些研究中也称"钟漂移"(Clock Drift 或 Time Drift),本书中将接收机的钟差变化率记为 $\dot{t}_u$,卫星钟差变化率记为 $\dot{\delta t}$。

导航中另一个重要的变量是速度,注意到伪距与距离的关系,而速度是距离的变化率,于是就出现了另一个令人感兴趣的观测量——伪距变化率,即伪距对时间的导数 $\dot{\rho}_R$。

$$\dot{\rho}_R = \frac{\mathrm{d}\rho_R}{\mathrm{d}t} = \lim_{t_2 \to t_1} \frac{\rho_R(t_2) - \rho_R(t_1)}{t_2 - t_1} \tag{5-4}$$

将伪距表达式代入后可得

$$\dot{\rho}_R = \lim_{t_2 \to t_1} \frac{r(t_2) - r(t_1)}{t_2 - t_1} + c \cdot \lim_{t_2 \to t_1} \frac{t_u(t_2) - t_u(t_1)}{t_2 - t_1} - c \cdot \lim_{t_2 \to t_1} \frac{\delta t(t_2) - \delta t(t_1)}{t_2 - t_1} = v + c \cdot \dot{t}_u - c \cdot \dot{\delta t} \tag{5-5}$$

同样，当使用广播导航电文中的卫星时钟参数 $\dot{\delta t}$ 进行修正后，可表示为

$$\dot{\rho} = v + c \cdot \dot{t}_u \tag{5-6}$$

它与伪距率的关系为 $\dot{\rho} = \dot{\rho}_R + c \cdot \dot{\delta t}$。接下来将介绍这两个基本观测量的获取方法。

5.2 信号测量的实现

导航接收机通过信号的捕获与同步过程，重建了一个与接收信号中扩频码及载波相位一致的复现码及复现载波，即复现码与复现载波可以认为是与接收信号的相应成分一致、只具有微小误差的。这里的相位是与时间相对应，可以理解为是以载波周期或码片周期表示的时间。由于导航信号的发送与卫星时严格对齐，因此在某个接收机钟面时刻 T'_u 进行观测，得到的接收信号时间信息即为信号从卫星上发出的时刻 T'_s。

由于复现信号是由接收机自行产生的，因此，对复现码、复现载波相位的观测就反映了接收信号的测距码、载波的相位，而复现信号与接收信号的跟踪误差，就是观测误差。

5.2.1 码测量

为对测距码的时间信息进行观测，需在接收机中设置一个计数器，称为“码相位累积器”，以下简称“码累积器”。码累积器实际上是一种分段的计数器，它在码 NCO 的进位脉冲驱动下进行计数。如图 5-2 所示为一个 GPS C/A 码信号的码累积器实现原理框图，DLL 控制码 NCO 以实现码跟踪，码 NCO 每计满一个码片，就向码累积器输出一个进位脉冲。而码累积器以分段的方式对码片前进的个数进行计数。同时，为了使码累积器的各个计数器有正确的值，需要通过捕获过程确定码片计数初值，通过符号、帧同步过程以及提取的帧计数、帧内的时间数据、星期计数对码累积器进行初值设定。

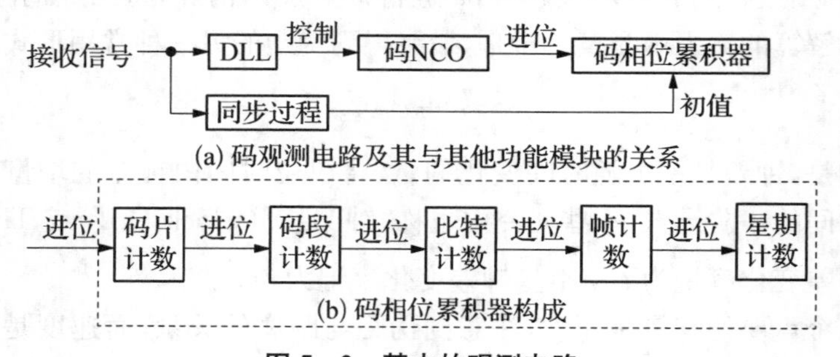

图 5-2　基本的观测电路

在完成了码累积器各分计数器的初始化后，就可以通过对码累积器与码 NCO 的观测获得信号的发送时刻。观测通过简单的锁存电路实现，如图 5-3 所示。

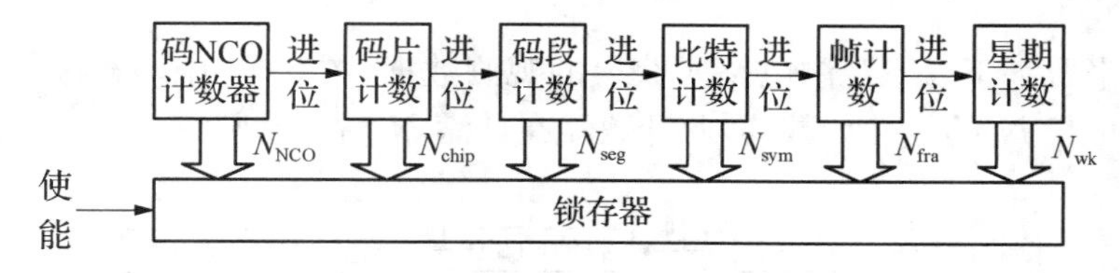

图 5-3　码观测电路框图

当接收机需要进行观测时，将上述各计数器锁存至一个锁存器，由微处理器读取并据此计算信号发送时刻 T_s'。图中的"使能"信号由接收机自行按照本地时刻产生。设接收机在本地时刻 T_u' 进行锁存得到的各计数值：码 NCO 值(16 位)为 N_{NCO}；码片计数值为 N_{chip}；码段计数值为 N_{seg}；比特计数值为 N_{sym}；帧计数值为 N_{fra}；星期计数值为 N_{wk}。则可计算卫星时刻 T_s' 为

$$T_s'=N_{wk}\cdot T_{wk}+N_{fra}\cdot T_{fra}+N_{sym}\cdot T_{sym}+N_{seg}\cdot T_{seg}+\left(N_{chip}+\frac{N_{NCO}}{2^{16}}\right)\cdot T_{chip} \tag{5-7}$$

式中，T_{wk}、T_{fra}、T_{sym}、T_{seg}、T_{chip} 分别表示星期、电文帧、符号、码段、码片时间长度。

按 5.1 节提到的 T_s'，进而可得到伪距观测量 $\rho=T_u'-T_s'$。

5.2.2　载波测量

在上一节中，通过对复现码的测量可以得到信号的发送时刻 T_s'，那么是否可以通过载波的测量得到 T_s'呢？如果可行，那将是非常具有吸引力的。其原因是，L 波段载波的波长为 0.2～0.3 m，而 S 波段更是达到了 0.13 m 以下，与之相比，测距扩频码速率通常在 1～10 Mcps 范围，每个码片周期对应的距离为 30～300 m，如果认为 DLL 环与 PLL 环抖动(以跟踪量的周期为单位)相同或接近，则码测量的误差折算至距离上比载波测量误差大 100 倍以上。

然而，不幸的是独立式接收机无法实现这一点，其原因是：

(1) 载波本身是一个正弦波，很容易证明其自相关函数是一个同周期的余弦函数，而不像扩频码那样是一个尖利的相关峰，这使得接收机只能保证复现载波与信号载波小数相位对齐，而无法确定两者间的整周期相位差。

(2) 目前使用的导航信号中，码周期通常是载波周期的 10^2～10^3 倍，而码环抖动就可达到 10^{-2} 量级，这使得无法依据码片测量值实现载波整周期数的确定；而另一方面，导航信号穿越地球周围电离层的过程中，由于电离层对电磁波而言是一种色散介质，使得扩频码相位与载波相位出现相对滑动，因此在接收机处，两者的相位关系也是不确定的。这样，即使码环抖动足够小，也无法确定复现载波与信号载波的整周期相位差。

(3) 此外，在工程实现上，卫星播发的导航信号是由数字电路部分产生的基带信号(即数据与扩频码的复合信号)经射频电路变频后得到。由于电路实现的原因，很难保证射频载波的相位与卫星时钟的时延关系，因此也无法保证载波相位与码相位的相位关系。

那么,是不是载波相位的测量是没有必要的?答案是否定的。

1. 利用载波进行伪距变化率观测

我们首先来看基于以下观测电路所获得的观测数据,图 5-4 中,“载波相位累积器”是一个具有一定位长 N 的线性计数器,此计数器在计满 N 后自动归零。

接收信号 → PLL → 控制 → 载波NCO → 进位 → 载波相位累积器

图 5-4　载波观测电路与其他电路的关系

而图 5-5 为其测量电路。当信号开始跟踪时,载波累积器的初值并不确定,设其初值与信号真实的整周数存在未知差值 ΔN_c。在 T'_{u1}、T'_{u2} 两个接收机钟面时刻分别进行两次观测,得到载波累积器观测值分别为 N_{cyc1} 与 N_{cyc2},同时得到的载波 NCO 观测数据为 N_{NCO1} 与 N_{NCO2}。

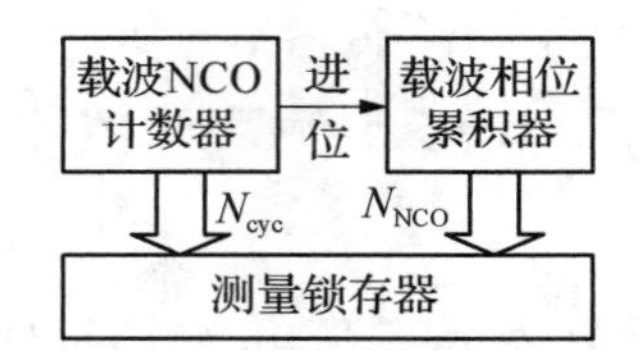

图 5-5　载波观测电路框图

则可得到 T'_{u1}、T'_{u2} 两时刻观测得到的载波相位分别为 $\phi_1 = N_{\mathrm{cyc1}} + \dfrac{N_{\mathrm{NCO1}}}{2^K}$,$\phi_2 = N_{\mathrm{cyc2}} + \dfrac{N_{\mathrm{NCO2}}}{2^K}$,而与之相对应的真实相位为 $\phi_1 + \Delta N_c$ 与 $\phi_2 + \Delta N_c$。
这样可得到 t_1、t_2 时刻信号发送时刻为

$$T'_{s1} = \phi_1 + \Delta N_c = \left(\Delta N_c + N_{\mathrm{cyc1}} + \frac{N_{\mathrm{NCO1}}}{2^K}\right) \cdot \frac{1}{f_c} \tag{5-8}$$

$$T'_{s2} = \phi_2 + \Delta N_c = \left(\Delta N_c + N_{\mathrm{cyc2}} + \frac{N_{\mathrm{NCO2}}}{2^K}\right) \cdot \frac{1}{f_c} \tag{5-9}$$

相应的,两时刻的伪距分别表示为

$$\rho_1 = c \cdot (T'_{u1} - T'_{s1}) \text{ 与 } \rho_2 = c \cdot (T'_{u2} - T'_{s2}) \tag{5-10}$$

于是

$$\begin{aligned}\dot{\rho} &= \frac{\rho_2 - \rho_1}{T'_{u2} - T'_{u1}} = \frac{c \cdot (T'_{u2} - T'_{s2}) - c \cdot (T'_{u1} - T'_{s1})}{T'_{u2} - T'_{u1}} = \frac{c \cdot [T'_{u2} - T'_{u1} - (T'_{s2} - T'_{s1})]}{T'_{u2} - T'_{u1}} \\ &= c \cdot \left(1 - \frac{T'_{s2} - T'_{s1}}{T'_{u2} - T'_{u1}}\right) = c - c \cdot \frac{T'_{s2} - T'_{s1}}{T'_{u2} - T'_{u1}}\end{aligned} \tag{5-11}$$

式中，

$$c \cdot \frac{T'_{s2}-T'_{s1}}{T'_{u2}-T'_{u1}}=\frac{c\,\dfrac{1}{f_c}(\phi_2+\Delta N_c-\phi_1-\Delta N_c)}{T'_{u2}-T'_{u1}}=\frac{\lambda_c(\phi_2-\phi_1)}{T'_{u2}-T'_{u1}}=\lambda_c\,\frac{\Delta\phi}{\Delta T'_u} \quad (5-12)$$

于是

$$\dot{\rho}=c-\lambda_c\,\frac{\Delta\phi}{\Delta T'_u}=-\lambda_c\left(\frac{\Delta\phi}{\Delta T'_u}-f_c\right) \quad (5-13)$$

式中，$\Delta T'_u=T'_{u2}-T'_{u1}$，$\Delta N_{\text{cyc}}=N_{\text{cyc2}}-N_{\text{cyc1}}$，$\Delta N_{\text{NCO}}=N_{\text{NCO2}}-N_{\text{NCO1}}$，$\lambda_c$ 为载波波长，而

$$\Delta\phi=\phi_2-\phi_1=N_{\text{cyc2}}+\frac{N_{\text{NCO2}}}{2^K}-N_{\text{cyc1}}-\frac{N_{\text{NCO1}}}{2^K}=\Delta N_{\text{cyc}}+\frac{\Delta N_{\text{NCO}}}{2^K} \quad (5-14)$$

在 T'_{u1} 与 T'_{u2} 间隔较小(通常为 1 秒以下)时，可认为两时刻接收机钟差相等，即 $\Delta T'_u=\Delta T_u$，ΔT_u 为两观测时刻系统时之差。

$$\dot{\rho}=\lambda_c\left(\frac{\Delta\phi}{\Delta T_u}-f_c\right) \quad (5-15)$$

这说明，如果可以获得一段时间 V_P 上载波整周计数的差值以及载波 NCO 的差值，则可以通过上述相差法得到伪距变化率，只要在两次观测间载波保持持续跟踪，则未知差值 ΔN_c 不发生改变，可以在计算伪距变化率的过程中被消去。

当然，使用相同的方法也可以得到

$$\dot{\rho}=\lambda_{\text{code}}\left(\frac{\Delta\phi_{\text{code}}}{\Delta T_u}-R_c\right) \quad (5-16)$$

其中，λ_{code} 为码时钟波长；$\lambda_{\text{code}}=\dfrac{c}{R_c}$；$R_c$ 为测距码速率；$\Delta\phi_{\text{code}}$ 为两次码相位观测之差。注意到 λ_{code} 比载波波长 λ_c 长 2～3 个数量级，因此在 $\Delta\phi_{\text{code}}$ 与 $\Delta\phi$ 大体相当的情况下，由载波观测获得的伪距变化率误差将远小于以码观测为基础得到的伪距变化率误差。

2. 伪距变化率测量的误差

伪距变化率的定义是伪距对时间的导数，而[T'_{u1}，T'_{u2}]时段的变化率在 $\Delta T_u\to 0$ 时可得到严格的伪距变化率，即

$$\dot{\rho}(t)=\frac{\mathrm{d}\rho(t)}{\mathrm{d}t}=\lim_{\Delta T_u\to 0}\frac{\rho_2-\rho_1}{T_{u2}-T_{u1}} \quad (5-17)$$

如果按上式计算，即在尽可能短(严格地说是趋近于 0)的时间间隔上测量两个伪距，再除以时间间隔，但这将出现个问题：我们知道伪距是通过对复现信号的时间参数进行观测获得，如果观测量存在标准差为 σ 的误差，则前、后两个伪距观测做差后，得到的差值误差标准差增大至 $\sqrt{2}\sigma$，而除以 $T_{u2}-T_{u1}$ 后，误差标准差为 $\dfrac{\sqrt{2}\sigma}{T_{u2}-T_{u1}}$，观测间隔越小，则误差方差

越大。由于 ΔT_u 不能趋于0，因此我们往往采用近似的方法，即按 $\dot{\rho}=\frac{\rho_2-\rho_1}{T'_{u2}-T'_{u1}}$ 计算伪距率。那么其计算方法就与精确的伪距变化率表达式存在差异，这一差异会不会引起误差？

我们知道，卫星与接收机的径向运动，由两部分构成，一是卫星的运动，另一个是接收机载体的运动，在短时间内，卫星的运动在径向连线上的分量可视为一种匀速运动，而接收机载体的运动相对复杂。接下来我们按匀速、匀加速、匀加加速三种径向运动方式对上述方法计算得到的 $\dot{\rho}$ 进行分析。

表 5-1　三种径向运动的速度与多普勒频偏

相对运动类型	速度(m/s)	多普勒频偏(Hz)
匀速 速度为 v(m/s)	$v(t)=v$	$f(t)=f_0$
匀加速 加速度为 a(m/s^2)	$v(t)=v(t_0)+a\cdot(t-t_0)$	$f(t)=f_0+\dot{f}\cdot(t-t_0)$
匀加加速 加加速度为 J(m/s^3)	$v(t)=v(t_0)+a\cdot(t-t_0)+\frac{1}{2}J\cdot(t-t_0)^2$	$f(t)=f_0+\dot{f}\cdot(t-t_0)+\frac{1}{2}\ddot{f}\cdot(t-t_0)^2$
$\Delta f_0=f_d-f_c$，f_d 为接收信号的真实频率，f_c 为载波发送频率		

而任意时刻多普勒频偏与径向速度的关系为

$$\frac{f(t)-f_c}{f_c}=-\frac{v(t)}{c} \tag{5-18}$$

进而有

$$v(t)=-\lambda_c\cdot[f(t)-f_c] \tag{5-19}$$

$$v(t)=\frac{\mathrm{d}D(t)}{\mathrm{d}t} \tag{5-20}$$

即卫星与接收机径向距离对时间的导数。

在匀速运动下，T'_{u1}时刻观测相位 ϕ_1，T'_{u2}时刻观测相位 ϕ_2，由于是匀速运动，因此信号频偏为恒定值 $f'_{T_{u1}}$。这样可求得

$$\phi_2=\phi_1+\int_{T'_{u1}}^{T'_{u2}}f(t)\mathrm{d}t=\phi_1+\int_{T'_{u1}}^{T'_{u2}}f_{t'_{u1}}\mathrm{d}t=\phi_1+f_{T'_{u1}}\cdot(T'_{u2}-T'_{u1}) \tag{5-21}$$

于是按前面的计算有

$$\dot{\rho}=-\lambda_c\left(\frac{\Delta\phi}{\Delta T_u}-f_c\right)=-\lambda_c\left(\frac{f_{T'_{u1}}\cdot(T'_{u2}-T'_{u1})}{\Delta T_u}-f_c\right)=-\lambda_c(f_{T'_{u1}}-f_c)=-\lambda_c\Delta f_0 \tag{5-22}$$

式中，$f_{T'_{u1}}-f_c=\Delta f_0$。

而在$[T'_{u1},T'_{u2}]$时段上任意时刻 t，其伪距表达式为

$$\rho(t)=\rho(T'_{u1}+v\cdot(t-T'_{u1})) \tag{5-23}$$

进而可得任意时刻的伪距变化率为

$$\frac{\mathrm{d}\rho(t)}{\mathrm{d}t}=v=-\lambda_c\cdot\Delta f(t) \tag{5-24}$$

显然，我们按 $\dot{\rho}=\dfrac{\rho_2-\rho_1}{T'_{u2}-T'_{u1}}$ 计算得到的伪距变化率在此时就是真实的伪距变化率。

对于匀加速动动，可得

$$\phi_2=\phi_1+\int_{T'_{u1}}^{T'_{u2}}f(t)\mathrm{d}t=\phi_1+\int_{T'_{u1}}^{T'_{u2}}[f_0+\dot{f}\cdot(t-T'_{u1})]\mathrm{d}t=\phi_1+f_0\cdot\Delta T_u+\frac{1}{2}\dot{f}\cdot\Delta T_u^2 \tag{5-25}$$

$$\dot{\rho}=-\lambda_c\left(\frac{\Delta\phi}{\Delta T_u}-f_c\right)=-\lambda_c\left(f_0+\frac{1}{2}\dot{f}\cdot\Delta T_u-f_c\right) \tag{5-26}$$

而

$$\frac{\mathrm{d}\rho(t)}{\mathrm{d}t}=v=-\lambda_c\cdot\Delta f(t)=-\lambda_c\cdot[f_0+\dot{f}\cdot(t-T'_{u1})-f_c] \tag{5-27}$$

在 $t=T'_{u1}+\dfrac{1}{2}\Delta T_u$ 时，

$$\dot{\rho}=\left.\frac{\mathrm{d}\rho(t)}{\mathrm{d}t}\right|_{t=T'_{u1}+\frac{1}{2}\Delta T_u} \tag{5-28}$$

由此可见，对于匀加速运动，按 $\dot{\rho}=\dfrac{\rho_2-\rho_1}{T'_{u2}-T'_{u1}}$ 所得到的伪距变化率，是$[T'_{u1},T'_{u2}]$时段中点的真实伪距变化率。

对于匀加加速运动，可得

$$\begin{aligned}\phi_2&=\phi_1+\int_{T'_{u1}}^{T'_{u2}}f(t)\mathrm{d}t=\phi_1+\int_{T'_{u1}}^{T'_{u2}}\left[f_0+\dot{f}\cdot(t-T'_{u1})+\frac{1}{2}\ddot{f}\cdot(t-T'_{u1})^2\right]\mathrm{d}t\\&=\phi_1+f_0\cdot\Delta T_u+\frac{1}{2}\dot{f}\cdot\Delta T_u^2+\frac{1}{6}\ddot{f}\cdot\Delta T_u^3\end{aligned} \tag{5-29}$$

于是按相差方法计算得到

$$\dot{\rho}=-\lambda_c\left(\frac{\Delta\phi}{\Delta T_u}-f_c\right)=-\lambda_c\left(f_0+\frac{1}{2}\dot{f}\cdot\Delta T_u+\frac{1}{6}\ddot{f}\cdot\Delta T_u^2-f_c\right) \tag{5-30}$$

而

$$\frac{\mathrm{d}\rho(t)}{\mathrm{d}t}=v=-\lambda_c\cdot\Delta f(t)=-\lambda_c\cdot\left[f_0+\dot{f}\cdot(t-T'_{u1})+\frac{1}{2}\ddot{f}\cdot(t-T'_{u1})^2-f_c\right] \tag{5-31}$$

由于接收机并不了解当前载体的运动状态，因此也会如匀加速运动一样，认为 $\dot{\rho}$ 是 $t=T'_{u1}+\frac{1}{2}\Delta T_u$ 时刻的伪距变化率，而在该时刻，真实的伪距变化率为

$$\left.\frac{\mathrm{d}\rho(t)}{\mathrm{d}t}\right|_{t=T'_{u1}+\frac{1}{2}\Delta T_u}=-\lambda_c\cdot\left[f_0+\frac{1}{2}\dot{f}\cdot\Delta T_u+\frac{1}{8}\ddot{f}\cdot\Delta T_u^2-f_c\right]\tag{5-32}$$

很明显，两者之差为 $\frac{1}{24}\lambda_c\cdot\ddot{f}\cdot\Delta T_u^2$，它是一个随 ΔT_u 增大而增大的量。回到最初，出于限制观测误差的原因，ΔT_u 不能过小，而当径向速度的 2 阶(及 2 阶以上)变化率非零时，ΔT_u 越大则误差越大。因此，ΔT_u 应根据径向运动(主要是载体运动)的特性进行选择。

3. 实际接收机中的载波测量问题

前面描述的计算方法是一种理想情况，即信号不经变频直接进行数字处理，此时载波 NCO 跟踪射频信号，则测得的信号为接收的射频信号相位，为清楚起见，记为 ϕ_{RF}。

$$f_{\mathrm{RF}}=\frac{\Delta\phi_{\mathrm{RF}}}{\Delta t}=\frac{\phi_{\mathrm{RF}}(t_2)-\phi_{\mathrm{RF}}(t_1)}{\Delta t}=\left(\Delta N_{\mathrm{cyc}}+\frac{\Delta N_{\mathrm{NCO}}}{2^K}\right)\cdot\frac{1}{\Delta t}\tag{5-33}$$

然而现实情况是，接收机会采用 1.2 节提到的中频信号处理方案，即先通过频率为 f_{LO} 的频率与频率为 f_{RF} 的接收信号混频，得到载频为 f_{IF} 的中频信号再进行处理。对于低本振方案，有 $f_{\mathrm{IF}}=f_{\mathrm{RF}}-f_{\mathrm{LO}}$；对于高本振方案，则有 $f_{\mathrm{IF}}=f_{\mathrm{LO}}-f_{\mathrm{RF}}$，如图 5-6 所示。

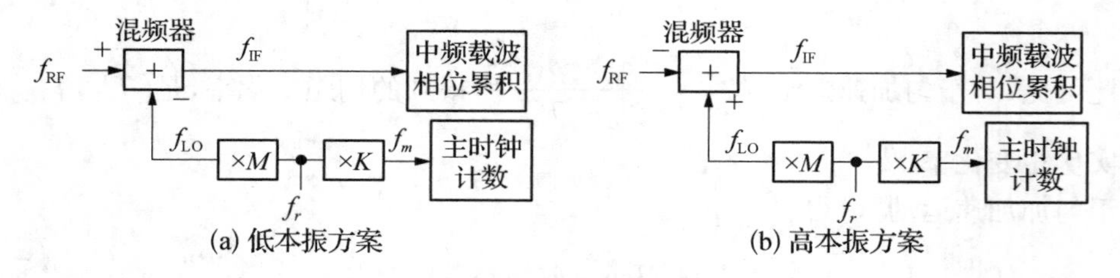

图 5-6 接收机各种频率分量关系框图

以低本振方案为例，在接收机本地参考时钟存在频偏的情况下，设计的标称本振频率为 f_{LO0}，由于参考时钟频偏而造成的频率偏差为 Δf_{LO}；设计的标称中频频率为 f_{IF0}，参考时钟频偏而造成的频偏为 Δf_{IF}；且按低本振方案要求，f_{LO0} 与 f_{IF0} 的选择应满足 $f_{\mathrm{RF0}}=f_{\mathrm{LO0}}+f_{\mathrm{IF0}}$。而 f_{RF0} 是信号的标称频率，接收信号由于卫星与接收机的径向运动，存在一个多普勒频偏 f_{dop0}。则接收信号的频率可表示成如下形式

$$\begin{aligned}f_{\mathrm{RF}}&=f_{\mathrm{RF0}}+f_{\mathrm{dop0}}=(f_{\mathrm{LO0}}+f_{\mathrm{IF0}})+f_{\mathrm{dop0}}+(\Delta f_{\mathrm{LO}}-\Delta f_{\mathrm{LO}})+(\Delta f_{\mathrm{IF}}-\Delta f_{\mathrm{IF}})\\&=(f_{\mathrm{LO0}}+\Delta f_{\mathrm{LO}})+(f_{\mathrm{IF0}}+\Delta f_{\mathrm{IF}})+(f_{\mathrm{dop0}}-\Delta f_{\mathrm{LO}}-\Delta f_{\mathrm{IF}})\\&=f_{\mathrm{LO}}+F_{IF}+(f_{\mathrm{dop0}}+\Delta f_{\mathrm{LO}}-\Delta f_{\mathrm{IF}})\end{aligned}\tag{5-34}$$

由于接收机本振偏差，使得在其产生频率为 f_{LO0} 的本振时，实际产生的频率为 $f_{\mathrm{LO}}=f_{\mathrm{LO0}}+\Delta f_{\mathrm{LO}}$；接收机产生频率为 f_{IF0} 的频率时，实际产生的频率为 $f_{\mathrm{IF}}=f_{\mathrm{IF0}}+\Delta f_{\mathrm{IF}}$。相应的，

接收机产生理想射频频率时也存在一个频偏 $\Delta f_{RF}=\Delta f_{LO}+\Delta f_{IF}$。这样，信号频率 f_{RF} 被接收机观测时得到的频率偏差值为 $f_{dop0}-\Delta f_{LO}-\Delta f_{IF}$，将 $\Delta f_{RF}=\Delta f_{LO}+\Delta f_{IF}$ 代入，得到信号频率观测值为

$$f_{dop0}-\Delta f_{LO}-\Delta f_{IF}=f_{dop0}-\Delta f_{RF} \tag{5-35}$$

这样，在某观测间隔 Δt（系统时间隔）内，该差频的相位变化为

$$\Delta\phi=(f_{dop0}-\Delta f_{RF})\Delta t \tag{5-36}$$

设接收机以一个计数器来控制观测间隔，并以计数器对主时钟进行计数，由于主时钟与本振、中频频率均基于同一参考时钟，因此可设此计数器计满 N 个射频周期作为观测间隔，此时，接收机计算时认为的时间 $\Delta t_m=N\dfrac{1}{f_{RF0}}$，而实际时间为 $\Delta t=N\dfrac{1}{f_{RF0}+\Delta f_{RF}}$。这样，接收机通过测得的 $\Delta\phi$ 以及自身定时间隔 Δt_m 所测得的频率偏差数值为

$$f_{dop,m}=\frac{\Delta\phi}{\Delta t_m}=\frac{(f_{dop0}-\Delta f_{RF})\Delta t}{\Delta t_m}=\frac{(f_{dop0}-\Delta f_{RF})N\dfrac{1}{f_{RF0}+\Delta f_{RF}}}{N\dfrac{1}{f_{RF0}}}=\frac{\dfrac{f_{dop0}-\Delta f_{RF}}{f_{RF0}}}{\dfrac{f_{RF0}}{f_{RF0}+\Delta f_{RF}}} \tag{5-37}$$

按照速度与频率转换关系 $v=-\dfrac{f_{dop}}{f_{RF}}c$，将上述频率观测值转换为伪距变化率，得到

$$\begin{aligned}\dot{\rho}&=-c\frac{1}{f_{RF0}}f_{dop,m}=-c\frac{1}{f_{RF0}}\frac{\dfrac{f_{dop0}-\Delta f_{RF}}{f_{RF0}}}{f_{RF0}+\Delta f_{RF}}=-c\frac{f_{RF0}+\Delta f_{RF}}{f_{RF0}}\cdot\frac{f_{dop0}-\Delta f_{RF}}{f_{RF0}}\\&=\frac{f_{RF0}+\Delta f_{RF}}{f_{RF0}}\left(-c\frac{f_{dop0}}{f_{RF0}}+c\frac{\Delta f_{RF}}{f_{RF0}}\right)\\&=\left(1+\frac{\Delta f_{RF}}{f_{RF0}}\right)\left(v+c\frac{\Delta f_{RF}}{f_{RF0}}\right)\end{aligned} \tag{5-38}$$

观察第一项 $1+\dfrac{\Delta f_{RF}}{f_{RF0}}$，由于接收机通常采用的参考时钟准确度在 10^{-6} 量级，因此 $1+\dfrac{\Delta f_{RF}}{f_{RF0}}\approx 1$，此近似所造成的误差仅在 10^{-6} 量级。于是有

$$\dot{\rho}\approx v+c\frac{\Delta f_{RF}}{f_{RF0}} \tag{5-39}$$

注意到将频率 $f_{RF0}+\Delta f_{RF}$ 作为 f_{RF0} 进行1秒的计数时实际得到的时间

$$t'=\frac{f_{RF0}}{f_{RF0}+\Delta f_{RF}}=\frac{1}{1+\dfrac{\Delta f_{RF}}{f_{RF0}}}\approx 1-\frac{\Delta f_{RF}}{f_{RF0}} \tag{5-40}$$

误差为 $\delta \dot{t}=t'-1=-\frac{\Delta f_{\mathrm{RF}}}{f_{\mathrm{RF0}}}$，即每秒增加的时间偏差，也即钟差变化率。于是

$$\dot{\rho}\approx v-c\cdot\delta\dot{t} \tag{5-41}$$

上述分析表明，在接收机通常使用的二次变频方案中，可以直接按照 $f_{\mathrm{dop},m}=\frac{\Delta\phi}{\Delta t_m}$ 进行计算得到伪距率，而不需要考虑观测过程中接收机本身参考时钟的偏差以及本振偏差引起的中频频率偏差。

5.2.3 快速同步的建立

热启动下，由于接收机时间、位置以及卫星位置不确定范围更小，因此可以在仅建立部分同步时获得伪距观测值，而不需要重新进行完整的同步。

接下来以一个实例来说明接收机的快速时间同步问题。我们知道，GPS C/A 码基带信号中最基本的时间单位是码片，每 1 023 个码片构成一个码段，每 20 个码段构成一个电文符号，每 300 个电文符号构成一帧，帧内存在一个 TOW(星期内秒)字段标明本帧的起始时刻，电文中还记录了当前是从系统时 0 时刻起算的第几个星期。接收机要确定某个时刻信号的卫星时以进行观测、解算，基本的方法是建立与接收信号码片同步的复现码，之后建立符号同步，再建立帧同步并提取每帧的起始时刻、当前的星期计数，从而可在任意时刻确定当前是第几个星期、此帧到本星期 0 时刻偏移量是多长、帧内第几个符号、符号内第几个码段、码段内第几个码片以及码片内的小数相位，从而计算得到观测时刻信号的时间参数。而在当接收机估计的卫星时的不确定范围较小时，例如小于 1 个小时，则在接收机建立帧同步并提取 TOW 后，可以立即进行观测，因此这样提取的时间要么与接收机本身的星期计数相同，要么相差 1(例如在星期交变点附近)，可以很容易地加以识别哪个是正确的星期计数。那么接收机所估计信号卫星的时间不确定度小到什么程度时可以不用建立符号同步、帧同步而仅使用方法据底层同步直接确定信号的卫星时呢？

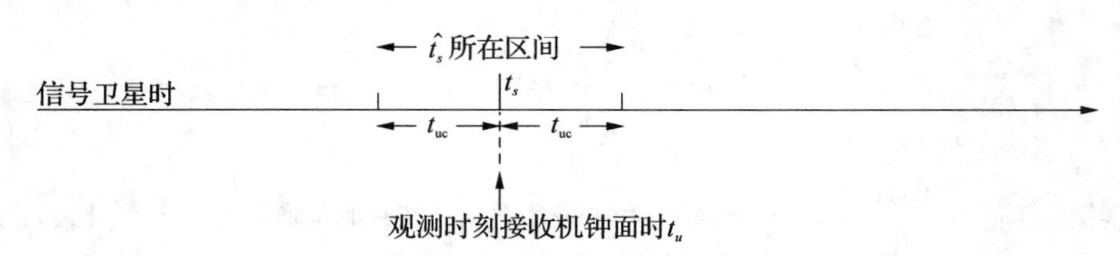

图 5-7 利用部分卫星时观测数据求解完整卫星时

图 5-7 中，在接收机钟面时 t_u 时刻对接收信号进行观测，该时刻信号的卫星时为 t_s，则由伪距定义式 $\rho=c\cdot(t_u-t_s)$，在观测时刻卫星时可表示为 $t_s=t_u-\frac{\rho}{c}$。由这一关系，如果接收机利用自己所掌握的数据，预测 t_u 时刻的星—站伪距为 $\hat{\rho}$，则可得到时刻 t_u 观测到的卫星时的预测值为 $\hat{t}_s=t_u-\frac{\hat{\rho}}{c}$，它与真实的信号卫星时 t_s 的误差为

$$t_{s,\mathrm{err}} = \hat{t}_s - t_s = t_u - \frac{\hat{\rho}}{c} - \left(t_u - \frac{\rho}{c}\right) = \frac{1}{c}(\rho - \hat{\rho}) \tag{5-42}$$

显然,既然存在不确定度,则对 ρ 的预测 $\hat{\rho}$ 必然是一个区间。设此区间的最大、最小值分别为 ρ_m、ρ_l,则当预测正确时,$\rho \in [\rho_l, \rho_m]$。以此区间中心点作为预测伪距 $\hat{\rho}_c$ 时,可计算得到相应的在 t_u 时刻对卫星时的预测值

$$\hat{t}_s = t_u - \frac{1}{2}\frac{\rho_m + \rho_l}{c} \tag{5-43}$$

此时卫星时预测误差为

$$t_{s,\mathrm{err}} = \hat{t}_s - t_s = t_u - \frac{1}{2}\frac{\rho_m + \rho_l}{c} - \left(t_u - \frac{\rho}{c}\right) = \frac{\rho}{c} - \frac{1}{2}\frac{\rho_m + \rho_l}{c} \tag{5-44}$$

ρ 取两个边界值 ρ_l、ρ_m 时,可得 $t_{s,\mathrm{err}}$ 的两个边界 $-\frac{1}{2}\frac{\rho_m - \rho_l}{c}$ 与 $\frac{1}{2}\frac{\rho_m - \rho_l}{c}$,令 $t_{\mathrm{uc}} = \frac{1}{2}\frac{\rho_m - \rho_l}{c}$,则有 $\hat{t}_s - t_s \in [-t_{\mathrm{uc}}, t_{\mathrm{uc}}]$,进而有 $\hat{t}_s \in [t_s - t_{\mathrm{uc}}, t_s + t_{\mathrm{uc}}]$。

设在接收机钟面时 t_u 对信号进行观测时只能得到某一时间单位 T_M 内的时间偏移(如码段内的码相位)t_m(图 5-7),而 T_M 单位以上的由于未确定初值,观测值不可用。这样可由预测值 $\hat{t}_s$ 得到前一个 T_M 时间单位(如码段)起始时刻预测值为 $\hat{t}_s - t_m$(图 5-8),它与真实卫星时的误差为 $(\hat{t}_s - t_m) - (t_s - t_m) \in [-t_{\mathrm{uc}}, t_{\mathrm{uc}}]$,由此可得

$$(\hat{t}_s - t_m) \in [(t_s - t_m) - t_{\mathrm{uc}}, (t_s - t_m) + t_{\mathrm{uc}}] \tag{5-45}$$

而同样基于上式,对于任意一个预测值 $\hat{t}_s$,应有

$$(t_s - t_m) \in [\hat{t}_s - t_m - t_{\mathrm{uc}}, \hat{t}_s - t_m + t_{\mathrm{uc}}] \tag{5-46}$$

这样,可以将 $t_s - t_m$、$\hat{t}_s - t_m$ 以及 t_{uc} 的关系以图 5-8 表示。

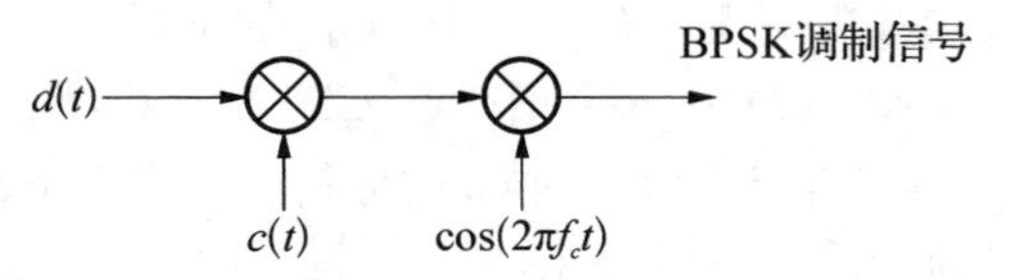

图 5-8　利用部分卫星时观测数据求解完整卫星时

如图 5-8,由于 $t_s - t_m$ 一定可以表示为 $k \cdot T_M$,k 为整数,那么如果存在某个 k 使 $k \cdot T_M$ 位于区间 $[t_s - t_m - 2t_{\mathrm{uc}}, t_s - t_m + 2t_{\mathrm{uc}}]$ 内,且 k 值只有一个,则 $t_s - t_m = k \cdot T_M$,相应地有

$$t_s = k \cdot T_M + t_m \tag{5-47}$$

只有一个 k 值存在,就要求 $t_s - t_m - 2t_{\mathrm{uc}} > t_s - t_m - T_M$ 且 $t_s - t_m + 2t_{\mathrm{uc}} < t_s - t_m + T_M$,其中,$2t_{\mathrm{uc}} < T_M$。此条件满足时,可以确定唯一的 k。

而当上述条件满足时,接收机从所预测的 $\hat{t}_s$ 出发,首先计算 $\hat{t}_s - t_m$,进而确定区间 $[\hat{t}_s -$

$t_m - t_{uc}, \hat{t}_s - t_m + t_{uc}]$，并计算得到 k 使 $k \cdot T_M \in [\hat{t}_s - t_m - t_{uc}, \hat{t}_s - t_m + t_{uc}]$。

上述结论可概括为，若希望通过部分观测数据获得完整卫星时间信息时，必须满足以下条件：当卫星时预测值不确定范围为 $[-t_{uc}, t_{uc}]$ 时，必须准确测得时间单位 T_M 以下的准确时间偏移才能实现完整时间的解析，而 $T_M > 2t_{uc}$。

设一台接收机，其本地时间稳定度为 $\dot{t}$，则在关机 t 时间后，其时间不确定度为 $[-t \cdot \dot{t}, t \cdot \dot{t}]$，同时，依据本地坐标、卫星参数计算的星—地距离误差预计为 $[-\Delta r, \Delta r]$，则在上电后本地时读数为 t_u 时刻，估计的星—地距离为 $\hat{r}_c$，则估计伪距下限为 $\rho_l = -t \cdot \dot{t} \cdot c + (\hat{r}_c - \Delta r)$，上限为 $\rho_m = t \cdot \dot{t} \cdot c + (\hat{r}_c + \Delta r)$，$t_{uc} = \dfrac{1}{2} \dfrac{\rho_m - \rho_l}{c} = t \cdot \dot{t} + \dfrac{\Delta r}{c}$。

例如 GPS L1 C/A 码信号接收机，稳定度为 $\dot{t} = 10^{-6}$ s/s，则在关机 10 分钟后，$t \cdot \dot{t} = 6 \times 10^{-4}$，而其时间不确定范围为 $[-6 \times 10^{-4}, 6 \times 10^{-4}]$。由于 10 分钟后接收机所存储星历仍然可用，因此卫星坐标计算误差可忽略，考虑接收机最大速度通常不超过 300 m/s，则在最差情况下接收机可移动 1.8×10^5 m，进一步考虑最差情况，即接收机的移动是与某颗卫星连线进行的，于是得到 $\Delta r = 1.8 \times 10^5$ m。

这样，可得 $t_{uc} = 6 \times 10^{-4} + \dfrac{1.8 \times 10^5}{3 \times 10^8} = 1.2$ ms。

如果接收机实现了对某个信号短码的捕获后尚未完成符号同步，只获得了码段内的码相位测量值，由于码段时长 T_M 为 1 ms，显然不满足 $T_M > 2t_{uc}$，因此无法直接得到完整的卫星时观测值。而在符号同步完成后，每次观测可得到符号内码段以及段内码相位，即可直接测得电文符号与观测时刻卫星时的偏移量 t_m，而符号周期 $T_M = 20$ ms 满足 $T_M > 2t_{uc}$，于是可以直接通过预估的 $\hat{t}_s = t_u - \dfrac{\hat{r}_c}{c}$，结合前述方法确定完整的卫星时，进而得到伪距观测值。

5.3 信号测量的界

对码伪距与载波相关参数观测误差存在一个“最优的下限”——克拉美罗下界(Cramer-Rao Low Bound，CRLB，也称“克拉美-罗下限”)。CRLB 允许我们确定对于任意无偏估计量，其方差肯定大于或等于一个给定的值。本节的分析主要参考 Kay[41] 中的相关内容，其目的在于介绍这些参数与导航信号参数的关系。

5.3.1 Cramer-Rao 下限

对于待估计的未知状态量 θ，与之相关的一组 N 维观测矢量

$$\boldsymbol{x} = [x(0), x(1), \cdots, x(N-1)] \tag{5-48}$$

$\boldsymbol{x}$ 的概率密度函数(以下简称 PDF)表示为 $p(\boldsymbol{x};\theta)$，$p(\boldsymbol{x};\theta)$ 以 θ 为参数，因而 PDF 因 θ 的不同而不同。例如，当 $N=1$ 时，对状态量 θ 进行观测，可能得到观测矢量 $\boldsymbol{x}$ 的 PDF 为

$$p(\boldsymbol{x};\theta) = p(x(0);\theta) = \frac{1}{\sqrt{2\pi\sigma^2}} e^{-\frac{1}{2\sigma^2}(x(0)-\theta)^2} \tag{5-49}$$

当把此 PDF 作为未知状态量 θ 的函数，将观测量 $\boldsymbol{x}$ 作为参数(即 $\boldsymbol{x}$ 固定)时，称为“似然函数”。

Kay[40] 书中给出了 Cramer-Rao 界的定义。设对于所有 θ，随机变量 $\boldsymbol{x}$ 的概率密度函数 $p(\boldsymbol{x};\theta)$ 满足“正则”条件，即 $E\left[\frac{\partial \ln p(\boldsymbol{x};\theta)}{\partial \theta}\right]=0$，则 θ 的任何无偏估计量 $\hat{\theta}$ 的方差必定满足

$$V(\hat{\theta}) \geqslant \frac{1}{-E\left[\frac{\partial^2 \ln p(\boldsymbol{x};\theta)}{\partial^2 \theta}\right]} \tag{5-50}$$

其中，导数是在 θ 的真值处计算的，数学期望是对 $p(\boldsymbol{x};\theta)$ 求取的。对于某个函数 $g(\cdot)$ 和 $I(\cdot)$，当且仅当 $\frac{\partial \ln p(\boldsymbol{x};\theta)}{\partial \theta}=I(\theta)(g(\boldsymbol{x})-\theta)$ 时，所有 θ 达到下限的无偏估计量可以求得。这个估计量是 $\hat{\theta}=g(\boldsymbol{x})$，它是 MVU(最小方差无偏)估计量，最小方差为 $\frac{1}{I(\theta)}$。

5.3.2 载波相位估计

接收机所得到的载波信号样点可以描述为

$$x[n]=A\cos(2\pi f_0 n+\theta)+w[n] \tag{5-51}$$

式中，$w[n]$ 是零均值、标准差为 σ 的高斯白噪声，则由 K 个观测样点构成的 K 维 $\boldsymbol{x}$ 的 PDF 为

$$p(\boldsymbol{x};\theta)=\frac{1}{(\sqrt{2\pi\sigma^2})^K}\mathrm{e}^{-\frac{1}{2\sigma^2}\sum_{n=0}^{K-1}[x[n]-A\cos(2\pi f_0 n+\theta)]^2} \tag{5-52}$$

由此可得

$$\begin{aligned}
\frac{\partial \ln p(\boldsymbol{x};\theta)}{\partial \theta} &= \frac{\partial\left\{\ln\left[\frac{1}{(\sqrt{2\pi\sigma^2})^K}\mathrm{e}^{-\frac{1}{2\sigma^2}\sum_{n=0}^{K-1}[x[n]-A\cos(2\pi f_0 n+\theta)]^2}\right]\right\}}{\partial \theta} \\
&= \frac{\partial\left\{\ln\frac{1}{(\sqrt{2\pi\sigma^2})^K}-\frac{\sum_{n=0}^{K-1}[x[n]-A\cos(2\pi f_0 n+\theta)]^2}{2\sigma^2}\right\}}{\partial \theta} \\
&= -\frac{1}{2\sigma^2}\frac{\partial\left\{\sum_{n=0}^{K-1}[x[n]-A\cos(2\pi f_0 n+\theta)]^2\right\}}{\partial \theta} \\
&= -\frac{A}{\sigma^2}\sum_{n=0}^{K-1}\left[x[n]\sin(2\pi f_0 n+\theta)-\frac{A}{2}\sin(4\pi f_0 n+2\theta)\right]
\end{aligned} \tag{5-53}$$

进而有

$$\frac{\partial^2 \ln p(\boldsymbol{x};\theta)}{\partial^2\theta}=-\frac{A}{\sigma^2}\sum_{n=0}^{K-1}[x[n]\cos(2\pi f_0 n+\theta)-A\cos(4\pi f_0 n+2\theta)] \tag{5-54}$$

显然,由于 $x[n]=A\cos(2\pi f_0 n+\theta)+w[n]$,且 $w[n]$ 为零均值高斯白噪声,有

$$E[x[n]]=A\cos(2\pi f_0 n+\theta) \tag{5-55}$$

于是有

$$\begin{aligned}-E\left[\frac{\partial^2 \ln p(\boldsymbol{x};\theta)}{\partial^2\theta}\right]&=E\left[\frac{A}{\sigma^2}\sum_{n=0}^{K-1}[x[n]\cos(2\pi f_0 n+\theta)-A\cos(4\pi f_0 n+2\theta)]\right]\\&=\frac{A^2}{\sigma^2}\cdot\frac{K}{2}-\frac{A^2}{\sigma^2}\cdot\frac{1}{2}\sum_{n=0}^{K-1}\cos(4\pi f_0 n+2\theta)\end{aligned} \tag{5-56}$$

等式两边同除以 K,得

$$-\frac{1}{K}E\left[\frac{\partial^2 \ln p(\boldsymbol{x};\theta)}{\partial^2\theta}\right]=\frac{1}{2}\cdot\frac{A^2}{\sigma^2}-\frac{1}{2}\cdot\frac{A^2}{\sigma^2}\frac{1}{K}\sum_{n=0}^{K-1}\cos(4\pi f_0 n+2\theta) \tag{5-57}$$

由于 $\cos(4\pi f_0 n+2\theta)=\mathrm{Re}[\mathrm{e}^{j(4\pi f_0 n+2\theta)}]$,因而有

$$\frac{1}{K}\sum_{n=0}^{K-1}\cos(4\pi f_0 n+2\theta)=\frac{1}{K}\mathrm{Re}\left[\sum_{n=0}^{K-1}\mathrm{e}^{j(4\pi f_0 n+2\theta)}\right] \tag{5-58}$$

注意到 $\mathrm{e}^{j(4\pi f_0 n+2\theta)}$ 是一个几何级数,因此有

$$\begin{aligned}\sum_{n=0}^{K-1}\mathrm{e}^{j(4\pi f_0 n+2\theta)}&=\frac{\mathrm{e}^{j2\theta}-\mathrm{e}^{j(4\pi f_0 K+2\theta)}}{1-\mathrm{e}^{j4\pi f_0}}=\mathrm{e}^{j2\theta}\frac{1-\mathrm{e}^{j4\pi f_0 K}}{1-\mathrm{e}^{j4\pi f_0}}=\mathrm{e}^{j2\theta}\frac{\mathrm{e}^{j2\pi f_0 K}}{\mathrm{e}^{j2\pi f_0}}\frac{\mathrm{e}^{-j2\pi f_0 K}-\mathrm{e}^{j2\pi f_0 K}}{\mathrm{e}^{-j2\pi f_0}-\mathrm{e}^{j2\pi f_0}}\\&=\mathrm{e}^{j(2\pi f_0(K-1)+2\theta)}\frac{\sin(2\pi f_0 K)}{\sin(2\pi f_0)}\end{aligned} \tag{5-59}$$

于是有

$$\frac{1}{K}\sum_{n=0}^{K-1}\cos(4\pi f_0 n+2\theta)=\frac{1}{K}\frac{\sin(2\pi f_0 K)}{\sin(2\pi f_0)}\cos[2\pi f_0(K-1)+2\theta] \tag{5-60}$$

图 5-9 画出了两个 K 取值下的 $\frac{1}{K}\frac{\sin(2\pi f_0 K)}{\sin(2\pi f_0)}$ 与 f_0 的关系。从图中可以看出,除了 $f_0=\frac{k}{2}$(k 为整数)附近区域,f_0 取其他值时,$\frac{1}{K}\frac{\sin(2\pi f_0 K)}{\sin(2\pi f_0)}\approx 0$,且 K 越大其值越小。

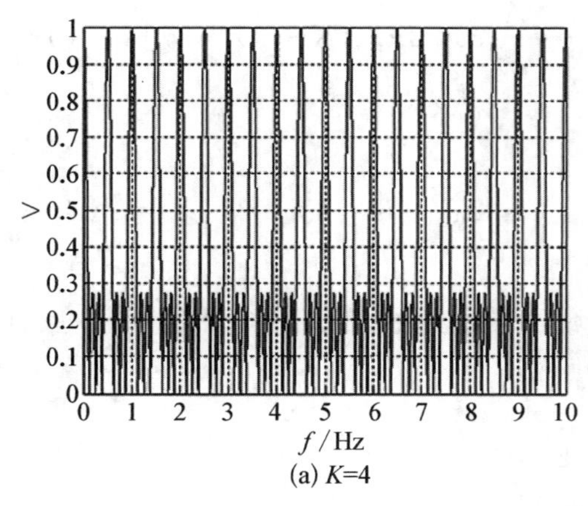

(a) K=4

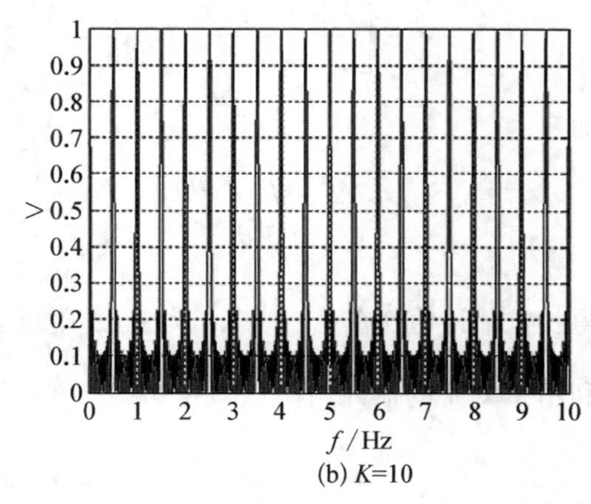

(b) K=10

图5-9　不同K下 $V=\left|\frac{1}{K}\frac{\sin(2\pi f_0 K)}{\sin(2\pi f_0)}\right|$ 与 f 的关系

而对于 $\sin(2\pi f_0 K)$ 与 $\sin(2\pi f_0)$ 的一阶泰勒级数展开式分别为

$$\sin(2\pi f_0 K) \approx \sin(2\pi f_0 K)\big|_{f_{0,x}} + 2\pi K \cdot \cos(2\pi f_0 K)\big|_{f_{0,x}}(f_0 - f_{0,x}) \tag{5-61}$$

$$\sin(2\pi f_0) \approx \sin(2\pi f_0)\big|_{f_{0,x}} + 2\pi \cdot \cos(2\pi f_0)\big|_{f_{0,x}}(f_0 - f_{0,x}) \tag{5-62}$$

由此可见，当 $f_0 \to \frac{k}{2}$（k 为整数）时 $\frac{\sin(2\pi f_0 K)}{\sin(2\pi f_0)} \to \pm\frac{2\pi K}{2\pi} = \pm K$，$k$ 为奇数时取“－”，为偶数时取“＋”。

相应的

$$\frac{1}{K}\sum_{n=0}^{K-1}\cos(4\pi f_0 n + 2\theta) = \pm\cos[2\pi f_0(K-1) + 2\theta] \tag{5-63}$$

而在其他区域，可认为

$$\frac{1}{K}\sum_{n=0}^{K-1}\cos(4\pi f_0 n + 2\theta) \approx 0 \tag{5-64}$$

这样，在 $f_0 = \frac{k}{2}$（k 为整数）附近区域以外，有

$$-\frac{1}{K}E\left[\frac{\partial^2 \ln p(\boldsymbol{x};\theta)}{\partial^2\theta}\right] \approx \frac{1}{2}\cdot\frac{A^2}{\sigma^2} \tag{5-65}$$

进而有

$$-E\left[\frac{\partial^2 \ln p(\boldsymbol{x};\theta)}{\partial^2\theta}\right] \approx \frac{K}{2}\cdot\frac{A^2}{\sigma^2} \tag{5-66}$$

而在 $f_0 = \frac{k}{2}$（k 为整数）附近时，有

$$-\frac{1}{K}E\left[\frac{\partial^2 \ln p(\boldsymbol{x};\theta)}{\partial^2\theta}\right]=\frac{1}{2}\cdot\frac{A^2}{\sigma^2}\pm\frac{1}{2}\cdot\frac{A^2}{\sigma^2}\cos[2\pi f_0(K-1)+2\theta] \tag{5-67}$$

进而有

$$-E\left[\frac{\partial^2 \ln p(\boldsymbol{x};\theta)}{\partial^2\theta}\right]=\frac{K}{2}\cdot\frac{A^2}{\sigma^2}\{1\pm\cos[2\pi f_0(K-1)+2\theta]\} \tag{5-68}$$

可得相位估计值 $\hat{\theta}$ 在 $f_0=\frac{k}{2}$（k 为整数）附近区域以外大多数取值下的CRLB为 $\frac{2\sigma^2}{KA^2}$，即任何利用 $\boldsymbol{x}$ 对 θ 的估计，有

$$V(\hat{\theta})\geqslant\frac{2\sigma^2}{KA^2} \tag{5-69}$$

注意到信号功率 $C=\frac{A^2}{2}$ 而噪声功率为 $N=\sigma^2$，于是进一步有

$$V(\hat{\theta})\geqslant\frac{1}{K}\cdot\frac{1}{\text{SNR}} \tag{5-70}$$

由此式可见，SNR越高、参与估计的点数越大，则 $\hat{\theta}$ 的方差越小，估计也越精确。

5.3.3 码伪距估计

设一段时间内，包含有若干码片的基带信号波形为 $s(t)$，观测量 $\boldsymbol{x}$ 为对接收信号的采样，表示为

$$x[n]=s(n\Delta-\tau_0)+w[n] \tag{5-71}$$

简记为

$$x[n]=s(n;\tau_0)+w[n] \tag{5-72}$$

式中，Δ 为采样间隔时间；$w[n]$ 为零均值高斯白噪声（WGN）序列。设噪声带宽为 $[f_0-B/2,\ f_0+B/2]$，单边功率谱密度为 n_0，则下变频至基带后噪声带宽为 B，采样间隔 $\Delta=\frac{1}{2B}$。这样，噪声方差满足 $\sigma^2=n_0B$。于是 K 维观测矢量 $\boldsymbol{x}$ 的PDF为

$$p(\boldsymbol{x};\tau_0)=\frac{1}{(\sqrt{2\pi\sigma^2})^K}\mathrm{e}^{-\frac{1}{2\sigma^2}\sum_{n=0}^{K-1}(x[n]-s(n;\tau_0))^2} \tag{5-73}$$

由此可得

$$\frac{\partial \ln[p(\boldsymbol{x};\tau_0)]}{\partial\tau_0}=\frac{1}{\sigma^2}\sum_{n=0}^{K-1}(x[n]-s(n;\tau_0))\frac{\partial s(n;\tau_0)}{\partial\tau_0} \tag{5-74}$$

$$\frac{\partial^2 \ln[p(\boldsymbol{x};\tau_0)]}{\partial^2\tau_0}=\frac{1}{\sigma^2}\sum_{n=0}^{K-1}\left\{(x[n]-s(n;\tau_0))\frac{\partial^2 s(n;\tau_0)}{\partial^2\tau_0}-\left[\frac{\partial s(n;\tau_0)}{\partial\tau_0}\right]^2\right\} \tag{5-75}$$

由于 $E[x[n]]=E[x[n]=s(n;\tau_0)+w[n]]=s(n;\tau_0)$，因此上式取数学期望后，有

$$E\left[\frac{\partial^2 \ln p(\boldsymbol{x};\tau_0)}{\partial^2 \tau_0}\right]=-\frac{1}{\sigma^2}\sum_{n=0}^{K-1}\left[\frac{\partial s(n;\tau_0)}{\partial \tau_0}\right]^2 \tag{5-76}$$

这样，有

$$V(\hat{\tau}_0)\geqslant \frac{\sigma^2}{\sum\limits_{n=0}^{K-1}\left[\frac{\partial s(n;\tau_0)}{\partial \tau_0}\right]^2} \tag{5-77}$$

式中，

$$\begin{aligned}\sum_{n=0}^{K-1}\left[\frac{\partial s(n;\tau_0)}{\partial \tau_0}\right]^2&=\sum_{n=0}^{K-1}\left[\frac{\partial s(n\Delta-\tau_0)}{\partial \tau_0}\right]^2=\sum_{n=0}^{K-1}\left[\frac{\partial s(n\Delta-\tau_0)}{\partial[n\Delta-(n\Delta-\tau_0)]}\right]^2\\&=\sum_{n=0}^{K-1}\left[\frac{\mathrm{d}s(t)}{\mathrm{d}(n\Delta-t)}\bigg|_{t=n\Delta-\tau_0}\right]^2=\sum_{n=0}^{K-1}\left[\frac{\mathrm{d}s(t)}{\mathrm{d}t}\bigg|_{t=n\Delta-\tau_0}\right]^2\end{aligned} \tag{5-78}$$

$$\sum_{n=0}^{K-1}\left[\frac{\mathrm{d}s(t)}{\mathrm{d}t}\bigg|_{t=n\Delta-\tau_0}\right]^2=\frac{1}{\Delta}\left\{\sum_{n=0}^{K-1}\left[\frac{\mathrm{d}s(t)}{\mathrm{d}t}\bigg|_{t=n\Delta-\tau_0}\right]^2\cdot\Delta\right\} \tag{5-79}$$

当 Δ 足够小时，有

$$\sum_{n=0}^{K-1}\left[\frac{\mathrm{d}s(t)}{\mathrm{d}t}\bigg|_{t=n\Delta-\tau_0}\right]^2=\frac{1}{\Delta}\left\{\sum_{n=0}^{K-1}\left[\frac{\mathrm{d}s(t)}{\mathrm{d}t}\bigg|_{t=n\Delta-\tau_0}\right]^2\cdot\Delta\right\}\approx\frac{1}{\Delta}\int_0^T\left[\frac{\mathrm{d}s(t)}{\mathrm{d}t}\right]^2\mathrm{d}t=\frac{1}{2B}\int_0^T\left[\frac{\mathrm{d}s(t)}{\mathrm{d}t}\right]^2\mathrm{d}t \tag{5-80}$$

式中，$T=K\cdot\Delta$。于是有

$$V(\hat{\tau}_0)\geqslant\frac{\sigma^2}{\frac{1}{\Delta}\int_0^T\left[\frac{\mathrm{d}s(t)}{\mathrm{d}t}\right]^2\mathrm{d}t}=\frac{n_0 B}{2B\int_0^T\left[\frac{\mathrm{d}s(t)}{\mathrm{d}t}\right]^2\mathrm{d}t}=\frac{n_0}{2}\cdot\frac{1}{\int_0^T\left[\frac{\mathrm{d}s(t)}{\mathrm{d}t}\right]^2\mathrm{d}t} \tag{5-81}$$

注意到信号能量 $\varepsilon=\int_0^T s(t)^2\mathrm{d}t$，于是

$$V(\hat{\tau}_0)\geqslant\frac{n_0}{2}\cdot\frac{1}{\int_0^T s(t)^2\mathrm{d}t\cdot\frac{\int_0^T\left[\frac{\mathrm{d}s(t)}{\mathrm{d}t}\right]^2}{\int_0^T s(t)^2\mathrm{d}t}\mathrm{d}t}=\frac{1}{2}\cdot\frac{1}{\frac{\varepsilon}{n_0}\cdot\frac{\int_0^T\left[\frac{\mathrm{d}s(t)}{\mathrm{d}t}\right]^2}{\int_0^T s(t)^2\mathrm{d}t}\mathrm{d}t}=\frac{1}{2}\cdot\frac{1}{\frac{\varepsilon}{n_0}\cdot\overline{F^2}} \tag{5-82}$$

式中，$\overline{F^2}=\frac{\int_0^T\left[\frac{\mathrm{d}s(t)}{\mathrm{d}t}\right]^2}{\int_0^T s(t)^2\mathrm{d}t}\mathrm{d}t$。

设 $s(t)$ 的傅立叶变换为 $S(f)$，则其自相关函数 $R(\tau)=\int_0^T s(t)s^*(t-\tau)\mathrm{d}t$，由于 $s(t)$ 为

实函数，有 $R(0)=\int_0^T s^2(t)\mathrm{d}t$。又由于 $R(\tau)=\int_{-\infty}^{\infty}|S(f)|^2 e^{j2\pi f\tau}\mathrm{d}f$，并有 $R(0)=\int_{-\infty}^{\infty}|S(f)|^2\mathrm{d}f$，可得

$$\int_0^T s^2(t)\mathrm{d}t=\int_{-\infty}^{\infty}|S(f)|^2\mathrm{d}t \tag{5-83}$$

同理，设 $R_d(\tau)$ 为 $\frac{\mathrm{d}s(t)}{\mathrm{d}t}$ 的自相关函数，即

$$R_d(\tau)=\int_0^T \frac{\mathrm{d}s(t)}{\mathrm{d}t}\frac{s^*(t-\tau)}{\mathrm{d}t}\mathrm{d}t=\int_0^T \frac{\mathrm{d}s(t)}{\mathrm{d}t}\frac{s(t-\tau)}{\mathrm{d}t}\mathrm{d}t \tag{5-84}$$

而 $\frac{\mathrm{d}s(t)}{\mathrm{d}t}$ 的傅立叶变换为 $2\pi f\cdot S(f)$，于是有

$$\int_0^T\left[\frac{\mathrm{d}s(t)}{\mathrm{d}t}\right]^2\mathrm{d}t=\int_{-\infty}^{\infty}(2\pi f)^2|S(f)|^2\mathrm{d}t \tag{5-85}$$

这样，有

$$\overline{F}^2=\frac{\int_{-\infty}^{\infty}(2\pi f)^2|S(f)|^2\mathrm{d}f}{\int_{-\infty}^{\infty}|S(f)|^2\mathrm{d}f}=(2\pi)^2\frac{\int_{-\infty}^{\infty}f^2|S(f)|^2\mathrm{d}f}{\int_{-\infty}^{\infty}|S(f)|^2\mathrm{d}f}=(2\pi)^2B_{\mathrm{RMS}}^2 \tag{5-86}$$

式中，$B_{\mathrm{RMS}}=\sqrt{\frac{\int_{-\infty}^{\infty}f^2|S(f)|^2\mathrm{d}f}{\int_{-\infty}^{\infty}|S(f)|^2\mathrm{d}f}}$，称为信号的“均方带宽”或“Gabor 带宽”。由信号能量 $\varepsilon=C\cdot T$，其中 C 为信号功率，有

$$V(\hat{\tau}_0)\geqslant\frac{1}{2}\cdot\frac{1}{(2\pi)^2\frac{C}{n_0}\cdot T\cdot B_{\mathrm{RMS}}^2} \tag{5-87}$$

由前面的推导过程可知，对于码伪距测量时的时间参数估计，若使用时长为 T 的信号获得估计值，则可得到的最小的估计误差方差由上式决定。由式可见：

(1) 更高的 C/n_0、更多的观测点(即观测时长 T 更长)、更大的 Gabor 带宽 B_{RMS}，会使时间估计误差方差更小；

(2) 在 T 与 C/n_0 相同时，如果基带信号能量更多地分布于高频部分，B_{RMS} 更大，可得到误差方差更小的时间估计。

第 6 章 PVT 解算

卫星导航接收机通常采用“两步定位法”，即第一步获得多种类型观测量，第二步根据所获取的观测量进行 PVT 解算。关于观测量的获取，我们已在前几章进行了描述，在本章中，我们将关注点放在第二步——PVT 解算。值得注意的是，出于成本考虑，用户接收机通常无法像卫星那样装备原子钟并与系统主时钟保持高精度的时间同步，这就导致用户接收机相比导航系统主时钟存在钟差，不同接收机的钟差数值不同。在解算前，接收机钟差未知且在测量方程中同样体现。因此，用户需要解算的未知参数为用户三维坐标和用户钟差共 4 个，这就要求接收机必须实现对不少于 4 颗卫星进行测量时，形成 4 个测量方程才能实施解算。

另外，解算过程中需要使用的卫星坐标、卫星速度均通过导航电文中提取的卫星星历进行计算，计算方法在各导航系统的接口控制文件(Interface Control Docnment, ICD)中均有规范，不同的系统、不同信号可能存在一定的差别，但基本原理一致。

6.1 卫星定位的基础

首先来看一个利用导航台进行二维定位的例子。如图 6－1 所示，用户 $U(x,y)$ 位置未知。假设导航台 $M_i(x_i,y_i)(i=1,2)$ 位置已知，并且能够测量出导航台 M_1 到用户的距离为 R_1。因此，用户 $U(x,y)$ 必然处于一个以导航台 M_1 为圆心、半径为 R_1 的圆周上。即

$$(x_1-x)^2+(y_1-y)^2=R_1^2 \tag{6-1}$$

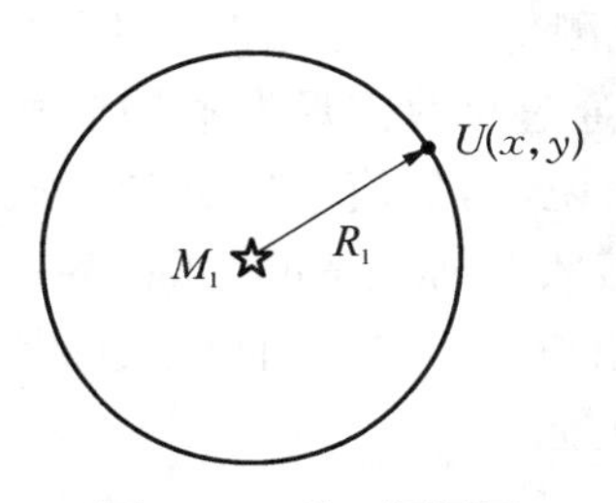

图 6－1　单一源测量

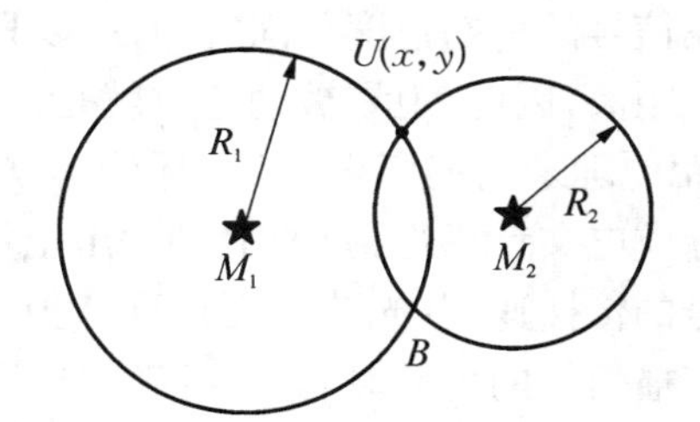

图 6－2　从两个导航台测量

假设用户同时测量出了用户距导航台 M_2 的距离为 R_2，那么显然用户也处于一个以导航台 M_2 为圆心、半径为 R_2 的圆周上，如图 6－2 所示，数学表达式如式(6－2)所示。显然，用户位于两个圆周的交点 A、B 之一。

$$(x_2-x)^2+(y_2-y)^2=R_2^2 \tag{6-2}$$

因为未知的量就是用户位置 (x,y)，通过求解(6－1)和(6－2)两个公式组成的方程组，便可以求得 (x,y) 的解，不过这个解有两个值。因为用户知道自己的大概位置，因此可以去

掉那个一般不可能的定位点，最终得到自己的位置。

正如前面例子所示，在二维平面中，可以通过测量用户到导航台间的距离，确定用户的位置。在三维空间中，也可以通过测量用户到位置已知的多颗导航卫星的距离，确定用户在三维空间中的位置（x，y，z），即求解三个未知量。

如果用户能够测量出其与卫星1的距离，则以卫星1为球心画一球，用户必然处于该球面上；若还能测得其至卫星2的距离，可以以卫星2为球心再画一球，用户处于这两个球面相交的一个圆周上；如能得到其至卫星3的距离，以卫星3为球心再画一球，则用户的位置将缩小到前面的圆周与第三球面相交的两个点位上。然而，其中只有一个是正确的用户位置。这两点，一个处于地球附近，而另一点则在外太空。对于地球表面上的用户而言，很容易判断出真实的值。图6-3给出了利用三颗卫星——三球交汇原理确定用户位置的示意图。

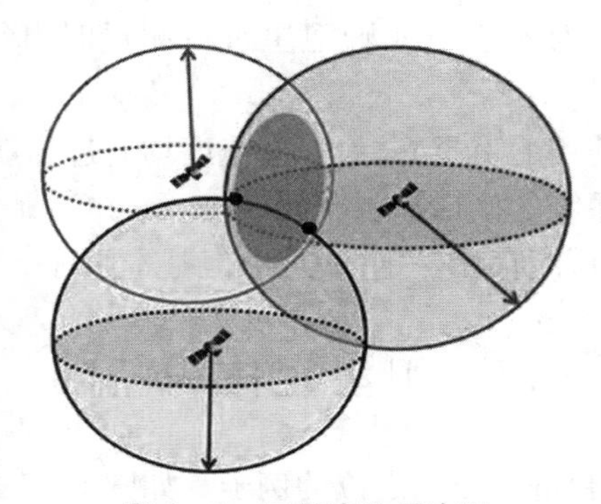

图6-3　三星定位示意图

如上所述，如果能获得用户到三颗卫星间的距离（星—站距离），就能够确定用户的位置。所以卫星导航中用户位置的确定归结为用户到卫星之间距离的测量，即星—站距离的测量。

无线电波信号的传播速度是固定的，所以只要能测得信号从卫星到用户的传播时间，即可获得星—站距离，因此，卫星被动定位就是用户仅通过接收卫星发射的信号，利用到达时间(TOA)测距原理来确定用户自身的位置。总的来说，测量信号从位置已知（可以从第四章中描述的导航电文计算得到）的卫星发出至用户接收时所花费的时间，然后，将这个传播时间乘以信号的传播速度（光速），便得到从卫星到用户的距离。用户通过测量从三个位置已知的卫星广播信号的传播时间，就可确定自己的位置。

6.2　观测量与状态量

可以通过测量（观测）手段直接获得的参量，称为观测量。前述的用户到卫星的距离星—站距离需要通过测量得到，即为观测量。用于表征用户特征的参量，称为状态量。前述的用户位置坐标反映了用户的特征，即为状态量。状态量与观测量之间一般存在着对应关系。在卫星导航定位系统中，定位过程就是通过获得观测量，并利用它们与状态量的对应关系求得状态量的过程。

对于卫星导航定位的应用而言，我们希望得到的状态量往往包括用户的位置坐标及其变化率、时间及其变化率等。有了这些状态量,就可以精确获得用户的当前位置(P)、速度(V)和时间(T)等状态参数,即所谓的PVT状态量。

那么,卫星导航定位中,为求得PVT状态量,需要哪些必需的观测量呢?

(1) 根据前述三球交汇原理,三维空间中,若某点到3个已知参考点的距离已知,并且该点概略位置已知,则该点坐标可以被唯一确定;

(2) 当某一运动物体任意时刻的位置参数获得时,则可通过位置与速度的微分关系,确定物体的速度参数;

(3) 从参考点向某点发送参考点的时间信息,当两点间距离已知时,可通过距离计算无线电波传播时延,进而根据接收到的时间信息计算某点的时间。

由此可见,测量用户到导航卫星(参考点)的距离星—站距离,是获得PVT状态量的关键,或者说星—站距离是获得PVT状态量的基本观测量。

6.3　观测量的误差

在通过前一章介绍的测量过程后,接收机获得了基于码测量的伪距以及基于载波测量的载波相位或频率。这些数据中包含着各种误差,在进行解算前,需要使用误差模型进行误差消除,这些误差包括卫星钟差、Sagnac效应、电离层误差、对流层误差;对于双频接收机,还需要进行双频校正消除电离层误差。

进行误差消除后,伪距测量值中仍含有各种残留误差,称之为"用户等效距离误差(UERE)"。下表中给出了典型情况下伪距观测中各种误差残差及UERE[14]。

表6-1　RNSS的典型UERE

区段	误差源	1σ 误差(m)
空间	广播时钟	1.1
	广播星历	0.8
用户	电离层延迟	7.0①
	对流层延迟	0.2
	接收机噪声及分辨率	0.1
	多径	0.2
UERE	合计	7.1②

注①:采用模型法消除后的残留电离层误差,由于各颗卫星间的残留电离层误差高度相关,因此导致定位误差远小于采用DOP×UERE得到的预测值。

②:$\sigma_{\text{UERE}}=\sqrt{\sum_{i=0}^{n}\sigma_i^2}$。

6.4 PVT 估计原理

如果用户可同时观测的卫星数 n 大于 4，则观测方程中的 $\boldsymbol{H}$ 阵由原来的 4×4 维变为 n×4 维。

$$\Delta\boldsymbol{\rho}=\begin{bmatrix}\Delta\rho^1\\\Delta\rho^2\\\vdots\\\Delta\rho^n\end{bmatrix},\boldsymbol{H}=\begin{bmatrix}a_x^1 & a_y^1 & a_z^1 & 1\\a_x^2 & a_y^2 & a_z^2 & 1\\\vdots & \vdots & \vdots & 1\\a_x^n & a_y^n & a_z^n & 1\end{bmatrix},\Delta\boldsymbol{H}=\begin{bmatrix}\Delta x_u\\\Delta y_u\\\Delta z_u\\-c\Delta t_u\end{bmatrix} \tag{6-3}$$

若不存在误差，$\boldsymbol{H}$ 阵中只有 4 行是独立的，而其他行可以用这 4 行通过线性组合得到，这意味着，只使用其中任意 4 个方程即可解得状态量。但事实上，观测量 $\Delta\rho^i$ 是存在误差的，这样，观测方程变为

$$\Delta\boldsymbol{\rho}=\boldsymbol{H}\Delta\boldsymbol{X}+\boldsymbol{\varepsilon} \tag{6-4}$$

式中，$\boldsymbol{\varepsilon}=[v^1,v^2,\cdots,v^n]^{\mathrm{T}}$，为各卫星伪距观测误差矢量，即 v^i 为卫星 i 伪距误差。

这就要求我们利用所有的 n 个方程，得出一个“最优”的状态量估计。依据“最优”准则的不同，有不同的估计方法。

所谓估计，就是根据观测得出的与状态量 $\boldsymbol{x}$ 有关的数据 $\boldsymbol{z}=\boldsymbol{H}\boldsymbol{x}+\boldsymbol{\varepsilon}$，解算出 $\boldsymbol{x}$ 的计算值 $\hat{\boldsymbol{x}}$，$\hat{\boldsymbol{x}}$ 称为 $\boldsymbol{x}$ 的估计。使某一指标函数达到最优时的估计，称为“最优估计”。进行最优估计的目的是尽可能减小观测量 z 中误差对状态量解算结果的影响。

常用的估计方法有两类，分别是最小二乘估计与最小均方误差估计。

6.5 最小二乘估计法

最小二乘法，又名“最小平方法”，是非贝叶斯估计框架内代表性方法之一，早在 18 世纪末，高斯便为解决行星运动轨道测定问题提出了最小二乘法①。通过名字即可以看出，最小二乘法的出发点是使误差平方和最小化。

在卫星定位问题中，观测方程为 $\Delta\boldsymbol{\rho}=\boldsymbol{H}\Delta\boldsymbol{X}+\boldsymbol{\varepsilon}$，以最小二乘法对 $\Delta\boldsymbol{X}$ 进行求解，得到的结果为 $\Delta\boldsymbol{X}=(\boldsymbol{H}^{\mathrm{T}}\boldsymbol{H})^{-1}\boldsymbol{H}^{\mathrm{T}}\Delta\boldsymbol{\rho}$。这里需要注意的是，由于 $\boldsymbol{H}$ 阵为 n×4 维矩阵，$\boldsymbol{H}^{\mathrm{T}}$ 为 4×n 维矩阵，因此 $\boldsymbol{H}^{\mathrm{T}}\boldsymbol{H}$ 为 4×4 维矩阵，这就意味着使用最小二乘法求解 ΔX 时，无论观测量 n 为多少，只进行 4×4 维矩阵的求逆计算，而矩阵求逆运算是求解过程中计算量最大的部分。与卡尔曼滤波法相比，后者在计算增益阵 $\boldsymbol{K}$ 时使用了求逆运算，显然该计算是对一个 $n\times n$ 维矩阵进行的，除非 $n=4$，否则后者的计算量将明显大于最小二乘法。

当 $\boldsymbol{H}$ 为 4×4 矩阵，即只有 4 个卫星可观测量时，有 $(\boldsymbol{H}^{\mathrm{T}}\boldsymbol{H})^{-1}=\boldsymbol{H}^{-1}(\boldsymbol{H}^{\mathrm{T}})^{-1}$，于是有

$$\Delta\boldsymbol{X}=\boldsymbol{H}^{-1}(\boldsymbol{H}^{\mathrm{T}})^{-1}\boldsymbol{H}^{\mathrm{T}}\Delta\boldsymbol{\rho}=\boldsymbol{H}^{-1}\Delta\boldsymbol{\rho} \tag{6-5}$$

① 法国数学家勒让德同一时期独立发现了该方法。

这意味着在无冗余观测量的情况下，使用最小二乘解算所得结果即简化为前文的 4 星观测方程的解。

当伪距观测量中的误差统计特性存在差异时，可使用加权最小二乘法（Weighted Least Square，WLS）以获得最优估计。关于统计特性差异的最简单例子是，伪距中的电离层误差残差，即使以修正模型加以消除，仍有约 50％的电离层误差无法消除，而信号在电离层中的传输路径长度决定误差的大小，即电离层误差为卫星 i 仰角 el_i 的函数 $m(el_i)$，显然仰角越低的卫星，其信号穿越电离层的路径越长。

利用加权最小二乘进行求解可以得出如下结果：

$$\Delta \boldsymbol{X} = (\boldsymbol{H}^{\mathrm{T}}\boldsymbol{R}^{-1}\boldsymbol{H})^{-1}\boldsymbol{H}^{\mathrm{T}}\boldsymbol{R}^{-1}\Delta\boldsymbol{\rho} \tag{6-6}$$

式中，$\boldsymbol{R}$ 为误差矢量的协方差阵 $\boldsymbol{R}=E[\boldsymbol{\varepsilon\varepsilon}^{\mathrm{T}}]$，即

$$\begin{aligned}\boldsymbol{R} = E[\boldsymbol{\varepsilon\varepsilon}^{\mathrm{T}}] &= E\left\{\begin{bmatrix} v^1 \\ v^2 \\ \vdots \\ v^n \end{bmatrix}\begin{bmatrix} v^1 & v^2 & \cdots & v^n \end{bmatrix}\right\} = E\begin{bmatrix} v^1v^1 & v^1v^2 & \cdots & v^1v^n \\ v^2v^1 & v^2v^2 & \cdots & v^2v^n \\ \vdots & \vdots & & \vdots \\ v^nv^1 & v^nv^2 & \cdots & v^nv^n \end{bmatrix} \\ &= \begin{bmatrix} E(v^1v^1) & E(v^1v^2) & \cdots & E(v^1v^n) \\ E(v^2v^1) & E(v^2v^2) & \cdots & E(v^2v^n) \\ \vdots & \vdots & & \vdots \\ E(v^nv^1) & E(v^nv^2) & \cdots & E(v^nv^n) \end{bmatrix}\end{aligned} \tag{6-7}$$

$\boldsymbol{R}$ 阵对角线上为各卫星观测误差的方差，而其他元素为各观测量间的协方差。如果我们简单地认为各观测量误差互不相关，则有

$$\boldsymbol{R} = \begin{bmatrix} (\sigma_{\mathrm{UERE}}^{1})^2 & & & \boldsymbol{0} \\ & (\sigma_{\mathrm{UERE}}^{2})^2 & & \\ & & \ddots & \\ \boldsymbol{0} & & & (\sigma_{\mathrm{UERE}}^{n})^2 \end{bmatrix} \tag{6-8}$$

尽管事实上可能会出现一些并非如此的特殊情况，例如两个卫星方向非常接近时，其电离层、对流层残留误差的相关性并非为 0，但大多数情况下卫星观测量的误差互不相关还是可以满足的。

6.6　卡尔曼滤波估计法

卡尔曼滤波（Kalman Filter，KF）的思想由 Kalman[42] 提出，基于时域设计的 KF 方法一经推出，便迅速引起了学界及工业界的重视。半个多世纪以来，卡尔曼滤波成为应用于各个领域状态估计中的常用方法。并且，尽管仍然存在滤波过程容易发散等问题，为适应非线性系统而出现的扩展卡尔曼滤波（Extended Kalman Filter，EKF）由于其易于实现的优点，已经成为针对非线性系统应用最广泛的状态估计方法，并在事实上已成为工程界的一个标

准组件。本节将对 KF 进行介绍。

设观测量时刻 k 得到的观测矢量 $\boldsymbol{y}_k$ 与状态矢量 $\boldsymbol{x}_k$ 满足如下线性关系

$$\boldsymbol{y}_k=\boldsymbol{H}\boldsymbol{x}_k+\boldsymbol{v}_k \tag{6-9}$$

式中，$\boldsymbol{H}$ 为测量关系矩阵；$\boldsymbol{v}_k$ 为观测噪声矢量，其统计特性为 $E[\boldsymbol{v}_k]=0, V[\boldsymbol{v}_k]=\boldsymbol{R}$。而 k 时刻与 $k-1$ 时刻状态矢量，其中 $\boldsymbol{x}_k$ 和 $\boldsymbol{x}_{k-1}$ 满足关系式

$$\boldsymbol{x}_k=\boldsymbol{\Phi}\boldsymbol{x}_{k-1}+\boldsymbol{B}\boldsymbol{u}_{k-1}+\boldsymbol{w}_{k-1} \tag{6-10}$$

u_k 为系统输入量，是一个可选项，在简单的导航应用中没有此项。此处我们将其简化为

$$\boldsymbol{x}_k=\boldsymbol{\Phi}\boldsymbol{x}_{k-1}+\boldsymbol{w}_{k-1} \tag{6-11}$$

式中，$\boldsymbol{w}_{k-1}$ 为噪声矢量，是使用 $\boldsymbol{x}_k=\boldsymbol{\Phi}\boldsymbol{x}_{k-1}$ 描述状态转移关系时，由于模型与实际状态存在差异，而导致的状态量误差增加项。例如实际的运动过程中，存在速度、加速度、加加速度及更高阶量，如果只取位置、速度和加速度作为状态量，则计算 $\boldsymbol{x}_k=\boldsymbol{\Phi}\boldsymbol{x}_{k-1}$ 时，加加速度等高阶量被忽略，这些被忽略项构成了 $\boldsymbol{w}_{k-1}$。设其统计特性为 $E[\boldsymbol{w}_k]=0, V[\boldsymbol{w}_k]=\boldsymbol{Q}$。并设 $\boldsymbol{w}_k$ 各分量与 $\boldsymbol{v}_k$ 各分量互不相关，即有 $E[\boldsymbol{w}_i\boldsymbol{v}_j^{\mathrm{T}}]=0$。

若 $\hat{\boldsymbol{x}}_k^-$ 为对 $\boldsymbol{x}_k$ 的先验估计，$\hat{\boldsymbol{x}}_k$ 为对 $\boldsymbol{x}_k$ 的后验估计，定义后验估计误差为

$$\boldsymbol{e}_k=\boldsymbol{x}_k-\hat{\boldsymbol{x}}_k \tag{6-12}$$

则 $\boldsymbol{P}_k=E[\boldsymbol{e}_k\boldsymbol{e}_k^{\mathrm{T}}]$，为 $\hat{\boldsymbol{x}}_k$ 的均方误差。

卡尔曼滤波过程分为两个步骤：

(1) 预测过程。预测过程首先通过状态转移方程计算 $\boldsymbol{x}_k$ 的先验估计 $\hat{\boldsymbol{x}}_k^-=\boldsymbol{\Phi}\hat{\boldsymbol{x}}_{k-1}$；之后计算先验估计值 $\hat{\boldsymbol{x}}_k^-$ 的均方误差，即 $\boldsymbol{P}_k^-=\boldsymbol{\Phi}\boldsymbol{P}_{k-1}\boldsymbol{\Phi}^{\mathrm{T}}+\boldsymbol{Q}$。

在下面的更新过程中，通过 $\boldsymbol{P}_k^-$ 以及 $\boldsymbol{R}$ 可以得到合适的比例系数，以决定多大程度上采用先验估计值及观测估计值；

(2) 更新过程。增益阵 $\boldsymbol{K}_k$ 的计算方法为

$$\boldsymbol{K}_k=\boldsymbol{P}_k^-\boldsymbol{H}^{\mathrm{T}}(\boldsymbol{H}\boldsymbol{P}_k^-\boldsymbol{H}^{\mathrm{T}}+\boldsymbol{R})^{-1} \tag{6-13}$$

在得到 $\boldsymbol{K}_k$ 后，计算状态量后验估计 $\hat{\boldsymbol{x}}_k=\hat{\boldsymbol{x}}_k^-+\boldsymbol{K}_k(\boldsymbol{y}_k-\boldsymbol{H}\hat{\boldsymbol{x}}_k^-)$。并更新后验估计的均方误差阵 $\boldsymbol{P}_k=(\boldsymbol{I}-\boldsymbol{K}_k\boldsymbol{H})\boldsymbol{P}_k^-$，式中 $\boldsymbol{I}$ 为单位矩阵。

秦永元等[43]也给出了 $\boldsymbol{K}_k$、$\boldsymbol{P}_k$ 的其他表达形式：

$$\boldsymbol{K}_k=\boldsymbol{P}_k\boldsymbol{H}^{\mathrm{T}}\boldsymbol{R}^{-1} \tag{6-14}$$

$$\boldsymbol{P}_k=(\boldsymbol{I}-\boldsymbol{K}_k\boldsymbol{H})\boldsymbol{P}_k^-(\boldsymbol{I}-\boldsymbol{K}_k\boldsymbol{H})^{\mathrm{T}}+\boldsymbol{K}_k\boldsymbol{R}\boldsymbol{K}_k^{\mathrm{T}} \tag{6-15}$$

下面以一个定位解算的实例说明卡尔曼滤波的应用，设 k 时刻接收机状态矢量为

$$\boldsymbol{X}_k=[x_k, y_k, z_k, t_k, \dot{x}_k, \dot{y}_k, \dot{z}_k, \dot{t}_k]^{\mathrm{T}} \tag{6-16}$$

其中，x_k、y_k、z_k 为接收机坐标，t_k 为接收机钟差；$\dot{x}_k$、$\dot{y}_k$、$\dot{z}_k$、$\dot{t}_k$ 则为坐标、钟差变化率，即接收机速度及频差值。注意 6.2 节所建立的观测方程中，其 k 时刻卡尔曼滤波器的“观测量”与“状态量”分别为伪距误差和状态误差，分别为

$$\boldsymbol{y}_k=[\Delta\rho^1,\Delta\rho^2,\cdots,\Delta\rho^N,\Delta\dot{\rho}^1,\Delta\dot{\rho}^2,\cdots,\Delta\dot{\rho}^N]^{\mathrm{T}} \tag{6-17}$$

$$\boldsymbol{x}_k=[\Delta x_k,\Delta y_k,\Delta z_k,-c\Delta t_k,\Delta\dot{x}_k,\Delta\dot{y}_k,\Delta\dot{z}_k,-c\Delta\dot{t}_k]^{\mathrm{T}} \tag{6-18}$$

其中，$\Delta\rho^i=\rho_0^i-\rho^i$，$\Delta\dot{\rho}^i=\dot{\rho}_0^i-\dot{\rho}^i$，$\rho_0^i$ 为按接收机状态量 $\boldsymbol{X}_k$ 中的 x_k、y_k、z_k、t_k 所计算的伪距，$\Delta\dot{\rho}^i$ 则为按 $\boldsymbol{X}_k$ 所计算的伪距率，$\hat{\boldsymbol{x}}_k=\hat{\boldsymbol{X}}_k-\hat{\boldsymbol{X}}_k^-$。

观测方程为 $\boldsymbol{y}_k=\boldsymbol{H}\boldsymbol{x}_k+\boldsymbol{v}_k$，其中 $\boldsymbol{H}=\begin{bmatrix}\boldsymbol{H}_1 & \boldsymbol{0}\\ \boldsymbol{0} & \boldsymbol{H}_1\end{bmatrix}$；$\boldsymbol{H}_1=\begin{bmatrix}a_x^1 & a_y^1 & a_z^1 & 1\\ a_x^2 & a_y^2 & a_z^2 & 1\\ \vdots & \vdots & \vdots & \vdots\\ a_x^N & a_y^N & a_z^N & 1\end{bmatrix}$，$\boldsymbol{0}$ 为4×4全零阵。

可以认为各卫星观测的伪距误差互不相关，这样观测量误差方差阵 $\boldsymbol{R}$ 可以简单地设为对角阵，各卫星 i 的观测量均方差对应矩阵的第 i 行第 i 列的值。

由于状态量仅考虑了接收机状态量的位置与速率，因此可得 k 时刻状态量

$$\boldsymbol{x}_k=[\Delta x_k,\Delta y_k,\Delta z_k,-c\Delta t_k,\Delta\dot{x}_k,\Delta\dot{y}_k,\Delta\dot{z}_k,-c\Delta\dot{t}_k]^{\mathrm{T}} \tag{6-19}$$

由 k 时刻状态量可得 T 时间以后的 $k+1$ 时刻状态量：

$$\begin{aligned}&\Delta x_{k+1}^-=\Delta x_k+\Delta\dot{x}_k\cdot T,\Delta y_{k+1}^-=\Delta y_k+\Delta\dot{y}_k\cdot T,\\&\Delta z_{k+1}^-=\Delta z_k+\Delta\dot{z}_k\cdot T,-c\Delta t_{k+1}^-=-c\Delta t_k-c\Delta\dot{t}_k\cdot T\\&\Delta\dot{x}_{k+1}^-=\Delta\dot{x}_k,\Delta\dot{y}_{k+1}^-=\Delta\dot{y}_k,\Delta\dot{z}_{k+1}^-=\Delta\dot{z}_k,\Delta\dot{t}_{k+1}^-=\Delta\dot{t}_k\end{aligned} \tag{6-20}$$

整理后得到状态转移矩阵

$\boldsymbol{\Phi}=\begin{bmatrix}\boldsymbol{I}_{4\times4} & T\cdot\boldsymbol{I}_{4\times4}\\ \boldsymbol{0}_{4\times4} & \boldsymbol{I}_{4\times4}\end{bmatrix}$；式中 $\boldsymbol{I}_{4\times4}$ 为4×4维单位阵，$\boldsymbol{0}_{4\times4}$ 为4×4维全零阵。

上述状态量设计以及状态转移过程中，只考虑了位置、时间及其一阶变化率，二阶变化率（加速率、钟差的二阶变化率）被忽略。因此状态转移后新增误差项以二阶变化率为主，以下误差仅考虑此二阶项。考虑 x、y、z 以及时间的某个维度上，在时段[0，T]上的二阶变化率为随机变量 $a(t)$，其自相关函数为 $A^2\delta(t-\tau)$，其中 A^2 可以理解为[0，T]时段上加速度平方的积分。

则在时段[0，T]上 t 时刻开始的一个极小的时间间隔 $\mathrm{d}t$ 上，忽略加速度 $a(t)$ 会在 $\hat{\boldsymbol{x}}_k^-=\boldsymbol{\Phi}\hat{\boldsymbol{x}}_{k-1}$ 过程中，在速度上产生误差 $v_{\mathrm{err}}(t)=a(t)\cdot\mathrm{d}t$，在$[t,t+\mathrm{d}t]$时段产生的这一速度误差将一直在$[t,T]$时段保持，从而使[0，$T$]时段上的距离产生误差 $d_{\mathrm{err}}(t)=v_e(t)(T-t)=(T-t)\cdot a(t)\cdot\mathrm{d}t$。

这样，对于一个维度上，$\boldsymbol{w}_k=\begin{bmatrix}d_e\\ v_e\end{bmatrix}$，其中 $d_e=\int_0^T d_{\mathrm{err}}(t)\mathrm{d}t=\int_0^T a(t)(T-t)\mathrm{d}t$，$v_e=\int_0^T v_{\mathrm{err}}(t)\mathrm{d}t=\int_0^T a(t)\mathrm{d}t$。

则该维度上忽略二阶变化率，导致的距离、速度误差协方差阵为

$$
\begin{aligned}
\boldsymbol{Q}_{k,1}&=E[\boldsymbol{w}_k\boldsymbol{w}_k^{\mathrm{T}}]=E\left[\int_0^T\begin{bmatrix}a(t)\cdot(T-t)\\a(t)\end{bmatrix}\mathrm{d}t\int_0^T\begin{bmatrix}a(t)\cdot(T-t)\\a(t)\end{bmatrix}^T\mathrm{d}t\right]\\
&=E\left[\int_0^T\int_0^T\begin{bmatrix}a(\tau)\cdot(T-\tau)\\a(\tau)\end{bmatrix}\begin{bmatrix}a(t)\cdot(T-t)\\a(t)\end{bmatrix}^T\mathrm{d}\tau\,\mathrm{d}t\right]\\
&=E\left[\int_0^T\int_0^T\begin{bmatrix}a(\tau)\cdot a(t)\cdot(T-\tau)\cdot(T-t) & a(\tau)\cdot a(t)\cdot(T-\tau)\\a(\tau)\cdot a(t)\cdot(T-t) & a(\tau)\cdot a(t)\end{bmatrix}\mathrm{d}\tau\,\mathrm{d}t\right]\\
&=\int_0^T\int_0^T\begin{bmatrix}E[a(\tau)\cdot a(t)]\cdot(T-\tau)\cdot(T-t) & E[a(\tau)\cdot a(t)]\cdot(T-\tau)\\E[a(\tau)\cdot a(t)]\cdot(T-t) & E[a(\tau)\cdot a(t)]\end{bmatrix}\mathrm{d}\tau\,\mathrm{d}t\\
&=\int_0^T\int_0^T\begin{bmatrix}A^2\delta(t-\tau)\cdot(T-\tau)\cdot(T-t) & A^2\delta(t-\tau)\cdot(T-\tau)\\A^2\delta(t-\tau)\cdot(T-t) & A^2\delta(t-\tau)\end{bmatrix}\mathrm{d}\tau\,\mathrm{d}t\\
&=\int_0^T\begin{bmatrix}A^2(T-t)^2 & A^2(T-t)\\A^2(T-t) & A^2\end{bmatrix}\mathrm{d}t\overset{v=T-t}{=}\int_0^T\begin{bmatrix}A^2v^2 & A^2v\\A^2v & A^2\end{bmatrix}\mathrm{d}v\\
&=\begin{bmatrix}\frac{1}{3}A^2T^3 & \frac{1}{2}A^2T^2\\\frac{1}{2}A^2T^2 & A^2T\end{bmatrix}=A^2\begin{bmatrix}\frac{1}{3}T^3 & \frac{1}{2}T^2\\\frac{1}{2}T^2 & T\end{bmatrix}
\end{aligned}
\tag{6-21}
$$

所有 4 个维度与之前设定的状态量相对应的 Q 阵为

$$
\boldsymbol{Q}_k=\begin{bmatrix}\frac{T^3}{3}\boldsymbol{Q}_u & \frac{T^2}{2}\boldsymbol{Q}_u\\\frac{T^2}{2}\boldsymbol{Q}_u & \boldsymbol{Q}_u\end{bmatrix}\tag{6-22}
$$

其中 $\boldsymbol{Q}_u=\begin{bmatrix}A_x^2 & 0 & 0 & 0\\0 & A_y^2 & 0 & 0\\0 & 0 & A_z^2 & 0\\0 & 0 & 0 & A_t^2\end{bmatrix}$。

当所选择的状态矢量并非仅包括距离、速度时，某一维度上 $\boldsymbol{Q}$ 阵的推导可参见附录 C。

开始计算前，需要给出 $\boldsymbol{P}$ 阵及状态量 $\boldsymbol{x}$ 的初值。由于通常对状态量缺乏先验的知识，常选择 $\hat{\boldsymbol{x}}_0=\boldsymbol{0}$， $\boldsymbol{P_0}=\alpha\boldsymbol{I}$。

由于上述选择存在随机性，滤波器开始的输出是有偏的，但在卡尔曼滤波器稳定后，$\boldsymbol{P}$ 与 $\boldsymbol{x}$ 初值的影响将逐渐消失[43]，但 $\boldsymbol{P}$ 阵过小的初值将使滤波收敛过程减慢，因此 $\boldsymbol{P}$ 初始通常设定为很大值的对角阵，例如，与坐标、钟差对应的可设为 $\sigma=1\ 000$ km，而与速度对应的可设为速度的最大值或更大，只要不导致滤波器稳定性问题，大的 $\boldsymbol{P}$ 阵没有坏处，有利于滤波器的快速收敛。关于卡尔曼滤波器稳定性可参考秦永元等[43]相关书籍。关于 $\boldsymbol{P}$ 阵初值的影响可以通过下面的一维情况进行说明，当状态量、观测量均为标量时，$\boldsymbol{y}_k=\boldsymbol{Hx}_k+\boldsymbol{v}_k$ 退化为 $y_k=Hx_k+v_k$，$k=1$ 时状态量方差初值设为 P_1，对 $k=2$ 时刻的状态量预测的方差为 $P_2^-=\Phi P_1\Phi+Q$，由于状态量只有一维，其转移阵 $\Phi=1$，因此 $P_2^-=P_1+Q$，显然 $P_2^-\geqslant Q$。

对应的增益为

$$K_2 = \frac{HP_2^-}{H^2P_2^- + R} \tag{6-23}$$

经更新过程后，得到

$$P_2 = (1 - HK_2)P_2^- = \left(1 + \frac{H^2P_2^-}{H^2P_2^- + R}\right)P_2^- = \frac{R}{H^2P_2^- + R}P_2^- \tag{6-24}$$

当 $P_1 \gg R$ 时，有 $P_2^- \gg R$，可得

$$P_2 \approx \frac{R}{H^2P_2^-}P_2^- = \frac{R}{H^2} \tag{6-25}$$

这意味着很大的 $\boldsymbol{P}$ 阵初值，在进一步更新后，即可缩减到与 $\frac{R}{H^2}$ 大小近似。

关于卡尔曼滤波处理过程，有一点需要说明。以卡尔曼滤波求解的状态量其实是“状态误差”，即

$$\boldsymbol{x}_k = [\Delta x_k, \Delta y_k, \Delta z_k, -c\Delta t_k, \Delta\dot{x}_k, \Delta\dot{y}_k, \Delta\dot{z}_k, -c\Delta\dot{t}_k]^{\mathrm{T}} \tag{6-26}$$

其意义是接收机初始状态量 $\boldsymbol{X}_0$ 的误差，即 $\boldsymbol{X}_k = \boldsymbol{X}_0 + \boldsymbol{x}_k$。

而我们希望得到的结果是状态量

$$\boldsymbol{X}_k = [x_k, y_k, z_k, -c \cdot t_k, \dot{x}_k, \dot{y}_k, \dot{z}_k, -c \cdot \dot{t}_k]^{\mathrm{T}} \tag{6-27}$$

如果单纯从计算角度而言，我们可以采用这样的过程：

(1) 设定初始状态 $\boldsymbol{X}_0$；

(2) 通过卡尔曼滤波，根据观测量估计 $\boldsymbol{x}_k$；

(3) 按 $\boldsymbol{X}_k = \boldsymbol{X}_0 + \boldsymbol{x}_k$ 计算接收机当前时刻状态量。

然而，我们知道，伪距观测方程的精确描述是如下形式：

$$\rho^i = \sqrt{(x^j - x_u)^2 + (y^j - y_u)^2 + (z^j - z_u)^2} + ct_u \tag{6-28}$$

令 $f(x_u, y_u, z_u, t_u) = \sqrt{(x^j - x_u)^2 + (y^j - y_u)^2 + (z^j - z_u)^2} + ct_u$，当其在 $\boldsymbol{X}_0$ 处以泰勒级数展开时得到

$$\begin{aligned}\rho^i = {} & \hat{\rho}^i|_{x=x_0} + \left.\frac{\partial f}{\partial x_u}\right|_{x=x_0}\Delta x_u + \left.\frac{\partial f}{\partial y_u}\right|_{x=x_0}\Delta y_u + \left.\frac{\partial f}{\partial z_u}\right|_{x=x_0}\Delta z_u + \left.\frac{\partial f}{\partial t_u}\right|_{x=x_0}\Delta t_u + \\ & \left.\frac{\partial^2 f}{\partial^2 x_u}\right|_{x=x_0}\Delta x_u^2 + \left.\frac{\partial^2 f}{\partial^2 y_u}\right|_{x=x_0}\Delta y_u^2 + \left.\frac{\partial^2 f}{\partial^2 z_u}\right|_{x=x_0}\Delta z_u^2 + \left.\frac{\partial^2 f}{\partial^2 t_u}\right|_{x=x_0}\Delta t_u^2 + \cdots\end{aligned} \tag{6-29}$$

由于 $\left.\frac{\partial^2 f}{\partial^2 x_u}\right|_{x=x_0}\Delta x_u^2 + \left.\frac{\partial^2 f}{\partial^2 y_u}\right|_{x=x_0}\Delta y_u^2 + \left.\frac{\partial^2 f}{\partial^2 z_u}\right|_{x=x_0}\Delta z_u^2 + \left.\frac{\partial^2 f}{\partial^2 t_u}\right|_{x=x_0}\Delta t_u^2 + \cdots$ 等高阶项很小，因此通常可以将其忽略。

具体来看，当 $\Delta x_u^2+\Delta y_u^2+\Delta z_u^2 \ll r$ 时，二阶项是可以忽略的，而反之，则会造成明显的误差。对于目前的导航系统，r 在 20 000 km 以上，这意味着当 $\Delta d=100$ m 时，忽略二阶项小于 5×10^{-4} m；$\Delta d=1\,000$ m，忽略二阶项小于 0.05 m；$\Delta d=10\,000$ m，二阶项误差小于 5 m。这些忽略的二阶项误差相当于伪距测量误差，因此当 Δd 较大时，使用 $\boldsymbol{X}_k=\boldsymbol{X}_0+\boldsymbol{x}_k$ 计算得到的误差将明显增加。

为保证达到精度要求，需要在得到上述各状态误差量 Δx_u、Δy_u、Δz_u、Δt_u 后，修正状态量 $\hat{\boldsymbol{X}}_k$，并将 $\hat{\boldsymbol{X}}_k$ 按动态方程进行递推 $\hat{\boldsymbol{X}}_{k+1}^-$，之后由计算的新 $\boldsymbol{H}$ 阵，以进行下一步的计算。

具体到卡尔曼滤波过程中，应采取如下处理过程：

(1) 设定接收机状态量 $\hat{\boldsymbol{X}}_0$，并设状态误差量 $\hat{\boldsymbol{x}}_0$ 为全零矢量。

(2) 确定 $\boldsymbol{R}$、$\boldsymbol{\Phi}$ 阵以及 $\boldsymbol{P}_0$ 阵。

(3) 按动态方程由 k 时刻出发计算下一时刻 $\boldsymbol{P}_{k+1}^-=\boldsymbol{\Phi}\boldsymbol{P}_k\boldsymbol{\Phi}^{\mathrm{T}}+\boldsymbol{Q}$，同时按动态方程得到 k+1 时刻状态量预测 $\hat{\boldsymbol{X}}_{k+1}^-=\boldsymbol{\Phi}\hat{\boldsymbol{X}}_k$（由于 k 时刻状态误差矢量 $\hat{\boldsymbol{x}}_k$ 总为零矢量，因此不需预测），并按照 $\hat{\mathbf{X}}_{k+1}^-$ 计算 $\boldsymbol{H}_{k+1}$ 阵。

(4) 在 k+1 时刻，获得观测矢量 $\boldsymbol{y}_{k+1}$ 后，计算 $\boldsymbol{K}_{k+1}=\boldsymbol{P}_{k+1}^-\boldsymbol{H}_{k+1}^{\mathrm{T}}(\boldsymbol{H}_{k+1}\boldsymbol{P}_{k+1}^-\boldsymbol{H}_{k+1}^{\mathrm{T}}+\boldsymbol{R})^{-1}$，并计算当前时刻状态量估计 $\hat{\boldsymbol{x}}_{k+1}=\hat{\boldsymbol{x}}_{k+1}^-+\boldsymbol{K}_{k+1}(\boldsymbol{y}_{k+1}-\boldsymbol{H}_{k+1}\hat{\boldsymbol{x}}_{k+1}^-)$。由于式中的 $\hat{\boldsymbol{x}}_{k+1}^-$ 总为零矢量，因此此式简化为 $\hat{\boldsymbol{x}}_{k+1}=\hat{\boldsymbol{x}}_{k+1}^-+\boldsymbol{K}_{k+1}\boldsymbol{y}_{k+1}$。

(5) 得到状态误差量 $\hat{\boldsymbol{x}}_{k+1}$ 后，对预测状态量 $\hat{\boldsymbol{X}}_{k+1}^-$ 进行修正，以得到 k+1 时刻状态量 $\hat{\boldsymbol{X}}_{k+1}=\hat{\boldsymbol{X}}_{k+1}^-+\hat{\boldsymbol{x}}_{k+1}$，同时清零误差量 $\hat{\boldsymbol{x}}_{k+1}$，返回步骤(3) 准备下一次计算。

第7章 卫星导航接收机的发展趋势

自20世纪90年代中期，GPS开始了现代化计划(GPS Modernization Program)，几乎与此同时，欧洲和我国先后开展了“伽利略计划”与“北斗计划”。截至目前，GNSS全球导航卫星系统共4个，即GPS、北斗、GLONASS和Galileo；还有已建成的两个区域性卫星导航系统，即日本的准天顶卫星系统(Quasi-Zenith Satellite System，QZSS)、印度区域导航卫星系统(NavIC)；另外韩国也计划2034年建成区域导航系统“韩国卫星导航系统”(Korean positioning System，KPS)。目前全球在轨导航卫星数量(包含备份卫星)有一百余颗。如上所述，在无遮挡的区域，全球用户全天可以看到35颗以上导航卫星，亚太地区由于有北斗静止轨道卫星和日本、印度以及韩国的区域导航系统，因此可以有更多可见星。另外在S(2.5 GHz左右)频段、C(5 GHz左右)频段，ITU也分配了两个导航频段。这些情况使得导航接收机必须适应新变化以实现更好的导航服务。因此，卫星导航接收机技术创新显得尤为迫切和重要，已经成为卫星导航技术创新的核心焦点。

卫星导航接收机发展趋势呈现以下几个方面变化：

一是GNSS多系统、多频兼容互操作。通过联合利用不同卫星导航系统的多颗卫星多个频点的信息(如伪距观测量、导航电文)，来提高卫星导航PVT解算的可用性和精度，实现系统服务性能显著超过其中任何一个导航系统单独工作的效果。在民用领域，多频多模GNSS接收机已成为导航接收机的主流。

二是GNSS与传感器组合。将GNSS与声光电磁和机械惯性等传感器相互融合，可以有效地克服GNSS卫星在复杂环境中定位可用性和精度严重下降的问题，更能有效克服各类传感器长期精度不足的问题。

三是GNSS与通信融合。随着GNSS与5G等地面无线通信网络的相互融合，利用移动通信技术可以极大地提高卫星导航PVT解算的速度和准确性；利用无线网络通信导航融合定位技术解决GNSS室内服务盲区问题，实现室内外无缝定位；利用卫星导航技术提高移动通信能力。在万物互联前景里，两者的结合势必会为更准确、高效的PVT服务锦上添花。

四是GNSS服务安全性和鲁棒性增强。随着GNSS接收机广泛应用于国家重要信息基础设施，社会运行对GNSS服务依赖性越来强，尤其无人机和无人驾驶汽车等平台卫星导航服务的安全性和鲁棒性已成为突出问题。如何有效解决干扰带来的威胁成为业内研究热点。

7.1 多系统多频接收机

早期的GPS与GLONASS系统仅在L1频点上提供民用信号，而在L1、L2两频点上提供军用信号。研究与实践证明，利用双频乃至三频导航信号，有利于减小接收机电离层误差，缩短基于载波测量数据处理过程中整周模糊解算时间，同时可针对不同服务对象对不同频点信号进行相对优化的设计。因此无论是GPS、GLONASS系统的现代化改造还是新建设的系统，都在至少 3 个频点上播发导航信号。表 7－1 为各导航信号一览。

表 7－1 各导航系统已公布的播发或即将播发的公开服务导航信号

系统	信号	中心频率(MHz)
GPS	L1	1 575.42
	L2	1 227.60
	L5	1 176.45
Galileo	E1	1 575.42
	E5	1 191.795①
	E6	1 278.75
GLONASS	L1	1 602.562 5
	L2	1 246.437 5
	L3	1 205.127
BDS	B1I	1 561.098
	B1C	1 575.42
	B2	1 191.795②
	B3	1 268.52

注①：令有 E5a(1 176.45 MHz)与 E5b(1 207.14)两个信号。
注②：令有 B2a(1 176.45 MHz)与 B2b(1 207.14)两个信号。

从表 7－1 中可以看出，各导航系统提供的导航信号至少为三个公开服务信号，与原来 GPS、GLONASS 初始系统所提供的 1 个公开服务信号相比，导航接收机可利用的信号资源显著增加。在 1 575.42 MHz、1 176.45 MHz 频点上，除 GLONASS 外的三个系统均播发有导航信号，且在各导航系统信号设计之初，系统间信号的互操作能力就得到了充分的重视，即在同一频点上的不同系统导航信号有着相近的信号体制以及相同或相近的频点，接收机软、硬件通过不大的改造即可同时接收不同系统的信号，这使得实现多 GNSS 系统接收机成为可能。多频接收机在抗干扰方面具备一定优势，譬如干扰 L1/L2/L5 三频 GPS 接收机，就需要干扰超过 400 MHz 的带宽。简易的干扰器显然无法完成，当然仍然存在恶意干扰所有频点的行为，但是宽带干扰器需要更多的功率，更复杂的电子设备也更易被侦测到。

对于一个单系统接收机，可观测的卫星数通常在十余颗以内，而采用多系统接收时，可观测卫星数量将增大到几十颗，这使得卫星的几何分布、遮蔽条件下导航服务可用性得以显著提高。同时，通过对同一卫星播发的多频点信号可以实现电离层时延误差的消除。

与此同时，各个导航系统信号在设计时考虑到不同的需求，同时考虑到知识产权问题，在信号体制细节上也存在着明显的差异，这使得多频、多系统导航接收机的设计也必须面对一些挑战。以 L1/B1/E1 频点为例，GPS、北斗三号、Galileo 均选用 1 575.42 MHz 频率的载波，均采用 BOC 类的信号波形设计，然而，GPS 采用的是 TMBOC，Galileo 采用的是 CBOC，北斗三号采用的是 QMBOC。同时，Galileo 主扩频码周期为 4 ms，而 GPS 与北斗三号主码均为 10 ms，此外在次级码、导频一数据信号功率比、导航电文差错控制编码以至电文内的参数设计等方面均存在差别。类似的差异也存在于另一个“互操作”频点 L5/B2/E5 上。这些差别的存在，都对多系统、多频接收机的设计与实现提出了挑战。

另外是否有必要做全频点接收机也正在接受市场考验，因为卫星数量达到一定程度后，其卫星星座几何构型优势接近理论极限，对定位精度的帮助有限，而功耗和成本却上升不少，因此市面上全频点较少，而国内外厂家主流产品一般是 BDS/GPS 或 GPS/Galileo 组合接收机，或者用户可在使用时任意配置两个导航系统组合定位。

7.2　多传感器组合接收机

随着科学技术的发展，导航的手段越来越丰富，如惯性导航、视觉导航、天文导航、陆基无线电导航以及星基无线电导航等。这些导航手段有自己的优势，但也存在不足。卫星导航技术虽然具有精度高、可以全天候全时段工作、覆盖区域广、近实时输出导航数据、终端成本低廉等特点，但 GNSS 定位要求卫星可见，并且为了保证高精度的 PVT 结果，对卫星信号的质量也会有一定的要求。因此，在某些特殊的应用场合，例如建筑物之间、峡谷地区、隧道和其他对卫星信号有影响或者会引起卫星信号丢失的环境，GNSS 的应用就受到了限制。

从现有技术条件看，没有一种导航手段可以满足用户的所有需求。为了满足部分用户的苛刻导航需求，人们提出了组合导航的概念，即将多种不同的导航手段组合在一起，各种手段取长补短，形成一个高性能的导航系统。用户在不同的应用环境和需求下选择适当的导航手段组合，使得导航系统具有良好的适应性，同时各种导航手段之间也可以互相修正备份，提升导航系统的服务性能和可靠性。

目前的解决方案除了增加导航系统卫星数量之外就是发展 GNSS 与惯性导航器件、激光雷达、摄像头等的组合导航应用技术。与 GNSS 定位不同，惯性导航是一种自主定位导航技术，其优势是不受外界环境(主要是遮挡或电磁干扰等)的影响，并可以在一定的时间内保证较高精度，缺点是定位误差会随时间积累，高精度(厘米级)的惯性导航系统成本可达几万甚至上百万，这对于普通民用市场来说，几乎没有应用空间。而低成本的惯性导航器件，价格虽然只有几十到几百，但精度比较低，且误差扩散比较快。可与 GNSS 高精度定位方式结合使用，这样的组合导航方式，能够满足一般的民用需求。

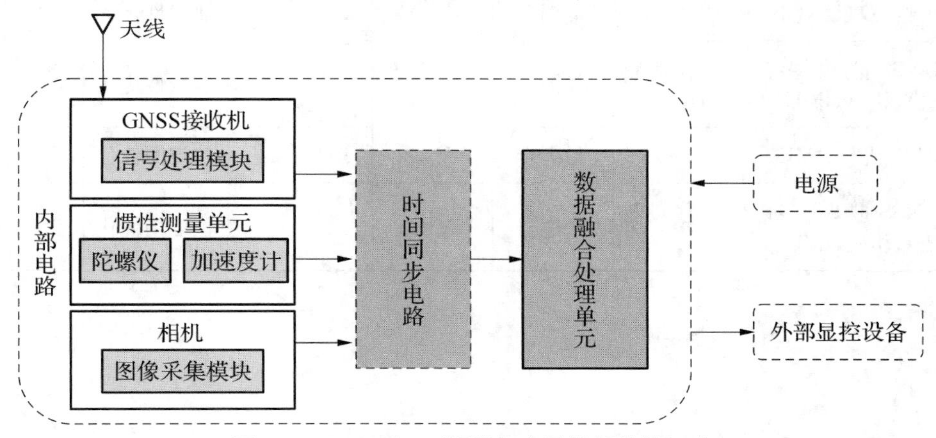

图 7-1　GNSS/INS/视觉组合导航系统的组成

组合导航在理论与工程应用方面，出现了一些新的发展趋势：

(1) 小型化与一体化发展趋势。主要表现在惯性导航系统微型化，甚至是惯性导航系统、辅助导航系统与微处理器一体化的发展方向。

(2) 智能化和可视化的发展趋势。主要为了增强系统事情环境、交互操作等方面的能力。

(3) 信息融合算法先进性的发展趋势。完善信息融合理论、改进信息融合算法，是当前组合导航系统重要的发展方向。

表 7－2 统计了近 10 年来组合导航方案的变化，可以看出，随着处理器能力增强，体积小、重量轻、功耗低的多传感器与 GNSS 深入融合成为未来研究的发展趋势[54]。

表 7－2　近 10 年来代表性方案比较

年份	传感器名	组合方式	算法框架	滤波方法	优化方法	开源项目
2013	GNSS 接收机、相机、IMU	松耦合	VIO	EKF	—	—
2013	相机、IMU	紧耦合	VIO	MSCKF 2.0	—	—
2014	GNSS(伪距、多普勒频移接收机)、相机、IMU	紧耦合	VIO	EKF	—	—
2014	GPS 接收机、相机、IMU、激光雷达	松耦合	VIO	UKF	—	—
2017	多相机、IMU	紧耦合	VIO	迭代 EKF	—	—
2018	单目相机、IMU	紧耦合	VIO	—	位姿图优化	VINS-Mono
2019	双差 GNSS 接收机、相机、IMU	紧耦合	VIO	MSCKF	—	—
2019	双目相机、IMU、GNSS 解	松耦合	VIO	—	位姿图优化	VINS-Fusion
2020	相机、IMU、GPS	紧耦合	VIO	MSCKF	—	—
2020	相机、IMU	紧耦合	VIO	MSCKF	—	OpenVINS
2020	单目、双目、RGB-D、IMU	紧耦合	SLAM	—	非线性优化	ORB-SLAM3
2021	GNSS(伪距、多普勒频移接收机)、相机、IMU	紧耦合	SLAM	—	非线性优化	—
2022	GPS、机相、IMU	紧耦合	VIO	—	位姿图优化	—
2022	GNSS(伪距、多普勒频移接收机)、相机、IMU	紧耦合	VIO	—	位姿图优化	GVINS

7.3　通导融合接收机

GNSS信号强度弱、穿透力差、易受干扰，在城市峡谷、室内、地下等环境下应用能力不足，无法提供广域无缝的高性能位置服务。虽然卫星导航常与惯性、地磁、视觉等手段形成组合导航，以提高其定位连续性及精度，但当卫星信号长时间不可见时，以卫星导航为核心的组合导航系统难以提供高精度的位置服务。无线通信系统具有覆盖范围广、使用成本低、可靠性高等优点，利用通信系统进行定位，实现通信导航一体化，可有效解决卫星定位的不足。

张鑫[52]认为通信与导航的融合可分为三种方式：(1) 导航系统对通信系统的增强；(2) 通信系统对导航系统的增强；(3) 无线网络的通信导航一体化融合。

导航系统提供的高精度时间信息可提高通信系统网络运行效率与安全性。例如，5G通信网络由于TDD基站上下型号同频，为避免上下行信号互相干扰，要求各基站之间有严格的相位同步关系，确保上下行切换的时间点一致，要求时间精度为±1.5 us；5G的站间协同需求、CA/CoMP/MIMO等技术对时间同步提出100 ns级精度要求；高精度定位、车联网、智能制造等行业应用，对于时间同步的精度更是达到10 ns以内，目前只有GNSS授时服务能够满足5G通信网络时间同步需求。

通信系统可作为导航辅助信息与增强信息的传输通道，对导航系统进行增强。例如，(1) 辅助GNSS(A-GNSS)技术，如图7-2所示，利用通信网络转发导航电文、概略位置、时间信息和频率信息等至用户终端，辅助融合终端接收卫星信号，减少捕获时间，提高灵敏度；(2) 差分增强系统，可使用通信网络作为改正数等增强信息的传输通道，提高导航接收机的定位精度[52]。

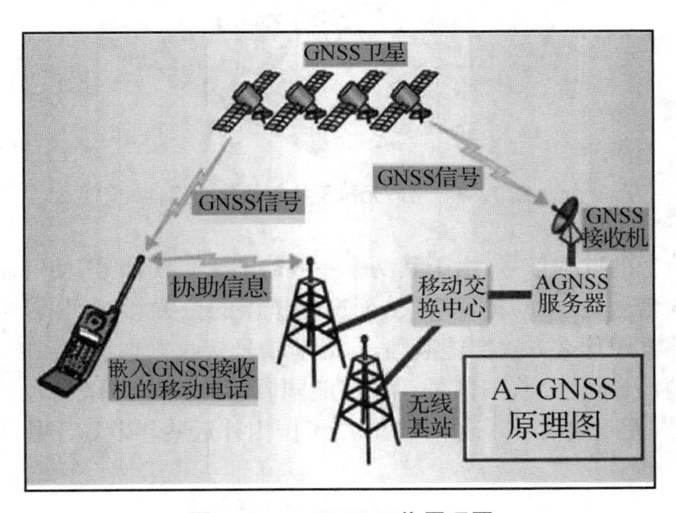

图7-2　A-GNSS工作原理图

5G网络的高精度定位能力使得卫星导航与5G的融合能够提供室内外无缝的高精度定位服务，将产生巨大的增量效应，使定位导航走向位置服务的商业化。5G能够为卫星带来室内定位服务补充和双重覆盖区域的精度增强，以及高速实时辅助信息传输能力，改变现有卫星导航系统服务盲区多、室内/地下定位难等现状，在5G网络信号覆盖较差的室内区域，也可以通过部署蓝牙、Wi-Fi和UWB节点作为定位信号的补充，以提供连续的定位结果[52]。

7.4 抗干扰接收机

GNSS作为信息社会重要的基础设施，为用户提供全天候、全天时的定位、测速和授时服务，在电力、交通、通信、金融和国防等诸多领域都有着广泛应用。但是近年来，GNSS的安全性问题越发引起人们的关注和重视。由于GNSS信号到达地面时的功率很低以及民用信号结构公开等原因，GNSS容易遭受压制干扰和欺骗攻击威胁，因此存在巨大安全隐患[49,50]。

压制干扰会使GNSS接收机不能接收导航信号，以至中断导航服务。对抗压制干扰，自适应调零天线抗干扰技术是卫星导航中最有效的手段，能够针对正在变化着的信号环境自动调节天线波束的零点位置，使之对准干扰信号来向，并通过降低天线波束旁瓣电平实现对干扰信号的有效抑制，同时保证天线主瓣波束(指向有用信号方向)输出始终处于最佳状态。由于多阵元调零天线结构复杂、体积大、成本高，目前主要应用在军事领域。近些年民用领域干扰源也不断增多，但多数情况下导航接收机附近干扰源只有一个，因此体积小、成本低、功耗低的两阵元抗干扰天线逐渐崭露头角，目前主要应用在小型无人机等设备上。

图7-3　两阵元抗干扰天线核心组件

伪装成合法信号的欺骗信号，由于其功率一般略高于真实信号，使得GNSS接收机极易在捕获跟踪上欺骗信号，且不易被发现，从而产生错误的位置和时间，影响各类服务的正常运行。但不论欺骗方用什么方法实施欺骗，对导航信号接收方来说，存在三种可能：第一，真实卫星信号被压制，只能接收欺骗信号；第二，能同时接收真实卫星信号和欺骗信号；第三，只有真实卫星信号，无欺骗信号。表7-3总结了国内外近些年欺骗干扰检测技术的适用范围和所需能力支撑[53]。

表 7-3　欺骗干扰检测技术对比

		检测方法	适用范围	所需能力
加密		信号体制加密	欺骗干扰为非密信号	授权解密能力
检验	检测	信号功率检测	欺骗具有更高信噪比	标校过的功率
		AGC 增益检测	欺骗干扰功率大于噪声	标校过的 AGC 增益
		多普勒检测	单天线发射转发式欺骗干扰	卫星多普勒先验值
		频点间互相关检测	对生成式欺骗干扰有效	具备军码接收能力
		多天线到达角检测	欺骗干扰来自同一方向	具备多个接收天线
		伪码/载波一致性检测	欺骗干扰伪码/载波速率不匹配	伪码/载波多普勒测量
		残留信号检测	欺骗干扰信号无法抑制实际信号	附加残留检测通道
	校验	星历/历书校验	伪造星历、历书变化不连续	历书、星历存储
		电文时钟校验	伪造的卫星时钟变化不连续	时钟信息存储
		本地时钟及变化率	静态情况下钟差及变化率保持稳定	接收机频标无跳变
		定位解算结果检验	欺骗未模仿已知坐标位置	接收机位置已知
	辅助	与其他导航系统组合	其他导航系统未受欺骗攻击	具备多系统接收能力
		与惯导单元组合	惯导单元精度与 GNSS 匹配	具备惯性测量单元
		与实时定位系统结合	实时定位系统的精度足够高	具备实时定位系统
		与其他传感器对比	其他传感器结果可靠	具备相应精度传感器
冗余		接收机自主完好性检测	欺骗干扰较少的时候	接收机具备 RAIM 功能
		多接收机间伪码相关性	接收机间距离较远	需要具备通信链路
		多接收机的矢量跟踪回路	欺骗攻击不知道接收机位置	需要传输基带数据
		多接收机间电文交叉检测	电文数据级的攻击	需要传输电文数据

尽管欺骗信号在载波频率、码片速率、调制方式、扩频码型、电文格式等方面与真实信号相同，但它与真实信号相比仍然存在一定差别，否则就达不到欺骗干扰的目的。另外施放欺骗干扰信号条件也对到达接收机的欺骗干扰信号产生一定的影响，使其在多个方面的特征上与真实信号存在一定差别。从以下几个方面可以检测欺骗干扰信号。

(1) 推算各卫星到导航接收机的传播时间误差。导航接收机利用接收到的卫星信号(可能有虚假信号)定位及授时的同时，解算出各卫星到导航接收机的传播时间误差，正常情况下传播时间误差应该在一个合理的范围内，如果传播时间误差超过合理的范围，则存在虚假信号。

(2) 检测接收到的卫星信号中星历更新频度和变化幅度。为达到欺骗干扰的效果，一种比较高级的欺骗干扰方法是先发射与真实卫星信号相同的虚假信号，让接收机捕获并锁定这种虚假信号，然后再改变虚假信号导航电文中的星历，使接收机的误差变大或结果出错。进行这种欺骗干扰时，欺骗干扰方往往会不断地对虚假信号中的星历数据进行变更，以便在较短的时间达到欺骗干扰的效果。而真实导航卫星信号星历更新频度是一定的且时间间隔较长，如果检测到星历更新频度高于正常值或者与星历计算的卫星位置不一致，就可以判断该信号为虚假信号。

（3）检查卫星是否可见。导航接收机在进行 PVT 解算时，会同时接收到多颗导航卫星的导航电文，导航电文里有包含各卫星运行轨道（精度较低，一般不用于定位）的历书，且各卫星发出的导航电文中的历书数据相同。通过历书可以计算出各卫星当前的概略位置，再结合接收机位置，可以计算出接收机当前可以接收到哪几颗卫星的信号，即接收机当前可见哪几颗卫星。如果出现导航接收机当前不可见的卫星的信号，则必然为虚假信号。

（4）连续搜索可见卫星信号的所有 PN 码相位，通过自相关特性识别虚假信号。当用产生式虚假卫星信号冒充当前可见卫星进行欺骗干扰时，因产生式虚假信号不会引起导航接收机本底噪声抬升，接收机可以接收真实卫星信号，也就是说导航接收机可以同时接收到使用同一 PN 码的真实卫星信号和虚假卫星信号。如果我们在跟踪某卫星信号（可能是虚假信号）的同时，继续对该卫星所用 PN 码的其他码相位进行检测，只要虚假卫星信号和真实卫星信号的时间差超过 1 个码片，则会在当前跟踪的信号的码相位以外检测到一个明显的自相关旁瓣且不满足 PN 码的自相关特性，据此可以判断当前使用该 PN 码的信号中存在虚假信号。

（5）检测接收机底噪声和接收卫星信号功率。在正常情况下，由于卫星发射信号功率稳定，传播损耗也在一个可以预测的范围内，接收机接收真实卫星信号的功率有一个比较低的且可以预测的上限。当欺骗方利用压制加欺骗的方式进行欺骗时，必须发射较大功率的噪声信号，抬高接收机总接收噪声功率，掩盖真实卫星信号，同时为了使欺骗信号能被接收机接收，欺骗方发射的虚假卫星信号功率也必须远大于真实卫星信号。也就是说，接收机在受到压制加欺骗方式的欺骗时，其接收到的欺骗信号功率远大于正常情况下接收到的真实卫星信号功率，如果对接收机底噪声功率和接收到的卫星信号功率进行检测，则可以检测欺骗信号。

不过，欺骗干扰有其独有的特点，也有与卫星故障、多径等因素相似的特点，当前针对欺骗干扰的检测算法的可靠性和稳定性仍需进一步提高，例如，噪声水平检测等检测方法并不能完全确定一定是由欺骗干扰引起的，多径信号存在的情况与欺骗干扰信号存在的情况具有高度的相似性，很容易造成虚警，且一些抗多径算法很有可能与当前的抗欺骗算法有冲突，甚至有可能把真实信号当成多径信号消除掉，这些问题都是亟须解决的难点问题[51]。但我们掌握这些规律，排除导航接收机及外部环境对相关参数检测的影响，就能有效识别欺骗干扰信号，避免导航接收机被欺骗干扰。

7.5 设备实现平台的多样化

在 2.1 节对导航接收机的介绍中提到了基于 ASIC 的商用接收机，以及基于 FPGA＋CPU 的、基于 DSP 或通用处理器的通过纯软件处理的接收机[54]。ASIC 接收机具有体积小、功耗低、量产成本低等优势，但 ASIC 先期研发与经费投入较高。图 7－4 为 ASIC 设计流程。

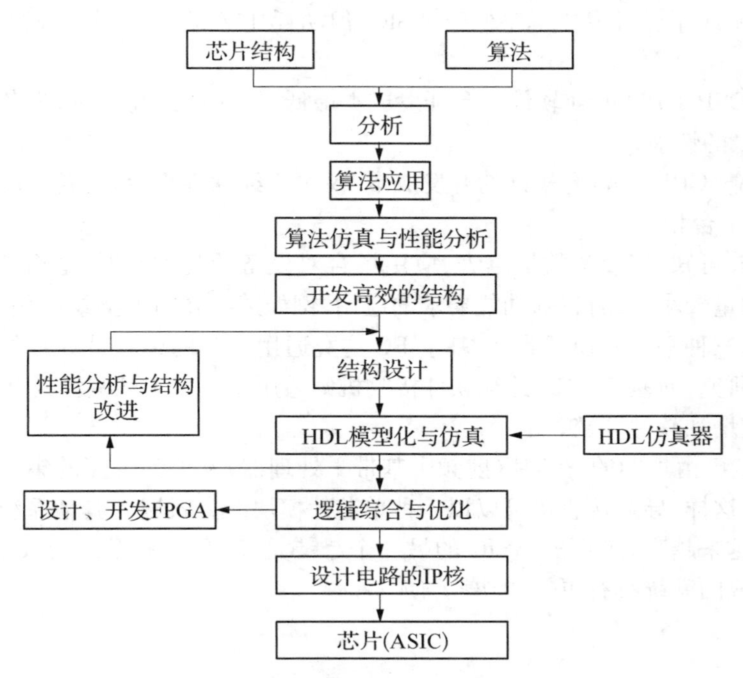

图 7－4　典型 ASIC 的设计流程

由图 7－4 不难看出，除了最后两项，前面的设计流程与 FPGA 相同。与之相比，纯软件处理的接收机可基于通用 PC 或专用 DSP 处理器平台实现，其研制过程仅涉及软件，成本较低。然而此类接收机对计算平台的计算能力要求较高，当需要处理的导航信号数量增加或者信号本身由于带宽较宽需要较高的采样率时，难于做到实时运行。

另一个值得注意的实现方式为 FPGA＋CPU 方案，由于 FPGA 与 CPU 均通过编程实现，因此可较为灵活地进行处理算法的改进与升级，而微电子技术的发展使得单片 FPGA 内所集成的资源不断增加，成本越来越低，目前出现的集成有 FPGA 与 CPU 的 SoC 芯片，使得此类系统的开发过程更加简化，设备成本更低。

Hein 等[54]对几种导航接收机的各方面性能进行了定性比较，如表 7－4 所示。

表 7－4　各种接收机实现平台的比较

技术实现	开发成本	性能	功耗	单个设备成本	灵活性
ASIC	－－	＋＋	＋＋	＋＋	－－
FPGA	－	＋＋	＋	－	＋
DSP/CPU	＋＋	＋/＋＋	＋/－－	＋/－	＋＋
FPGA＋CPU	＋	＋＋	＋	－	＋

注：表中“＋＋”表示优，“－－”表示差。

由上述几种实现平台比较可见：

(1) 基于 ASIC 的接收机的单个设备成本最低、功耗最小，而开发成本最高，适用于大批量市场的应用；

(2) 纯 FPGA 平台开发成本略低于 ASIC，但功耗比 ASIC 高，成本较高，比 ASIC 平台更有灵活性；

(3) 基于 DSP/CPU 的纯软件平台开发成本最低，灵活性最高，但单设备成本与功耗均无法达到 ASIC 的性能；

(4) FPGA＋CPU 平台有较低的开发成本，仅次于纯软件平台，功耗、灵活性、单设备成本与纯 FPGA 平台相当。

从以上比较可知，当设备数量巨大、应用场合对设备功耗敏感时，适合于使用 ASIC 平台；而当设备数量较小、具有特殊功能要求的应用，例如某些高精度测绘应用、高精度授时应用等，可使用后三种平台实现。此外，基于 PC 这类通用平台的纯软件处理的接收机则多用于教学与算法研究，而基于 DSP 的纯软件接收机则适用于集成于某些已具有 DSP 处理器的设备中，此时仅增加软件开销。

专用 ASIC 已由早期的三芯片(射频＋基带＋处理器)发展到现在的集三种功能为一体的单芯片方案，这样，导航接收机可以以一种单芯片模块的方式嵌入其他系统设备中。而随着系统集成度越来越高，接收机 ASIC 的另一个趋势是以 IP 核的形式集成于一个 SoC 中，这将使得所集成的系统具有更低的功耗与成本。

缩略语

ADC	Analog Digital Converter	模数转换
AGC	Automatic Gain Control	自动增益控制
A-GNSS	Assisted GNSS	辅助 GNSS
ASIC	Application Specific Integrated Circuit	专用集成电路
AWGN	Additive White Gaussian Noise	加性高斯白噪声
BDS	BeiDou Navigation Satellite System	北斗卫星导航系统
BDT	BeiDou Time	北斗时
BER	Bit Error Rate	误比特率
BJ	Bump-Jumping Algorithm	颠簸—跳跃算法
BOC	Binary Offset Carrier	二进制偏置载波
BPSK	Binary Phase Shift Keying	二进制相移键控
C/A	Coarse Acquisition	粗捕获
CA	Carrier Aggregation	载波聚合
CBOC	Composite Binary Offset Carrier	复合二进制偏移载波
CDF	Cumulative Distribution Function	累积分布函数
CDMA	Code Division Multiple Access	码分多址
CoMP	Coordinated Multiple Points	协同多点传输
CPU	Central Processing Unit	中央处理器
CRC	Cyclic Redundancy Check	循环冗余校验
CRLB	Cramer-Rao Low Bound	克拉美罗下界
DSB	Double Side Band	双边带法
DAC	Digital Analog Converter	数模转换
DDS	Direct Digital Synthesizer	直接数字频率合成器
DE	Double Estimator	双估计器
DFT	Discrete Fourier Transform	离散傅里叶变换
DLL	Delay Locked Loop	延时锁定环
DSP	Digital Signal Processor	数字信号处理
ECEF	Earth Centered Earth-Fixed	地心地固
ECI	Earth Center Inertial	地心惯性
EKF	Extended Kalman Filtering	扩展卡尔曼滤波
FDMA	Frequency Division Multiple Access	频分多址
FEC	Forward Error Correction	前向纠错
FFT	Fast Fourier Transform	快速傅氏变换
FLL	Frequency Locked Loop	锁频环

FPGA	Field Programmable Gate Array	现场可编程逻辑门阵列
GDOP	Geometrical Dilution of Precision	几何精度因子
GEO	Geostationary Earth orbit	对地静止轨道
GLONASS	Global Navigation Satellite System	格洛纳斯卫星导航系统
GNSS	Global Navigation Satellite System	全球卫星导航系统
GPS	Global Positioning System	全球定位系统
GPST	GPS Time	GPS 时
ICD	Interface Control Document	接口控制文件
IDFT	Inverse Discrete Fourier Transform	离散傅里叶逆变换
IF	Intermediate Frequency	中频
IP	Intellectual Property	知识产权
NavIC	Navigation Indian Constellation	印度导航星座
KF	Kalman Filtering	卡尔曼滤波器
KPS	Korean Positioning System	韩国卫星导航系统
LDPC	Low Density Parity Check	低密度奇偶校验
MGD	Multi-Gate Discriminator	多门鉴别器
MIMO	Multiple Input Multiple Output	多输入多输出
NCO	Number Controlled Oscillator	数字控制振荡器
OCXO	Oven Controlled Crystal Oscillator	恒温晶振
OEM	Original Equipment Manufacturer	原始设备生产商
PDF	Probability Distribution Function	概率密度函数
PLL	Phase Locked Loop	锁相环
PR	Pseudo-Range	伪距
PSD	Power Spectral Density	功率谱密度
QBOC	Quadrature Binary Offset Carrier	正交二进制偏移载波
QMBOC	Quadrature Multiplexed Binary Offset Carrier	正交复用二进制偏移载波
QZSS	Quasi-Zenith Satellite System	日本准天顶卫星导航系统
RDSS	Radio Determination Satellite Service	卫星无线电测定服务
ROC	Receiver Operative Characteristic	接收机工作特性
RTC	Real Time Clock	实时时钟
SCC	Sub Carrier Cancellation	子载波剥离
SDR	Software Defined Receiver	软件接收机
SoC	System On Chip	片上系统
SSB	Single Side Band	单边带法
TCXO	Temperature Compensate X′tal (crystal) Oscillator	温补晶振
TDMA	Time Division Multiple Access	时分多址
TMBOC	Time Multiplexed Binary Offset Carrier	时分(复用)二进制偏移载波
TTFF	Time To First Fix	首次定位时间

UERE	User Equivalent Range Error	用户等效距离误差
UTC	Universal Time Coordinated	协调世界时
VCO	Voltage Controlled Oscillator	压控振荡器
WGN	White Gaussian Noise	高斯白噪声
WLS	Weighted Least Square	加权最小二乘法

附　　录

附录 A：卫星对地速度简单计算

为了简便，认为卫星轨道为倾斜圆轨道，这样，卫星轨道极坐标表达式为

$$\begin{cases} e = i_0 \\ \theta = n \cdot t \\ r = a \end{cases}$$

式中，e，θ，r 分别为轨道倾角、卫星轨道内辐角和轨道半径，n 为卫星运行的角速度。其在赤道平面投影以直角坐标系表示为

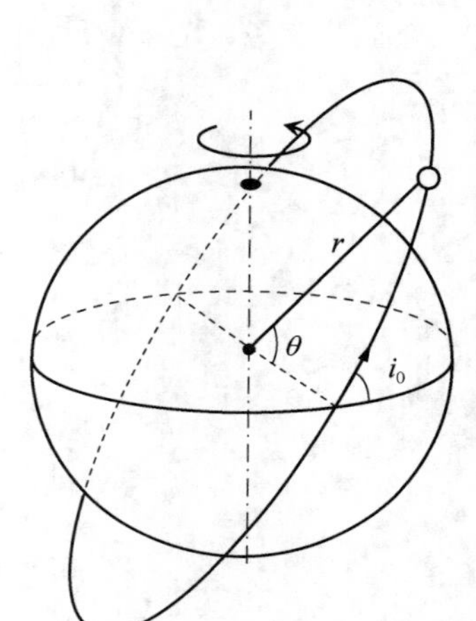

$$x = r \cdot \cos\theta, \quad y = r \cdot \sin\theta \cdot \cos e$$

若将其表示为极坐标 (θ_1, r_1)，则有

$$x = r_1 \cos\theta_1, \quad y = r_1 \sin\theta_1$$

将上述等式联立，得到以卫星在赤道面上的极坐标为

$$\begin{cases} r_1 \sin\theta_1 = r\sin\theta\cos e \\ r_1 \cos\theta_1 = r\cos\theta \end{cases} \Rightarrow \begin{cases} \theta_1 = \operatorname{atan2}(\sin\theta\cos e, \cos\theta) \\ r_1 = \dfrac{r\cos\theta}{\cos\theta_1} \end{cases}$$

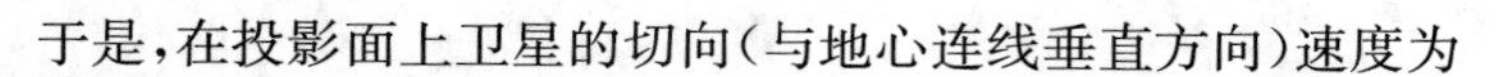

于是，在投影面上卫星的切向（与地心连线垂直方向）速度为

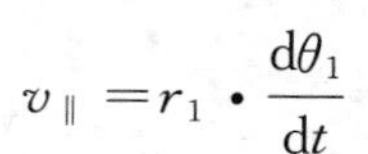

$$v_{\parallel} = r_1 \cdot \frac{\mathrm{d}\theta_1}{\mathrm{d}t}$$

由 $\dfrac{\mathrm{d}\theta_1}{\mathrm{d}t} = \dfrac{\mathrm{d}\theta_1}{\mathrm{d}\theta}\dfrac{\mathrm{d}\theta}{\mathrm{d}t} = \dfrac{1}{1+(\tan\theta\cos e)^2}\sec^2\theta \cdot \cos e \cdot n$，有 $v_{\parallel} = r_1 \cdot \dfrac{1}{1+(\tan\theta\cos e)^2} \cdot \sec^2\theta \cdot \cos e \cdot n$

径向速度为

$$v_r = \frac{\mathrm{d}r_1}{\mathrm{d}t} = -\frac{1}{\cos\theta_1} r\sin\theta \cdot n + r\cos\theta \frac{1}{\cos^2\theta_1}\sin\theta_1 \cdot \frac{\mathrm{d}\theta_1}{\mathrm{d}t}$$

相应的，卫星在赤道面垂向分量为 $v_{\perp} = \sqrt{v^2 - v_{\parallel}^2 - v_r^2}$，当 $\theta \in [-90°, 90°]$ 时为"+"，其他为"−"。

由于地球自转，在卫星所在位置产生 $v_{es} = r_1(t) \cdot \Omega_e$ 的速度，这将抵消掉卫星自身的部分赤道面速度（考虑卫星运行方向与地球自转方向相同）。这样，总的卫星速度为

$$v_s = \sqrt{v_\perp^2 + (v_\parallel - v_{es})^2 + v_r^2}$$

对于不同轨道,可得到下图所示的各种速度。其中 MEO 卫星轨道高度为 20 190 km,IGSO 轨道高度为 35 786.6 km,二者轨道倾角升交角均为 55°。MEO 最大对地速度为 3 186.6 m/s,IGSO 最大对地速度为 2 835.5 m/s。

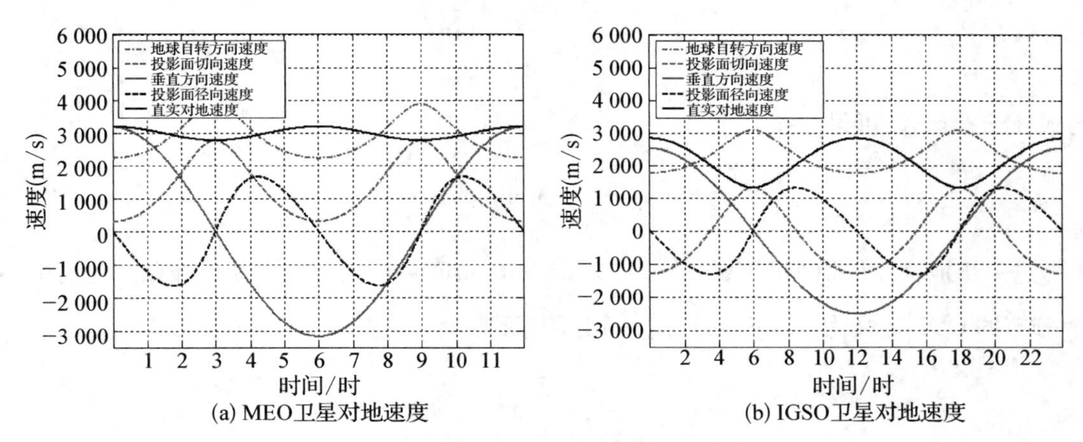

图 A-1　MEO、IGSO 的各种速度简略计算值

附录 B:χ^2 分布函数的 Matlab 计算

使用 Matlab 提供的 chi2pdf( )和 ncx2pdf( )可得到非归一化($\sigma \neq 1$)的中心 χ^2 分布和非中心 χ^2 分布的概率密度与累积概率密度函数。

1. 中心 χ^2 分布

Matlab 中以 chi2pdf 函数计算归一化的中心 χ^2 分布的概率密度函数。对于自由度为 n,各变量方差为 σ^2 的中心 χ^2 分布,其概率密度表达式为

$$p_V(v) = \frac{1}{\sigma^n 2^{\frac{n}{2}} \Gamma\left(\frac{n}{2}\right)} v^{\frac{n}{2}-1} e^{-\frac{v}{2\sigma^2}}, \quad (v > 0) \tag{B-1}$$

而 Matlab 提供的归一化 χ^2 分布概率密度描述为

$$\text{chi2pdf}(y, n) = p_V(v)\Big|_{\sigma=1, v=y} = \frac{1}{2^{\frac{n}{2}} \Gamma\left(\frac{n}{2}\right)} y^{\frac{n}{2}-1} e^{-\frac{y}{2}}, \quad (v > 0) \tag{B-2}$$

由式(B-1)

$$p_V(v) = \frac{1}{\sigma^n 2^{\frac{n}{2}} \Gamma\left(\frac{n}{2}\right)} v^{\frac{n}{2}-1} e^{-\frac{v}{2\sigma^2}} = \frac{1}{2^{\frac{n}{2}} \Gamma\left(\frac{n}{2}\right)} \frac{v^{\frac{n}{2}-1}}{\sigma^n} e^{\frac{-\left(\frac{v}{\sigma^2}\right)}{2}} = \frac{1}{2^{\frac{n}{2}} \Gamma\left(\frac{n}{2}\right)} \frac{v^{\frac{n}{2}-1}}{\sigma^{n-2}} \frac{1}{\sigma^2} e^{\frac{-\frac{v}{\sigma^2}}{2}}$$

$$=\frac{1}{2^{\frac{n}{2}}\Gamma\left(\frac{n}{2}\right)}\frac{v^{\frac{n}{2}-1}}{(\sigma^2)^{\frac{n}{2}-1}}\frac{1}{\sigma^2}\mathrm{e}^{\frac{-1}{2}\left(\frac{v}{\sigma^2}\right)}$$

$$=\frac{1}{\sigma^2}\cdot\frac{1}{2^{\frac{n}{2}}\Gamma\left(\frac{n}{2}\right)}\left(\frac{v}{\sigma^2}\right)^{\frac{n}{2}-1}\mathrm{e}^{\frac{-1}{2}\left(\frac{v}{\sigma^2}\right)}$$

与式(B-2)比较,可得

$$p_V(v)=\frac{1}{\sigma^2}\cdot\mathrm{chi2pdf}\left(\frac{v}{\sigma^2},n\right)\tag{B-3}$$

进一步地,可以对CDF(Cumulative Distribution Function)进行分析。非归一化的中心χ^2分布的CDF定义为$C_Y(y)=\int_0^y p_Y(\tau)\mathrm{d}\tau$,进而有

$$\begin{aligned}C_V(z)&=\int_0^z p_V(v)\mathrm{d}v\\&=\int_0^z\left[\frac{1}{\sigma^2}\cdot\mathrm{chi2pdf}\left(\frac{v}{\sigma^2},n\right)\right]\mathrm{d}v\\&=\int_0^z\mathrm{chi2pdf}\left(\frac{v}{\sigma^2},n\right)\mathrm{d}\frac{v}{\sigma^2}\\&=\int_0^{\frac{z}{\sigma^2}}\mathrm{chi2pdf}(y,n)\mathrm{d}y\end{aligned}$$

于是,有

$$C_V(z)=\mathrm{chi2cdf}\left(\frac{z}{\sigma^2},n\right)\tag{B-4}$$

此即以Matlab提供的归一化中心χ^2分布的CDF函数。

2. 非中心χ^2分布

非中心的χ^2分布概率密度函数为

$$p_V(v)=\frac{1}{2\sigma^2}\left(\frac{v}{s^2}\right)^{\frac{n-2}{4}}\mathrm{e}^{\frac{-(s^2+v)}{2\sigma^2}}I_{\frac{n}{2}-1}\left(\frac{s\sqrt{v}}{\sigma^2}\right)\tag{B-5}$$

式中,$s^2=\sum_{i=1}^{n}m_i^2$,而m_i为构成χ^2分布的各随机变量的一阶矩(数学期望)。

Matlab为非中心χ^2分布同样提供的是归一化的概率密度函数

$$\begin{aligned}\mathrm{ncx2pdf}(y,n,s^2)&=p_Y(y)\Big|_{\sigma=1,v=y}\\&=\frac{1}{2}\left(\frac{y}{s^2}\right)^{\frac{n-2}{4}}\mathrm{e}^{\frac{-(s^2+y)}{2}}I_{\frac{n}{2}-1}(s\sqrt{y})\end{aligned}\tag{B-6}$$

由式(B-5)可得

$$p_V(v)=\frac{1}{\sigma^2}\frac{1}{2}\left(\frac{\frac{v}{\sigma^2}}{\left(\frac{s}{\sigma}\right)^2}\right)^{\frac{n-2}{4}}\mathrm{e}^{\frac{-\left(\left(\frac{s}{\sigma}\right)^2+\frac{v}{\sigma^2}\right)}{2}}I_{\frac{n}{2}-1}\left(\frac{s}{\sigma}\sqrt{\frac{v}{\sigma^2}}\right)$$

对照式(B-6),有

$$p_V(v)=\frac{1}{\sigma^2}\mathrm{ncx2pdf}\left(\frac{v}{\sigma^2},n,\left(\frac{s}{\sigma}\right)^2\right) \tag{B-7}$$

相应地,可得到 CDF 的对应关系,即

$$\begin{aligned}C_V(z)&=\int_0^z p_V(v)\mathrm{d}v=\int_0^z\frac{1}{\sigma^2}\mathrm{ncx2pdf}\left(\frac{v}{\sigma^2},n,\left(\frac{s}{\sigma}\right)^2\right)\mathrm{d}v\\&=\int_0^z\mathrm{ncx2pdf}\left(\frac{v}{\sigma^2},n,\left(\frac{s}{\sigma}\right)^2\right)\mathrm{d}\frac{v}{\sigma^2}\\&=\int_0^{\frac{z}{\sigma^2}}\mathrm{ncx2pdf}\left(y,n,\left(\frac{s}{\sigma}\right)^2\right)\mathrm{d}y\end{aligned}$$

从而有

$$C_V(z)=\mathrm{ncx2cdf}\left(\frac{z}{\sigma^2},n,\frac{s^2}{\sigma^2}\right) \tag{B-8}$$

附录 C:相关积分器输出的推导

首先,将整个积分过程分为单个的码片积分,设整个积分时段 $T=N\cdot T_c$,每个码片范围内码片重合部分分别以 $[t_s+i\cdot T_c,t_e+i\cdot T_c]$,$i=0,1,\cdots,N-1$ 表示。这样,被积分复信号表示为 $\mathrm{e}^{j2\pi ft}$,这样,整个积分可表示为

$$\int_{t_0}^{t_0+T}c(t)\cdot c(t-\tau)\mathrm{e}^{j(2\pi ft+\phi)}\mathrm{d}t=\sum_{i=0}^{N-1}\int_{t_s+iT_c}^{t_e+iT_c}\mathrm{e}^{j(2\pi ft+\phi)}\mathrm{d}t$$

$$\begin{aligned}\int_{t_s+iT_c}^{t_e+iT_c}\mathrm{e}^{j(2\pi ft+\phi)}\mathrm{d}t&=\frac{1}{j2\pi f}\int_{t_s+iT_c}^{t_e+iT_c}\mathrm{d}\mathrm{e}^{j(2\pi ft+\phi)}=\frac{\mathrm{e}^{j[2\pi f(t_e+iT_c)+\phi]}-\mathrm{e}^{j[2\pi f(t_s+iT_c)+\phi]}}{j2\pi f}\\&=\mathrm{e}^{j\left[2\pi f\left(\frac{t_e+t_s}{2}+iT_c\right)+\phi\right]}\frac{\mathrm{e}^{j\pi f(t_e-t_s)}-\mathrm{e}^{-j\pi f(t_e-t_s)}}{j2\pi f}\\&=\mathrm{e}^{j\left[2\pi f\left(\frac{t_e+t_s}{2}+iT_c\right)+\phi\right]}\frac{\sin[\pi f(t_e-t_s)]}{\pi f}\\&=(t_e-t_s)\mathrm{e}^{j\left[2\pi f\left(\frac{t_e+t_s}{2}+iT_c\right)+\phi\right]}\sin c[\pi f(t_e-t_s)]\end{aligned}$$

进而有

$$\sum_{i=0}^{N-1}\int_{t_s+iT_c}^{t_e+iT_c} e^{j(2\pi ft+\phi)}\,dt=\sum_{i=0}^{N-1}(t_e-t_s)e^{j\left[2\pi f\left(\frac{t_e+t_s}{2}+iT_c\right)+\phi\right]}\operatorname{sin}c[\pi f(t_e-t_s)]$$

$$=(t_e-t_s)\operatorname{sin}c[\pi f(t_e-t_s)]e^{j\left[2\pi f\frac{t_e+t_s}{2}+\phi\right]}\sum_{i=0}^{N-1}e^{j2\pi fiT_c}$$

其中，$e^{j2\pi f\left(\frac{t_e+t_s}{2}+iT_c\right)}$ 为一个等比级数，于是有

$$\sum_{i=0}^{N-1}e^{j2\pi fiT_c}=\frac{1-e^{j2\pi fNT_c}}{1-e^{j2\pi fT_c}}=e^{j\pi(N-1)T_c}\frac{\sin(\pi fNT_c)}{\sin(\pi fT_c)}$$

$$=e^{j\pi f(N-1)T_c}\frac{\sin(\pi fNT_c)}{\sin(\pi fT_c)}\cdot\frac{\pi fNT_c}{\pi fNT_c}$$

$$=N\cdot e^{j\pi f(N-1)T_c}\frac{\operatorname{sin}c(\pi fNT_c)}{\operatorname{sin}c(\pi fT_c)}$$

当 $f\ll\frac{1}{T_c}$ 时，$\operatorname{sin}c(\pi fT_c)\approx 1$，于是

$$\sum_{i=0}^{N-1}e^{j2\pi fiT_c}\approx N\cdot e^{j\pi f(N-1)T_c}\operatorname{sin}c(\pi fNT_c)$$

$$\int_{t_0}^{t_0+T}c(t)\cdot c(t-\tau)e^{j(2\pi ft+\phi)}\,dt=(t_e-t_s)\operatorname{sinc}[\pi f(t_e-t_s)]e^{j\left[2\pi f\frac{T_e+t_s}{2}+\phi\right]}[N\cdot e^{j\pi f(N-1)T_c}\operatorname{sinc}(\pi fNT_c)]$$

$$=[N\cdot(t_e-t_s)]e^{j\left[2\pi f\frac{t_e+t_s+(N-1)T_c}{2}+\phi\right]}\operatorname{sinc}[\pi f(t_e-t_s)]\operatorname{sinc}(\pi fNT_c)$$

由于 $t_e-t_s=\begin{cases}T_c-|\tau|, & |\tau|<T_c,\\ 0, & \text{其他},\end{cases}$ $N\cdot(t_e-t_s)=$ $\begin{cases}N\cdot(T_c-|\tau|), & |\tau|<T_c\\ 0, & |\tau|\geqslant T_c\end{cases}=\begin{cases}T\left(1-\left|\dfrac{\tau}{T_c}\right|\right), & |\tau|<T_c,\\ 0, & |\tau|\geqslant T_c;\end{cases}$

$f\ll\frac{1}{t_e-t_s}$，有 $\operatorname{sin}c[\pi f(t_e-t_s)]\approx 1$；

且可知 $t_e\approx t_0$ 与 $t_s+(N-1)T_c\approx t_0+T$。于是整个积分输出为

$$\int_{t_0}^{t_0+T}c(t)\cdot c(t-\tau)e^{j(2\pi ft+\phi)}\,dt\approx T\cdot R(\tau)\operatorname{sin}c(\pi fT)e^{j\left[2\pi f\left(t_0+\frac{T}{2}\right)+\phi\right]}$$

于是，上式两端实、虚部均相等，即

$$\operatorname{Re}\left[\int^{t_0+T}c(t)\cdot(t-\tau)e^{j(2\pi ft+\phi)}\,dt\right]\approx\operatorname{Re}\left[T\cdot R(\tau)\operatorname{sin}c(\pi fT)e^{j\left[2\pi f\left(t_0+\frac{T}{2}\right)+\phi\right]}\right]$$

$$\operatorname{Im}\left[\int_{t_0}^{t_0+T}c(t)\cdot c(t-\tau)e^{j(2\pi ft+\phi)}\,dt\right]\approx\operatorname{Im}\left[T\cdot R(\tau)\operatorname{sin}c(\pi fT)e^{j\left[2\pi f\left(t_0+\frac{T}{2}\right)+\phi\right]}\right]$$

即

$$\int_{t_0}^{t_0+T} c(t)\cdot c(t-\tau)\cos(2\pi ft+\phi)\mathrm{d}t \approx T\cdot R(\tau)\operatorname{sinc}(\pi fT)\cos\left[2\pi f\left(t_0+\frac{T}{2}\right)+\phi\right]$$

$$\int_{t_0}^{t_0+T} c(t)\cdot c(t-\tau)\sin(2\pi ft+\phi)\mathrm{d}t \approx T\cdot R(\tau)\operatorname{sinc}(\pi fT)\sin\left[2\pi f\left(t_0+\frac{T}{2}\right)+\phi\right]$$

附录 D:积分器的传递函数

设 $\mathscr{F}[f(t)]=F(f)$，则当信号 $f(t)$ 通过时长 T 的积分器后，输出为

$$\int_{t}^{t+T} f(t)\mathrm{d}t=\int_{-\infty}^{t+T} f(t)\mathrm{d}t-\int_{-\infty}^{t} f(t)\mathrm{d}t$$

先求得 $\int_{-\infty}^{t} f(t)\mathrm{d}t$ 的傅立叶变换为

$$\begin{aligned}
\mathscr{F}\left[\int_{-\infty}^{t} f(t)\mathrm{d}t\right] &=\int_{-\infty}^{\infty}\left[\int_{-\infty}^{t} f(\tau)\mathrm{d}\tau\right]\mathrm{e}^{-j2\pi ft}\mathrm{d}t \\
&=\int_{-\infty}^{\infty}\left[\int_{-\infty}^{\infty} f(\tau)u(t-\tau)\mathrm{d}\tau\right]\mathrm{e}^{-j2\pi ft}\mathrm{d}t \\
&=\int_{-\infty}^{\infty} f(\tau)\left[\int_{-\infty}^{\infty} u(t-\tau)\mathrm{e}^{-j2\pi ft}\mathrm{d}t\right]\mathrm{d}\tau \\
&=\int_{-\infty}^{\infty} f(\tau)\left[\int_{-\infty}^{\infty} u(t-\tau)\mathrm{e}^{-j2\pi f(t-\tau)}\mathrm{d}t\right]\mathrm{e}^{-j2\pi f\tau}\mathrm{d}\tau \\
&=\int_{-\infty}^{\infty} f(\tau)\left[\pi\delta(f)+\frac{1}{j2\pi f}\right]\mathrm{e}^{-j2\pi f\tau}\mathrm{d}\tau \\
&=\pi\delta(f)\int_{-\infty}^{\infty} f(\tau)\mathrm{e}^{-j2\pi f\tau}\mathrm{d}\tau+\frac{1}{j2\pi f}\int_{-\infty}^{\infty} f(\tau)\mathrm{e}^{-j2\pi f\tau}\mathrm{d}\tau \\
&=\pi\delta(f)F(f)+\frac{1}{j2\pi f}F(f)
\end{aligned}$$

由此可得

$$\mathscr{F}\left[\int_{-\infty}^{t+T} f(t)\mathrm{d}t\right]=\int_{-\infty}^{\infty}\left[\int_{-\infty}^{t+T} f(\tau)\mathrm{d}\tau\right]\mathrm{e}^{-j2\pi ft}\mathrm{d}t$$

设 $t+T=v$，

$$\begin{aligned}
\mathscr{F}\left[\int_{-\infty}^{t+T} f(t)\mathrm{d}t\right] &=\int_{-\infty}^{\infty}\left[\int_{-\infty}^{v} f(\tau)\mathrm{d}\tau\right]\mathrm{e}^{-j2\pi fv}\mathrm{e}^{j2\pi fT}\mathrm{d}t \\
&=\mathrm{e}^{j2\pi fT}\mathscr{F}\left[\int_{-\infty}^{t} f(t)\mathrm{d}t\right]
\end{aligned}$$

这样有

$$\mathscr{F}\left[\int_{t-T}^{t} f(t)\mathrm{d}t\right]=(\mathrm{e}^{j2\pi fT}-1)\left[\pi\delta(f)F(f)+\frac{1}{j2\pi f}F(f)\right]$$

式中

$$(e^{j2\pi fT}-1)\pi\delta(f)F(f)=0$$

这样

$$\begin{aligned}\mathscr{F}\left[\int_{t-T}^{t}f(t)\mathrm{d}t\right]&=(e^{j2\pi fT}-1)\frac{1}{j2\pi f}F(f)\\&=e^{j\pi fT}(e^{j\pi fT}-e^{-j\pi fT})\frac{1}{j2\pi f}F(f)\\&=j2e^{j\pi fT}\sin(\pi fT)\frac{1}{j2\pi f}F(f)\\&=Te^{j\pi fT}\sin c(\pi fT)F(f)\end{aligned}$$

由此可见，信号在通过一个积分长度为 T 的积分器后，输出信号功率/能量主要集中于 $\left[-\frac{1}{T},\frac{1}{T}\right]$ 频率范围内，即积分器是一个低通滤波器。

参考文献

[1] FRANK V D. A-GPS, Assisted GPS, GNSS and SBAS[M]. Norwood: Artech House, 2009,129

[2] SPILKER J J J. Fundamentals of signal tracking theory[J]. American institute of aeronautics and astronautics, 1996: 245 - 327.

[3] 崔保延. GPS 软件接收机基础[M]. 陈军,译. 北京:电子工业出版社,2007.

[4] NOMI S, RAJEEV Y. A complete gps signal processing for real time scenario[J]. Proceedings of the 20th international technical meeting of the satellite division of the institute of navigation (ION GNSS 2007) ,2007:292 - 298.

[5] RAOUL P. Noise in receiving systems [M]. Hoboken: John Wiley & Sons, Inc. 1984.

[6] JODAN E C, BALMAIN K G. Electromagnetic waves and rotating systems [M]. Upper saddle river: prentice hall, 1968.

[7] SPILKER J J J, PENINA A, BRADFORD W, et al. Parkinson gps satellite and payload in global positioning system - theory and applications[M]. 1996.

[8] 米斯拉,恩格. 全球定位系统——信号、测量与性能[M]. 罗鸣,曹冲,等,译. 北京:电子工业出版社,2008.

[9] VAN D A J. GPS Receivers in global positioning system: Theory and application [M]. Reston: American institute of aeronautics and astronautics, 1996.

[10] 谢钢. GPS 原理与接收机设计[M]. 北京:电子工业出版社,2009.

[11] AKOS D M, PINI M. Effect of sampling frequency on gnss receiver performance [J]. Journal of the institute of navigation, 2006,53(2): 85 - 96.

[12] ANDREAS S, ANDR N, HENNING E, et al . Galileo/GPS receiver fixed-point implementation using conventional and differential correlation[J]. Proceedings of the 18th international technical meeting of the satellite division of the institute of navigation (ION GNSS 2005) ,2005:1945 - 1956.

[13] DANIELE B. A statistical theory for gnss signal acquisition[D]. Calgary: schulich school of engineering, 2008.

[14] 埃利奥特·D. 卡普兰,克里斯朵夫·赫加蒂盖. GPS 原理与应用[M]. 寇艳红,译. 北京:电子工业出版社,2021.

[15] ROBERT W. Rapid direct p(y)-code acquisition in a hostile environment rapid direct p(y)-code acquisition in a hostile environment[J]. Proceedings of the 11th international technical meeting of the satellite division of the institute of navigation, 1998:353 - 360.

[16] ZARRABIZADEH M H. A differentially coherent PN code acquisition receiver for

CDMA systems [J]. IEEE transactions on communications, 1997, 45 (11): 177 - 183.

[17] CHOI I H,PARK S H, CHO D J, et al. A novel weak signal acquisition scheme for assisted Qps[J]. proceedings of the 15th internal technical meeting of the sutellite division of the institute of navigation, 2002:177 - 183.

[18] YU W. Selected gps receiver enhancements for weak signal acquisition and tracking [D]. Calgary: university of calgary, 2007.

[19] PROKIS J G. 数字通信[M]. 张力军，张宗橙 ，宋荣，等，译，北京：电子工业出版社，2008

[20] VANNEE D J, COENEN A J R. New fast GPS code-acquisition technique using FFT[J]. Electronic Letters,1991,27(2): 158 - 160.

[21] YANG C, JUAN V M, CHAFFEE J. Fast direct P(Y)-Code acquisition using XFAST[J]. Proceedings of ION GPS - 99, 1999:317 - 324.

[22] YANG C, VASQUEZ M J, CHAFFEE J. Frequency-domain doppler search and jam-suppression[J]. Proceedings of the 12th international technical meeting of the satellite division of the institute of navigation (ION GPS 1999),1999: 1157 - 1168.

[23] BARTON D K. Modern radar system analysis[M]. Norwood:Artech House, 1988.

[24] BLUNT P D. Advanced global navigation satellite system receiver design [D]. Guildford: university of surrey, 2007.

[25] BETZ J W. The offset carrier modulation for gps modernisation[J]. Proceedings of the 1999 national technical meeting of the institute of navigation january 25 - 27, 1999: 639 - 648.

[26] HEIRIES V, ROVIRAS D, RIES L, et al. Analysis of non ambiguous boc signal acquisition performance[J]. Proceedings of the 17th international technical meeting of the satellite division of the institute of navigation (ION GNSS 2004) ,2004: 2611 - 2622

[27] WARD P W. A Design technique to remove the correlation ambiguity in binary offset carrier (boc) spread spectrum signal [J]. Proceedings of the 59th annual meeting of the institute of navigation and cigtf 22nd guidance test symposium (2003),2003: 146 - 155

[28] 万心平，张厥盛，郑继禹. 锁相技术[M]. 西安：西安电子科技大学出版社，1990.

[29] FYFE P, KOVACH K. Navstar gps space segment/navigation user interfaces[J]. Engineering, computer science,1991:234.

[30] KAZEMI P L. Optimum digital filters for gnss tracking loops[J]. Proceedings of the 21st international technical meeting of the satellite division of the institute of navigation (ION GNSS 2008) ,2008: 2304 - 2313.

[31] GERNOT C, O'KEEFE K, LACHAPELLE G. Combined l1/l2c tracking scheme for weak signal environments[J]. Proceedings of the 21st international technical meeting of the satellite division of the institute of navigation (ION GNSS 2008) ,

2008:1758 - 1772.
[32] MARKUS I,BERND E. PLL tracking performance in presence of oscillator phase noise[J]. GPS solutions ,2001,5(4): 45 - 54.
[33] BETZ J W, KOLODZIEJSKI K R. Extended theory of early-late code tracking for a bandlimited gps receiver[J]. Journal of the institute of navigation ,2000,47(3): 211 - 226.
[34] OLIVIER J. Design of galileo L1F receiver tracking loops[D]. Calgary: University of Calgary,2005.
[35] PSIAKI M L. Block acquisition of weak gps signals in a software receiver[J]. Proceedings of the 14th international technical meeting of the satellite division of the institute of navigation (ION GPS 2001),2001:2838 - 2850.
[36] FALLETTI E,PINI M, PRESTI L L ,et al. Assessment on low complexity C/No estimators based on m-psk signal model for GNSS receivers[J]. 2008 IEEE/ION position, location and navigation symposium ,2008:167 - 172
[37] PAULUZZI D R, BEAULIEU N C. A comparison of SNR estimation techniques for the AWGN channel[J]. IEEE transactions on communications ,2000,48(10): 1681 - 1691.
[38] DEMOZ G E, GLEASON S. GNSS applications and methods[M]. Norwood: Artech House, 2009.
[39] MUTHURAMAN K. Tracking techniques for GNSS data/pilot signals[D]. Calgary: University of Calgary, 2010.
[40] MOIR T J. Automatic variance control and variance estimation loops[J]. Journal of circuits, systems and signal processing, 2001,20(1): 1 - 10.
[41] KAY S M. 统计信号处理基础——估计与检测理论[M]. 罗鹏飞,张文明,刘忠,等,译. 北京:电子工业出版社,2011.
[42] KALMAN R E. A new approach to linear filtering and prediction problems[J]. Transactions of the asme-journal of basic engineering, 1960, 82 (Series D): 35 - 45.
[43] 秦永元,张洪钺,汪叔华. 卡尔曼滤波与组合导航原理[M]. 西安:西北工业大学出版社,2015.
[44] LINDSEY W C, CHIE C M. A survey of digital phase-locked loops[J]. Proceedings of the IEEE, 1981,69(4):410 - 431.
[45] FANTE R L. Unambiguous tracker for gps binary-offset-carrier signals[J]. Proceedings of the 59th annual meeting of the institute of navigation and cigtf 22nd guidance test symposium (2003),2003: 141 - 145.
[46] FINE P, WILSON W. Tracking algorithm for GPS offset carrier signals[J]. Proceedings of ION 1999 national technical meeting, 1999:671 - 676
[47] TRAN M, HEGARTY C J. Receiver algorithms for the new civil GPS signals[J]. Engineering, 2002: 778 - 789.

[48] 王仲潇,李洪,周子恒,等.一种面向商用接收机的GNSS欺骗干扰源测向方法[J].中国科学:信息科学,2022,52(4):658-684.

[49] 黄龙,龚航,朱祥维.针对GNSS授时接收机的转发式欺骗干扰技术研究[J].国防科技大学学报,2013,35(4):93-96.

[50] 边少锋,胡彦逢,纪兵.GNSS欺骗防护技术国内外研究现状及展望[J].中国科学:信息科学,2017,46(3):275-287.

[51] 邓中亮,王翰华,刘京融.通信导航融合定位技术发展综述[J].导航定位与授时,2022,9(2):15-25.

[52] 张鑫.卫星导航欺骗干扰信号检测技术综述[J].全球定位系统,2018,43(6):1-7.

[53] 宋江波,姚荷雄,李婉清,朱祥维,戴志强等.卫惯视组合导航技术发展趋势[J/OL],导航定位学报,2022.

[54] HEIN G, WON J H. Platforms for a future GNSS receiver asic blockintechnology[J]. Engineering, computer science,2006:56-62.